農学基礎シリーズ

草地学の基礎

維持管理の理論と実際

松中照夫
三枝俊哉
［著］

農文協

チモシー草地のマメ科率による４つの区分（本文 124 ページ参照）

マメ科率区分１

マメ科率区分２

マメ科率区分３

マメ科率区分４

マメ科率区分１（チモシー率＞50%，マメ科率 30～50%） チモシーの株間に旺盛なマメ科牧草が均一に分布
マメ科率区分２（チモシー率＞50%，マメ科率 15～30%） チモシーの株間にマメ科牧草がほぼ均一に分布
マメ科率区分３（チモシー率＞50%，マメ科率５～15%） マメ科牧草，裸地，雑草がパッチ状に分布
マメ科率区分４（チモシー率＞70%，マメ科率＜5%） チモシーの株間は裸地か雑草

オーチャードグラスとチモシーの１番草刈取り後の再生

▲ **オーチャードグラスの１番草刈取り後４日目**
再生している茎の葉身に明確な刈り跡があり，刈取り時にすでに存在していた既存分げつであることがわかる。既存分げつは茎頂（成長点）が残っているため，刈取り後ただちに再生し，草地は刈取り後すぐ緑色になる（本文 18 ページ参照）

▲ **チモシーの１番草刈取り後 14 日目**
この時期になって，やっと草地に緑色がもどってくる。再生している茎の葉身には刈り跡が全くなく，刈取り後に発生した新分げつであることがわかる。この時期に分げつの新旧世代交代をおこなう（本文 19 ページ参照）

代表的な寒地型イネ科牧草

【チモシー*】
英名：timothy
学名：*Phleum pratense* L.

【オーチャードグラス*】
英名：cocksfoot，orchardgrass
学名：*Dactylis glomerata* L.

代表的な寒地型マメ科牧草

【アカクローバ*】
英名：red clover　学名：*Trifolium pratense* L.

【シロクローバ*】
英名：white clover　学名：*Trifolium repens* L.

【アルファルファ*】
英名：alfalfa，lucerne　学名：*Medicago sativa* L.

【ガレガ】
英名：fodder galega　学名：*Galega orientalis* Lam

【ペレニアルライグラス *】
英名：perennial ryegrass
学名：*Lolium perenne* L.

【メドウフェスク *】
英名：meadow fescue
学名：*Festuca pratensis* Huds.

代表的な地下茎型イネ科草 （本文 25 ページ〈注 1〉，77 ページ参照）

【ケンタッキーブルーグラス】
英名：Kentucky bluegrass　学名：*Poa pratensis* L.

【レッドトップ *】
英名：red top　学名：*Agrostis alba* L.

【シバムギ *】
英名：quackgrass　学名：*Agropyron repens* (L.) P. Beauv.

【リードカナリーグラス *】
英名：reed canarygrass　学名：*Phalaris arundinacea* L.

（* の写真は雪印種苗（株）提供）

異なる施肥管理を30年以上継続した草地の比較

（本文49ページ参照）

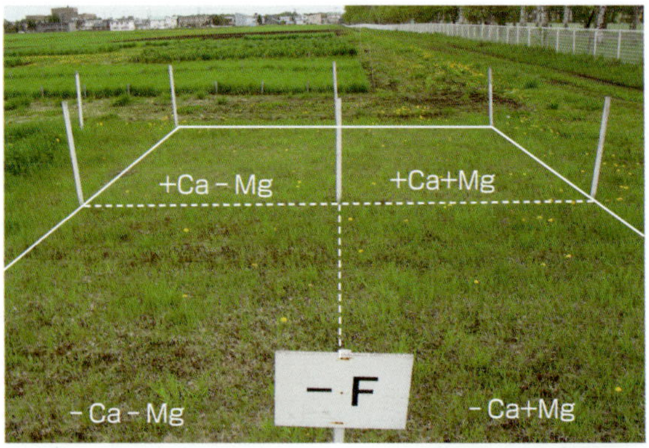

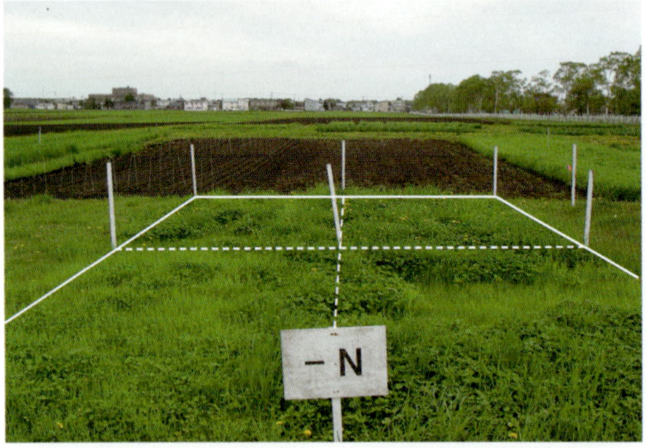

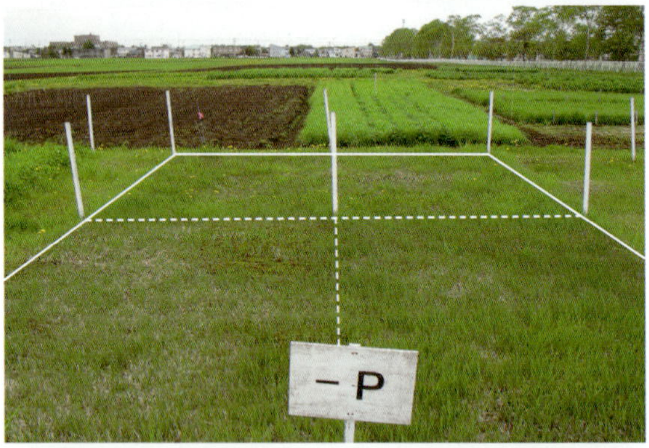

以下のように三要素の施肥に加えてカルシウム、マグネシウムの追肥をかえて継続して管理
－F：無施肥区，－N：窒素を施肥しない区，－P：リンを施肥しない区，－K：カリウムを施肥しない区，3F：三要素施肥区
＋Ca－Mg：カルシウム追肥区，＋Ca＋Mg：カルシウムとマグネシウムの追肥区，－Ca－Mg：カルシム，マグネシウムとも追肥しない区，－Ca＋Mg：マグネシウム追肥区。CaとMgは，すべての区で－F区で示しているのと同じ配置で処理
（道総研根釧農試）

播種時の三要素の施肥とオーチャードグラスの生育

（本文55ページ参照）

播種時にはとくにリン施肥が必要なことがわかる
NPK施肥：三要素施肥区，
PK施肥：窒素（N）を施肥しない区，
NK施肥：リン（P）を施肥しない区，
NP施肥：カリウム（K）を施肥しない区

まえがき

草地の維持管理についての理論と，それにもとづく技術の実際を具体的に提示するためにまとめたのが本書である。

まず第１章で，草地という土地利用の特徴と，本書で対象とする草地とは人為的につくられた人工草地であることを述べた。

第２章は，草地の維持管理についての基礎的な理論を，以下に示す６つの節から解説している。

Ⅰ節では，草地の基幹草種はイネ科牧草であり，その密度維持が個々の茎（分げつ）の世代交代のくり返しで成立していることを指摘し，Ⅱ節では，草地には播種された草種だけでなくさまざまな草種が混生するため，各草種の構成割合が，草地全体の生産性を決めていることを述べた。さらにⅢ節では，草地の利用管理が牧草の生産性や飼料価値に与える影響，Ⅳ節では経年的な安定多収をめざした肥培管理理論を解説した。Ⅴ節では，草種構成が悪化した草地は，生産性回復のために草地更新が必要で，その原則を述べた。Ⅵ節では，こうした草地管理，とくに肥培管理が周辺環境に与える影響を論じている。

第３章では，第２章で述べた草地管理の基礎的な理論にもとづき，実際の維持管理の技術について，４つの節で具体的に解説した。

Ⅰ節では，草地の栽培・利用技術を更新時と維持管理時に分けて示した。Ⅱ節では，経年的安定多収のための肥培管理法や土壌診断にもとづく施肥設計と，それらが牧草の品質や家畜に与える影響を解説した。Ⅲ節では，家畜ふん尿の有効利用法を具体的に解説し，Ⅳ節では環境保全に配慮した草地管理技術を述べている。

最後の第４章では，草地酪農がめざすのは，購入濃厚飼料に依存する乳生産ではなく，草地で生産される牧草に根ざす酪農であるということを，本書のまとめとして指摘した。

本書の内容は，この分野を専攻する学生の皆さんを意識して構成した。もちろん，営農指導員や普及指導員，さらに酪農家の方々の要望にも十分に応えうる内容であると思っている。また，できるだけ研究の最前線まで踏み込んで，現時点では未解明の部分も取り上げた。研究者にもぜひご一読いただき，不明部分を解明していただければと思う。

本書は，月刊誌『酪農ジャーナル』に連載された記事をもとに，大幅に加筆修正したものである。転載を許してくださった同誌編集部に感謝申し上げる。本書の完成には，農文協編集部丸山良一氏にたいへんお世話になった。心から感謝の気持ちを表したい。

2016年１月

松中照夫・三枝俊哉

目次

V 草地更新 75

VI 草地管理と環境汚染 89

3 第3章 草地管理の実際 103

4 第4章 草地の安定多収と草地酪農 166

第1章 草地とはどのような土地か

1 草地は畑地と根本的にちがう

1 草地とは

草地とは，土地が草類（草本植物）を主体とする植物で覆われているところをいうのが一般的である。本書で対象にする草地は，家畜の餌（飼料）になる牧草を生産するため，種子を耕地に播くこと（播種（はしゅ））によって人為的に造成され，少なくとも数年から数十年にわたって牧草を栽培・利用しつづける草地である。

2 人工草地，自然草地，半自然草地

このように人為的に造成された草地を人工草地という（図1-1a）。これと対をなす用語は自然草地である。

自然草地とは，後述するように，気候や土壌などの条件が，草類のほかに低木類などの樹木をまばらにしか生育させない環境にある土地のことで，人為の影響をほとんど受けていない土地をいう（図1-1b）。自然草地に家畜を放牧したり，火入れのほか，草を刈取り利用するといった人為が加わって維持されている草地を半自然草地という（図1-1c）。地球規模でみると，草地の大部分は自然草地や半自然草地であり，人工草地はわずかしか分布していない。

草地のなかでも面積が広く大規模な草地を草原といい，比較的狭いものを草地として区別することがある。自然草地や半自然草地は，まさに大草原というにふさわしい景観である。

ただし，草原と草地を明確に区分する分類基準はない。草原は植物学や生態学的な用語であるのに対して，草地は農学的な用語でもある。

このように，土地が草類で覆われているところはさまざまな用語で表現され，一口に草地といっても多様である（表1-1）。本書の目的は，わが国の人工草地を永続的に維持管理するための基礎になる理論を解説し，それにもとづく実際的管理法を提示することにある。

したがって，本書でとくに断りなく「草地」という語を用いる場合は，永続的な利用を前提にした人工草地のことである。

図1-1
いろいろな草地
a：**人工草地**　本書で対象とする草地（北海道猿払村）。未利用地を切り拓き，牧草種子を播いて造成した
b：**自然草地**　熱帯サバンナ草原（ブルキナファソ ドリ近郊）。まばらな低樹木は有棘アカシア類
c：**半自然草地**　ユーラシア大陸の短草型草原（ステップ，中国 内蒙古シリンゴル高原）。大草原が地平線のかなたまでつづく

表 1-1　草地の種類

●人為の影響程度による分類	
分類	人為の影響程度
自然草地	全くなし
半自然草地	火入れや放牧など，人為の影響あり
人工草地（本書では単に草地と略）	牧草種子を播種して造成後，肥培管理を実施するなど人為の影響大
●草地の利用方法による分類	
分類	利用方法
採草地	刈取り利用
放牧草地	放牧利用
兼用草地	刈取りと放牧の両方をおこなう

3 草地と畑地のちがい

草地は一度造成されると，永年にわたって牧草の栽培が継続され，牧草は飼料として利用されつづける。このため，草地での耕起や播種作業は，原則として毎年くり返されることがない。堆肥や化学肥料なども草地の表面に施与するだけで，土壌と混和されることはない。こうした不耕起，永年栽培，地表面からだけの養分施与という草地管理の特徴が，草地独特の土壌，すなわち草地土壌をつくっていく。

畑作物が栽培される畑地では，耕起や播種などの作業が原則として毎年くり返される。それだけでなく，施与された堆肥や化学肥料を畑地の土壌と十分に混和することができる。この点で，草地は畑地と根本的にちがう。

牧草のなかには，1年あるいはごく短い年数でその生涯を終える一年生や短年生といわれる草種もある。わが国でも，このような草種を使って，狭い面積で1～2年間牧草を栽培する草地もみられる。しかし，このような草地は，不耕起，永年栽培という草地としての特徴が十分つくられる前に耕起されてしまう。こうした短期利用草地は，畑作物のように牧草を栽培しており，畑地に近いので本書の対象にしていない。

〈注 1〉
刈取った牧草をサイロなどの容器に詰込んだり，農業用フィルム（ラップフィルム）で包んで酸素のない状態（嫌気的条件という）にして乳酸発酵させた家畜の飼料。私たちが食べる「漬物」と同じ家畜の発酵食品である。

〈注 2〉
刈取った牧草を乾燥させた家畜の飼料。通常は天日で乾燥させる。機械乾燥させることもある。私たちが食べる「干物」と同様，乾草にすることで牧草の保存性がよくなる。

4 草地の利用方法

草地は栽培されている牧草の利用目的によって2種類に分類される。1つは，牧草を刈取り利用する採草地である（図1-2a）。採草地で刈取られた牧草は，サイレージ（注1）や乾草（注2）に調製される。もう1つは，家畜を放牧して牧草を利用する放牧草地である（図1-2b）。応用的な利用法として，採草と放牧の両方で利用することがあり，兼用草地という。

2 植生遷移と草地の維持管理

1 植生と極相

植生とは，ある土地に生育している植物の集団を意味する生態学の用語

図 1-2　採草地（a）と放牧草地（b）
a：サイレージや乾草の調製を目的に牧草を刈取り利用する草地。黒いのがラップサイレージ（北海道 別海町）
b：家畜を放牧して牧草を利用する草地（北海道 中標津町）

表1-2　各大陸の気候と植生型の分布（総面積に対する割合，%）（Thornthwaiteが作成*）

大陸	総面積（100万km^2）	過湿潤	湿潤	亜湿潤	亜乾燥	乾燥	タイガ	ツンドラ	永久凍土
		熱帯雨林	森林	長草型草原	単草型草原（ステップ）	沙漠	タイガ（針葉樹林）	ツンドラ（苔類）	なし
北米	22.4	2.1	16.6	14.9	13.2	4.4	23.3	18.2	7.3
南米	18.6	2.8	45.4	32.6	9.3	6.2	3.2	0.5	0.04
アフリカ	29.5	1.0	16.6	28.8	20.1	33.6	−	−	−
アジア	42.0	4.8	8.8	16.7	21.0	15.2	24.8	8.8	−
ヨーロッパ	9.8	0.6	19.2	43.8	4.7	1.2	23.6	6.8	0.1
オーストラリア	7.7	0.3	9.6	17.8	28.4	43.9	−	−	−
全体	130.0	2.5	17.8	23.5	16.9	16.8	14.3	6.6	1.2

*：岩波（1980）から引用

である。地球規模でみると植生が草原である土地は，亜湿潤気候地帯の長草型草原と亜乾燥気候地帯の短草型草原をあわせて，陸地面積のおよそ40%をしめる（表1-2）。これらの草原の多くは自然草地や半自然草地で，ほとんどが，降水量が少ないために樹木が安定して生育できない気候条件に分布している。高山や極地のような低温地帯も，樹木が生育できず自然草地が分布する。

このように，一定の気候条件で生態的に安定し，平衡状態になった生物の群集を極相という（図1-3）。熱帯で降水量の多い地域の極相の植生は熱帯雨林である（図1-4）。逆に，寒帯で降水量の少ない条件では，凍結した土壌が年間を通して融けることがない永久凍土が広がる。永久凍土には地衣類（ちいるい）や蘚苔類（せんたいるい）（注3）が生育する。このような土地がツンドラで，この地域の極相である。

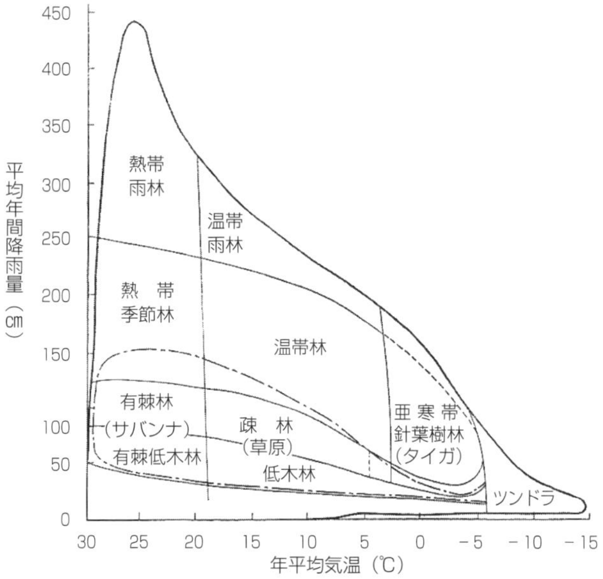

図1-3　降雨量，気温に対応する安定植生（植物の極相）
（Whittakerの図を岩城が引用したものを一部修正）

2 草地の維持管理の必要性

それぞれの土地で現在の植生が極相として成立しているわけではない。植生が人為の影響を受けず自然のまま放置されると，時間の経過とともにより安定した植生，すなわち極相へと移り変わっていくのが一般的である。たとえば，わが国で耕作放棄地が自然のまま放置されると，時間の経過とともに雑草の繁茂を経て森林に移り変わっていく。このように，植生が気候や土壌など環境条件によって決定づけられる極相へ向かって変遷する現象を植生遷移という。

わが国のような適温で湿潤な気候条件での植物の極相は森林である。このため，わが国では植生遷移という大きな自然の動きを人為的にくい止めなければ，草地を草地として維持することはできない。草地を利用の目的にそうように良好に維持する技術，それが草地の維持管理技術である。

図1-4
熱帯雨林（ガーナ カクム国立公園）
樹冠観察用遊歩道から撮影

〈注3〉
地衣類は菌類と藻類からなる共生生物であり，植物ではない。蘚苔類はコケ植物。

図1-5
わが国で最初に本格的草地酪農が開始された北海道根釧地方の景観
防風林以外の土地は全て草地（北海道 中標津町）

3 わが国の草地の立地環境

わが国は国土面積 37.8 万km^2 の 66%が森林である。農耕地面積は 4.5 万km^2 で国土の 12%にすぎない。わが国ではこの狭い農耕地で食料を生産しなければならないので，比較的立地条件に恵まれた平坦な低地に水田が立地し，主食のイネが栽培される。そのため，農耕地にしめる水田の割合は 54%になる。

イネの栽培に適さない低地や台地には畑地が立地し，各種の畑作物が栽培される。草地は食料そのものを生産する場ではないため，普通作物の栽培が不適な土地に立地することになる。気象，地形，土壌などの立地条件が悪く普通作物の栽培不適地であっても，牧草であれば栽培が可能であり，農耕地として利用できる。

わが国最大の草地酪農地帯は北海道東部の根釧（こんせん）地方である。これは，この地方の気象条件が寒冷でかつ夏季の日照時間が少ないという，普通作物栽培には劣悪な条件であることに由来する（図1-5）。

この劣悪な条件の土地を草地として利用し，そこで生産される牧草を飼料に調製して乳牛を飼養することで，牛乳や乳製品などが生産される。いいかえると，草地は不良環境の土地を牧草と家畜を通して人間の食料生産の場にかえるという重要な役割をもつ土地利用の一形態といえる。

〈注4〉
家畜のふん尿に家畜舎の床に敷かれた敷料（乾草や麦わらなど）が混合した状態で堆積，発酵した堆肥や，尿貯留槽の液肥である尿液肥，さらに，フリーストール牛舎などから出るふん尿混合物のスラリーなど，飼養家畜のふん尿に由来する肥料。もちろん，肥料としてだけでなく，土壌改良効果も期待できる。本書では，堆肥，尿液肥，スラリーなどを一括して表現する場合，自給肥料とよぶ。

4 循環型農業としての草地酪農

1 本格的な草地酪農の始まり

牛や山羊などを飼養し，生乳や乳製品を生産するのが酪農である。生乳とは搾乳したままで加工していない乳のことである。家畜に給与する飼料の大部分を牧草に依存する酪農が草地酪農である。草地酪農がわが国ではじめて本格的に成立したのは北海道根釧地方で，1956 年から入植が開始された根釧パイロットファームにおいてである。

根釧パイロットファームの発足をきっかけに，草地の施肥管理の研究が開始され，牧草の養分吸収にみあう施肥の必要性が強調された。さらに，牧草サイレージの調製法とそれを用いた乳牛の飼養法が確立された。こうした技術的支援が，わが国で経験のない草地酪農を大きく前進させた要因である。

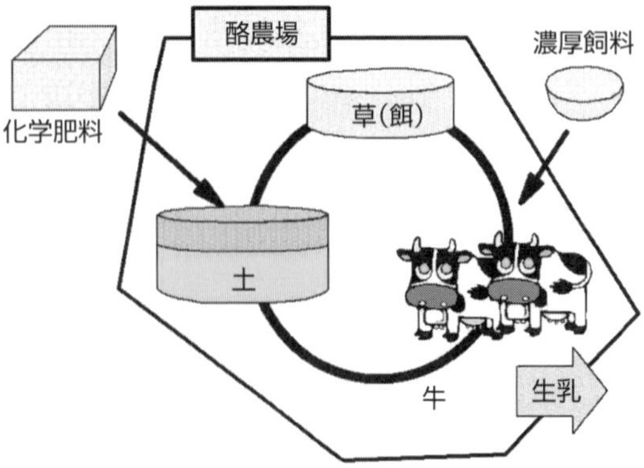

図 1-6 草地酪農の物質循環
酪農場から系外に出ていくのは，図示の生乳のほか個体販売などがある。濃厚飼料や化学肥料は酪農場の系外から持ち込まれ，この養分量が土壌の保持容量以上になると酪農場の系外に出て，周辺環境に悪影響を与える可能性がある

2 草地酪農は典型的な循環型農業

草地酪農は，自前の草地で牧草を栽培し，その牧草を乳牛が採食して乳生産をすると同時に，乳牛が排泄するふん尿は自給肥料（注4）にして草地に還元される。これによって土－草－牛による物質循環系が成立する（図1-6）。したがって，草地酪農は典型的な循環型農業である。

ところが，近年の酪農ではこの物質循環系がくずれてきている。それは，乳生産が自前の草地から生産された飼料，すなわち自給飼料ではなく，系外から購入した濃厚飼料に依存するようになり，飼料生産が土地から切り離されたためである。

3 土地から切り離される酪農

もともと，農業は土地から生産物を得てきた。それゆえ，イネやムギ，そのほかの農産物のいずれも，栽培された土地の単位面積当たりで生産量が評価されている。イネ個体当たりに子実がどのくらいあったなどと生産性を評価することは決してない。つまり，土地と作物の生産性とのあいだには，密接な関係が維持されている。

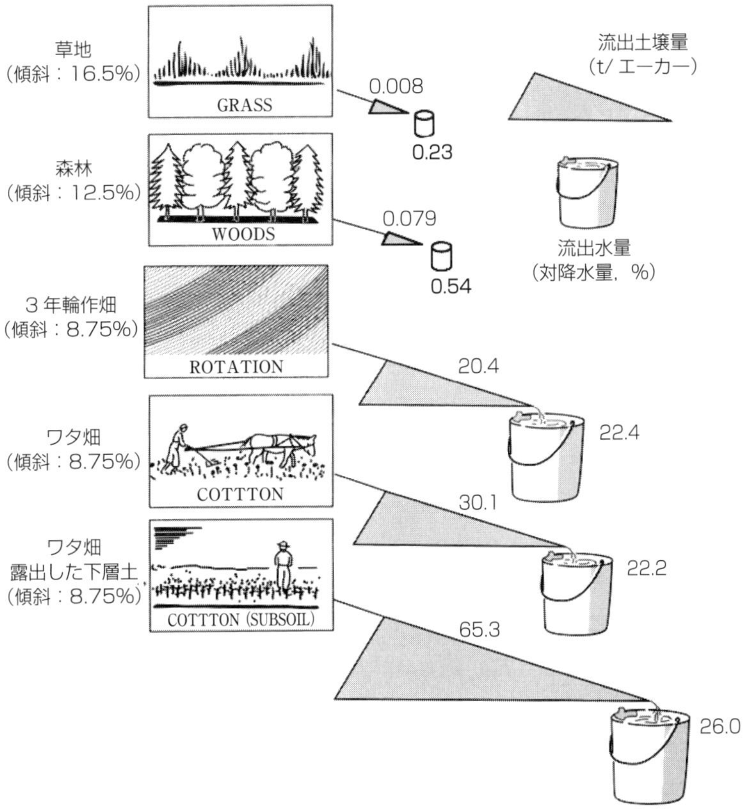

図１-７　同一雨量条件での各種土地利用による土壌と水流失の比較
（Bennett，1939）

これに対してわが国の酪農を含む畜産での生産物の評価は，奇妙なことに個体が基本になる。酪農なら乳牛の個体乳量である。個体乳量が5,000kgだと低水準で，15,000kgにもなると高泌乳牛ということになる。少なくともこの場合，酪農の最終生産物である生乳の生産量と，土地からの生産物である自給飼料のあいだが切り離されて考えられている。土地から離れて成立する酪農が，酪農場の周辺環境に悪影響をおよぼす可能性のあることは，第２章Ⅵ項であらためて述べる。

5 草地の土壌保全機能

1 草地のもう１つの役割

草地は，普通作物栽培には適さない土地を牧草と家畜を通して人間の食料生産の場にかえるという重要な役割をもつ。それだけでなく，草地は農耕地での土壌侵食（注５）を防ぐ土壌保全という，もう１つ重要な機能をもっている（図１-７）。草地の土壌保全機能は，以下に述べる理由から人類が地球上でこれからも生きていくのにきわめて重要な機能である。自然草地や適正に管理された半自然草地も，この機能があることは同じである。草地が農耕地の土壌侵食の抑制に優れていることを明確に示したのは，アメリカに土壌保全局が設置されてまもなくのころである（注６）。

もともと，傾斜地では表土が下方へ徐々に移動する。これが自然侵食で

〈注５〉
土壌侵食とは，露出した土壌が水や風で運び去られてしまう現象で，前者を水食，後者を風食という（図１-８）。

〈注６〉
アメリカでは，西部開拓が本格化してまもない1880年代に大規模な土壌侵食を経験した。それ以降，1920年代にも大量の表土が風によって耕地の外に運ばれる風食にみまわれている。最大の風食は，1930年代の大恐慌と前後して発生し，1,400万haの農地を失った。アメリカはこの教訓を生かし，1935年に農務省に土壌保全局を設置した。土壌保全局の最重要課題は，土壌保全にもっとも有効な土地利用を明確にすることであった。そして，草地が土壌保全にもっとも優れていることを示した（図１-７）。

図 1-8　土壌侵食（水食＋風食）を受けた土地
（中国 黄土高原）

ある。古代文明をはぐくんだ肥沃な低地土は，このような自然侵食や河川がはこんだ土が堆積してできあがった。しかし，地面を覆う植物を人為的に取り除いて耕地化すると，土壌侵食が自然侵食の数百倍もの早さで激しくなる。これを加速侵食といい，図 1 - 7 は加速侵食が自然侵食より被害を格別に大きくすることを明示している。

地球上の人口は，産業革命をなしとげた 19 世紀半ばにようやく 10 億人をこえた。しかし，その後の 200 年間で，人口は 7 倍と爆発的に増えた。人口の増加を支えたのは，20 世紀の驚くべき食料増産であった。食料増産要求が，農耕地での過度な耕作や不適切な土壌管理をおこした。不適切な土壌管理や，生産性を上げるため土壌から過度の収奪をした結果，土壌が荒廃して作物の生産性が著しく低下，もしくは皆無になる現象を土壌劣化という。土壌劣化によって土地表面が植物で覆われなくなると，加速侵食が広がる。草地は土壌を牧草で覆い土壌侵食を抑止するので，農耕地の保全に積極的な役割を担っている。

2 適切に管理された草地で実現

しかし，草地の土壌保全機能は，適切に管理されてはじめて実現する。草地の牧草生産量で飼養可能な頭数より過剰に放牧利用する過放牧になると，牧草の再成長が阻害されて衰退していく。その結果，裸地が増え土壌が露出し，土壌侵食が誘発される。これは自然草地や半自然草地でも全く同じである。

土壌劣化要因を人間活動による要因で区分すると，過放牧が最大の要因で（図 1 - 9），その多くは半自然草地の不適切な利用による。自然草地であれ，人工草地であれ，適切に維持管理されることが，草地に土壌保全機能を発揮させるための前提条件である。

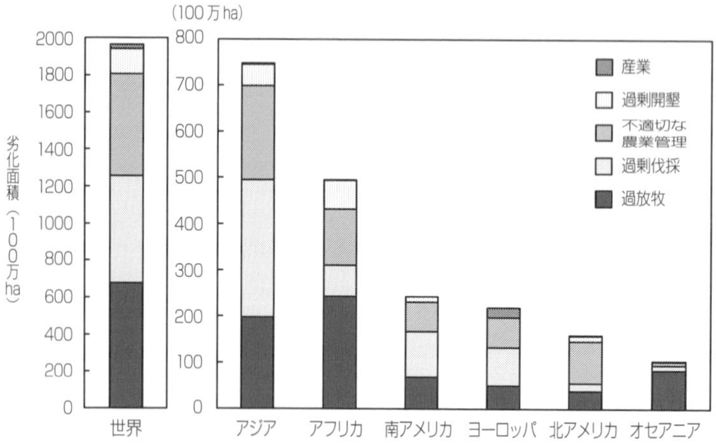

図 1-9　人間活動に起因する世界の土壌劣化状況（UNEP*，1997）
産業による土壌劣化とは，都市，産業からの廃棄物などの蓄積や農薬の過剰使用，油の漏えい，大気汚染による酸性化などが原因で発生した劣化のことである
＊：国連環境計画（United Nations of Environment Programme）

第2章 草地管理の基礎

I イネ科牧草の維持と収量

1 草地の基幹草種はイネ科牧草

1 草地は混播栽培が一般的

草地を新規に造成したり，年数がたち雑草が優占した草地を耕起して再播種する（草地更新という）ときは，イネ科牧草とマメ科牧草の種子を混合して播き，種類のちがう牧草（作物）を同時に栽培する。このような草地を混播（こんぱ(ん)）草地という。もちろん，イネ科牧草やマメ科牧草の１種類だけ，単独に栽培する場合もある。このような草地が単播（たんぱ(ん)）草地である。

畑作物栽培でも，同じ土地に２種類以上の作物を同時に，あるいは期間を重複して栽培することがあり，こうした作付け方法を間作とか混作とよんでいる（注１）。間作や混作は効率的に作業しにくいことや，畑作物の生産性が化学肥料や農薬の利用で大きく向上したため，現在のわが国ではその役割が薄れている。

ところが，草地ではイネ科牧草とマメ科牧草の混播栽培が一般的である。混播草地は基幹草種とそのほかの補助草種で構成されるため間作にちかい。しかし,これらの草種が草地に混在するため混作の概念にもちかい。

〈注１〉
主体になる作物と副作物の区別がある場合は間作，区別がない場合を混作という。間作では，畦間や株間に副作物を作付けし，畦の方向が明確な場合が多く，混作の場合は，複数の作物が農地に混在することが多い。間作には，ユウガオやキュウリの株元に長ネギを栽培して病害抑制に利用する場合や，ムギの畦間にダイズを播いたり，サツマイモを植えるなどの例がある。

2 草地の維持管理と基幹草種

①基幹草種とは

混播草地では，畑作物のように栽培された複数の作物を別々に収穫することはなく，混播された数種の牧草を１つの作物と考えて栽培・収穫される。しかし，この栽培方法が播種した全ての草種に適していることは少なく，いずれかの草種に有利に働くことが多い。結果的に，栽培方法が有利に働く草種がしだいに優占し，不利に働く草種は徐々に衰退していく。衰退したあとの空間は，雑草侵入の原因になる。

したがって，どの草種を中心に草地を維持管理するのかを明確にしてお

表2-Ⅰ-1　北海道東部の採草地向け草種組み合わせ例（ホクレン，2014　雪印種苗，2014）

基幹草種	早晩性	草種	品種	播種量(kg/ha)	早晩性	草種	品種	播種量(kg/ha)
OG	早	OG	はるねみどり	15	早	OG	はるねみどり	20
		MF	ハルサカエ	5		MF	リグロ	5
		RC	メルビィ	4		RC	マキミドリ	3
		WC	リースリング	2		WC	ルナメイ	2
			合計	26			合計	30
	晩	OG	パイカル	15	晩	OG	バッカス	20
		MF	ハルサカエ	5		MF	リグロ	5
		RC	メルビィ	4		RC	マキミドリ	3
		WC	リースリング	2		WC	ルナメイ	2
			合計	26			合計	30
TY	極早	TY	クンプウ	18				
		RC	ハヤキタ	4				
		WC	マキバシロ	2				
			合計	24				
	早	TY	なつちから	18	早	TY	ホライズン	21
		RC	ナツユウ	4		RC	マキミドリ	2
		WC	ソーニャ	2		WC	リベンデル	2
			合計	24			合計	25
	中	TY	アッケシ，またはキリタップ	18				
		RC	ナツユウ	2				
		WC	ソーニャ	2				
			合計	22				
	晩	TY	なつさかり	18	晩	TY	アルテミス	23
		WC	タホラ	2		RC	アレス	1
						WC	リベンデル	1
			合計	20			合計	25

OG：オーチャードグラス，MF：メドウフェスク，TY：チモシー，RC：アカクローバ，WC：シロクローバ

く必要がある。そして，中心になる草種が基幹草種である。当然であるが，単播草地では播種した草種それ自身が基幹草種である。

②基幹になるのはイネ科牧草

混播草地で基幹となる草種は，その草地の利用目的（採草もしくは放牧）にかかわらずイネ科牧草である。イネ科牧草がマメ科牧草より草丈が高く大形の植物であるため，受光条件のよい群落の上層部をしめることができ，結果的にマメ科牧草より優れた乾物生産力を示すからである。したがってマメ科牧草は補助草種に位置づけられる。草地造成や更新時の播種量も，イネ科牧草を基幹草種，マメ科牧草を補助草種とすることを前提にして提案されている（表2-Ⅰ-1）。

ただし，マメ科牧草でもアルファルファは，例外的に採草地で基幹草種になることができる。アルファルファが上述したイネ科牧草の特徴をもっているためである。

3 マメ科牧草を混播する意味

混播草地で，マメ科牧草の生草重量割合をマメ科率という。採草地ではマメ科率が30％以上と高い混播草地であっても，年間乾物収量の多くが

イネ科牧草でしめられ，イネ科牧草が牧草生産の担い手になっている（図2-Ⅰ-1）。

それにもかかわらず，草地でイネ科牧草とマメ科牧草が混播されるのは，本章Ⅱ-3項で詳しく述べるように，混播栽培が飼料としての栄養価値を高めるという積極的な利点があるからである。イネ科牧草はタンパク質やミネラル（無機成分）の含量がマメ科牧草より低いので，マメ科牧草が同時に収穫されることでイネ科牧草の欠点が補われ，牧草の飼料価値を高めることができる。

さらに，マメ科牧草の根に共生する根粒菌は，大気中の窒素ガスを植物が利用可能な形態に変化させる（注2）ため，マメ科率の高い草地では窒素施与量が少なくても同等の乾物収量が期待できる（図2-Ⅰ-1）。

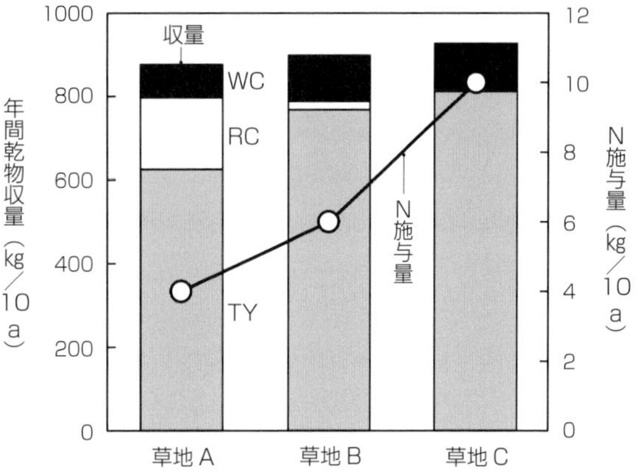

図2-Ⅰ-1　混播草地（採草地）の草種別収量と窒素（N）施与量（松本ら，1997のデータから作図）
草地A，B，Cはマメ科牧草の混生割合（マメ科率，生草重量割合）のちがいで，A：マメ科率≧30%，B：15%≦マメ科率＜30%，C：5%≦マメ科率＜15%
TY：チモシー，RC：アカクローバ，WC：シロクローバ

草地のマメ科率をどの程度に維持するかは，草地の利用法や肥培管理によってちがうので，適正マメ科率を一律にいうことはできない。しかし，それを前提に，適正マメ科率のおおまかな目安をいうなら20～30%前後である。

〈注2〉
この根粒菌の働きを生物的窒素固定という。

4 草地の永続性はイネ科牧草の維持が前提

こうした混播の利点は混播された草種が適正に維持されている場合にいえることであって，播種された牧草が衰退しては混播の利点も生かされない。とくに，基幹草種が衰退しては草地の牧草生産性そのものが大きく低下してしまう。

単播草地ではもちろんのこと混播草地でも，草地として永続的に維持管理するということは，基幹草種であるイネ科牧草を確実に維持することが大前提であり，そのうえでマメ科牧草も維持し混播草地の草種構成を良好な状態に保つことを意味する。以下，草地の基幹草種であるイネ科牧草の維持とその生産量について述べる。

2 イネ科牧草の分げつと収量構成要素

1 分げつ

オーチャードグラスやチモシーといった多年生のイネ科牧草は，1粒の種子から発生した茎（主茎という）が，新しい茎（分げつという）を次々と増やし，やがて多数の分げつで構成されるようになる（図2-Ⅰ-2）。このような受精にたよらない繁殖を栄養繁殖（クローン成長）という。

圃場にイネ科牧草の種子をばら播き（散播（さんぱ(ん)））すると，当初は分げつの少ない多数の個体からなる草地がつくられる。しかし，年々，分げつを多くもつ少数の個体群からなる草地へと変化していく。つまり，

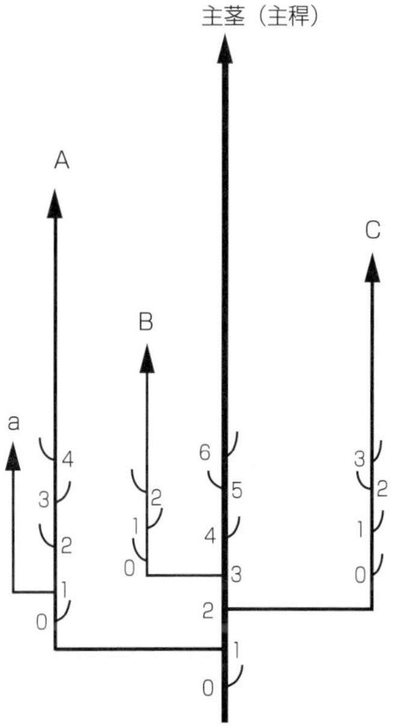

図2-Ⅰ-2
株をつくるイネ科牧草の栄養成長期の分げつ（佐藤，1979）
A，B，C：1次分げつ（主茎から発生した分げつ），a：2次分げつ（1次分げつから発生した分げつ），0：鞘葉（しょうよう）（最初にあらわれる葉身も色もない葉），1，2，3，…：各茎の第1葉，第2葉，第3葉…

単位面積当たりの個体数（1粒の種子に由来する個体）は年々に減るのに対して，個体当たりの分げつ数は増えるので，大局的にみると単位面積当たりの分げつ数（茎数，もしくは分げつ密度）はほぼ一定に保たれる。

したがって，理想的な状態で管理されたイネ科牧草の草地では，茎数はある程度の幅で維持されている。この分げつ密度を維持することが，イネ科牧草を草地で維持していくことにほかならない。

2 収量構成要素と分げつの種類

①草地の収量と収量構成要素

単播草地はもとより混播草地であっても，基幹草種としてのイネ科牧草生産量が草地の生産量を決定づける。したがって，草地の牧草生産量（収量）は，イネ科牧草の収量を中心に考える必要がある。イネ科牧草の収量は，単位面積当たりのイネ科牧草の茎の本数（茎数）と，茎1本当たりの重さ（1茎重）で決まり，次の式で求められる。

イネ科牧草の収量（g/㎡）＝茎数（本/㎡）×1茎重（g/本）

このように収量を茎数と1茎重の2つの要素に分解すると，収量の多少が茎数の多少によるのか，1茎重の大小によるのかが判断できる。こうした茎数や1茎重など，収量にかかわる作物側の要素を収量構成要素という。

収量構成要素として測定される茎数は，収量を測定した時点の茎数である。1茎重は茎1本ずつ重量を測定するのではなく，測定した収量（茎葉部乾物重）を茎数で除して求める。したがって，1茎重は，厳密にいうと平均1茎重のことである。

②利用方法と収量構成要素

牧草はイネやムギなどの作物（穀実作物）とちがい，刈取りや放牧によって1年に数回から十数回も利用されるため，適切な刈取り管理や茎数（分げつ密度）の維持が収量決定に重要である。それだけでなく，採草（刈取り）利用と放牧利用があるため，それぞれの利用目的によって収量構成要素のどちらを重要視するかがちがってくる。一般的に，採草利用の場合は1茎重が，放牧利用では茎数が重要な要素である。

③分げつ茎の種類

イネ科牧草の茎数を構成する分げつ茎は，節間伸長（注3）しているかどうかで，節間伸長茎（生殖成長茎）と栄養茎（栄養成長（注4）茎）の2種類に大きく分かれる（図2-I-3，4）。さらに，節間伸長茎は，外見から穂が確認できるかどうかで有穂茎（ゆうすいけい）と無穂伸長茎（むすいしんちょうけい）に分けられ，有穂茎は穂が茎（葉鞘（ようしょう））から出ているかどうかで，出穂茎（しゅっすいけい）と穂ばらみ茎に分けられる。

また，単純化して，外見から穂が確認できるかどうかで有穂茎と無穂茎に分けることもある。この場合の無穂茎は，無穂伸長茎と栄養茎の両者が含まれる。

④放牧，採草と利用分げつ茎

放牧された家畜は，節間伸長したイネ科牧草を好まない。このため，節間伸長茎の採食利用率は低下する。したがって，放牧草地でのイネ科牧草

〈注3〉
節とは葉や芽をつくる部位であり，この節と節のあいだが節間である。春の長日条件で種子形成をする成長（生殖成長）に転換して，節間が旺盛に伸びる現象を節間伸長という。

〈注4〉
種子形成に直接関係しない，茎葉の拡大を中心とする成長。

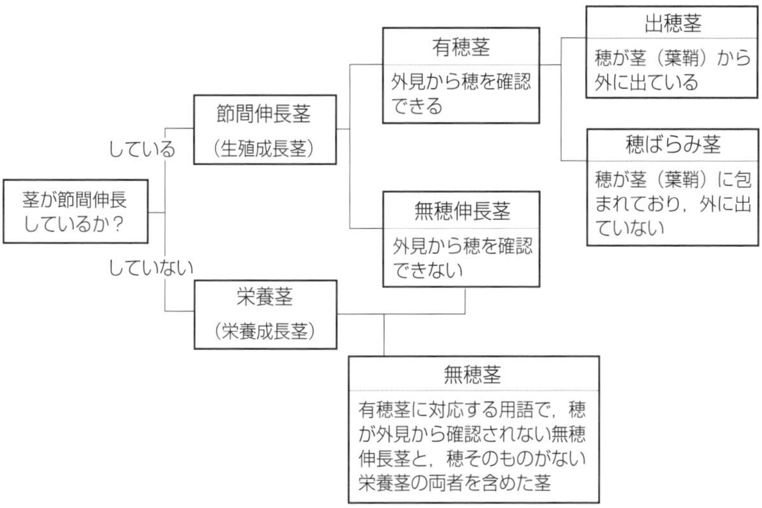

図2-Ⅰ-3　節間伸長の有無によるイネ科牧草の分げつの分類

a　オーチャードグラス（出穂期＝6月3日）

b　チモシー（出穂期＝6月25日）

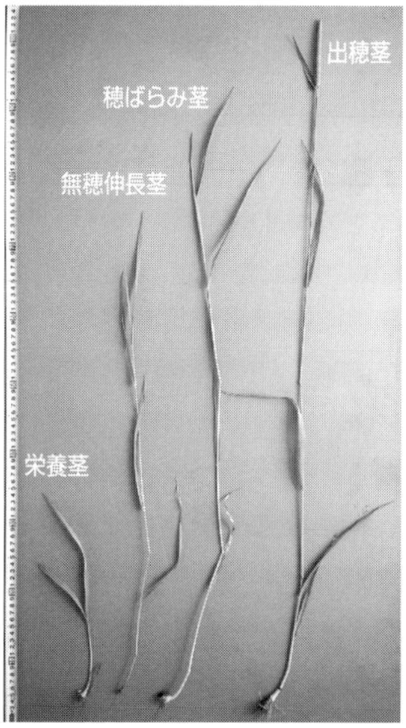

図2-Ⅰ-4
イネ科牧草の節間伸長の有無による分げつの分類

は栄養茎で維持されるのが望ましい（本章Ⅲ-3項参照）。

採草利用の1番草で，有穂茎と無穂茎の1茎重を比較すると，オーチャードグラスの有穂茎は無穂茎の6倍以上，チモシーでは7倍以上にもなる（表2-Ⅰ-2）。したがって，有穂茎数が増えると1茎重が大きくなり，1番草の収量が増える。このように，収量構成要素から収量を考えると，採草地の1番草の増収要因が，有穂茎数であることがわかる。有穂茎数を増やすための管理方法は本章Ⅳ-5項で述べる。

3　分げつの生育経過と寿命

1　分げつの寿命

収量構成要素からみた茎数は，収量を測定した時点で生存していた単位面積当たりの分げつ数である。これら個々の分げつは，発生から枯死までの生育段階があり，生育期間は限定されている。分げつの生育期間は草種や栽培環境でちがう。しかし，ほとんどの場合，寿命は最大でも2年間であり，多くは発生した生育季節でしか生存できない。

つまり，多年生イネ科牧草は植物としては多年生であったとしても，それを構成する個々の分げつでみると多年生とはいえない。発生した分

表2-Ⅰ-2　オーチャードグラス（OG）とチモシー（TY）の1番草乾物収量と収量構成要素，有穂茎と無穂茎の1茎重比較（瀬川，2001）

	乾物収量（g/㎡）			茎数（本/㎡）			1茎重（g/本）			a/b
	有穂茎	無穂茎	合計	有穂茎	無穂茎	合計	a 有穂茎	b 無穂茎	平均1茎重	
OG	431 (80)	108 (20)	539	560 (39)	894 (61)	1454	0.77	0.12	0.37	6.4
TY	939 (98)	18 (2)	957	845 (88)	120 (12)	965	1.11	0.15	0.99	7.4

1.（　）内の数字は，合計に対する有穂茎および無穂茎の割合（%）を示す
2. 窒素施肥量＝8 g/㎡，刈取り期日（出穂期）：OG＝6月8日，TY＝6月24日
ここでいう有穂茎とは，出穂茎と穂ばらみ茎の合計である（図2-Ⅰ-3）。また無穂茎とは，無穂伸長茎と栄養茎の合計である
収量の単位 g/㎡ は，kg/10a と同じ意味である

げつは限られた生育期間のなかで，1茎重が小さい栄養茎の時期から，採草利用では，収量に大きく寄与する有穂茎の時期までを過ごすことになる。

〈注5〉
生育適温が15～25℃と比較的低いイネ科牧草で，オーチャードグラス，チモシー，メドウフェスク，ペレニアルライグラスなどがある。暖地型イネ科牧草の生育適温は25～30℃と高く，ダリスグラス，バヒアグラス，ローズグラス，バーミューダグラスなどがある。

〈注6〉
成長点。茎の先端部にあって茎が伸びていくとともに，新しい葉をつくる部位。なお厳密には，成長点は茎頂と根の根端部を含めた総称である。

2 再生する茎と枯死する茎

多くの寒地型イネ科牧草（注5）は，秋の低温，短日条件で多数の分げつを発生させる。発生した新分げつは，栄養成長しているかぎり，茎頂（注6）が刈取りや放牧などによって茎から取り去られることはない。それは，栄養成長している茎の茎頂は，刈取りや放牧利用の高さより低い位置にあるからである。ところが，秋以降の短日条件での低温によって，花芽を形成するように体内の生理が変化した（この現象を春化（しゅんか）という）分げつは，翌春の長日条件によって茎頂に幼穂（ようすい）（穂の原基）をつくり生殖成長にはいる。

生殖成長にはいった分げつは節間伸長を開始するため，茎頂は刈取り高さより上になる。その結果，刈取りによって茎頂が茎から取り去られる。こうして節間伸長茎（出穂茎，穂ばらみ茎，無穂伸長茎）は茎頂を失って再生できず枯死する。

チモシー，アルファルファ，アカクローバなどは出穂や開花に春化を必要としない。このため，これらの草種は長日条件さえあれば，花芽をつくり節間伸長することができる。

4 世代交代による分げつ密度（茎数）の維持

1 分げつ消長の3つの型

個々の分げつには寿命があるため，イネ科牧草が経年的に維持されるということは，現在ある分げつが枯死しても，それに置き換わる新たな分げつが発生して生存しつづけるということである。つまり，新旧分げつの世代交代が確実におこなわれることが，分げつ密度（茎数）の維持，すなわち，イネ科牧草を永続的に維持するために不可欠である。

イネ科牧草の生育にともなう分げつの種類や数の推移は，1997年に伊東（Ito）らが定義した，持続型（conservative type），交代型（alternating type）（注7）と，それ以外の型の計3類型に区分できる。

〈注7〉
原著では交替型である。しかし本書では一斉に世代交代する特徴を重視して，交代型とよびかえる。

2 持続型分げつの特徴と維持

①この型の特徴

オーチャードグラスやトールフェスクがこの型にはいる。刈取り後の新分げつの発生が不十分で，茎数は春から秋に向かってしだいに減り，初秋には春の半分以下くらいになる。しかしその後，分げつ発生が旺盛になり，減った茎数が回復するという特徴をもつ（図2-Ⅰ-5）。

この型の分げつの消長は，十分に解明されていない。これまでの坂本や伊東らの知見を総合すると，以下のように考えることができる。

②分げつの消長

●分げつの種類

年間3回刈取りの採草利用のオーチャードグラスを例に，分げつの発生

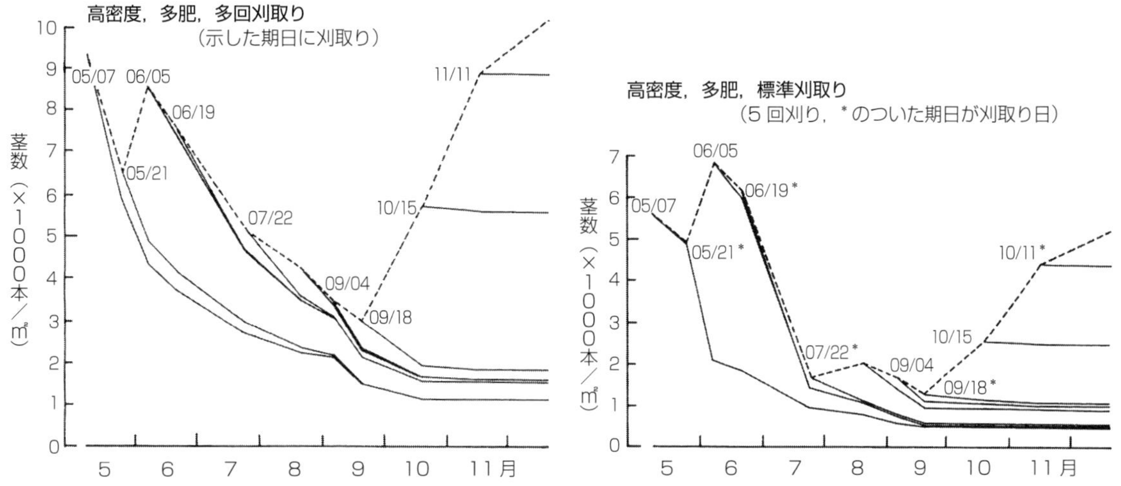

図2-Ⅰ-5　オーチャードグラスの分げつの消長（伊東ら，1989）
オーチャードグラス同一栄養系の分げつを，低密度（100個体／㎡）と高密度（400個体／㎡）で移植し，施肥条件（多肥＝N，P_2O_5，K_2Oを各60g/㎡，少肥＝N，P_2O_5，K_2Oを各20g/㎡）と刈取り頻度（多回＝9回刈り，標準＝5回刈り）をかえて栽培。図は，越冬後，2年目の密植・多肥区の結果（新潟でプラスチックコンテナを用いて実施）
図中の数字は月／日。実線は各測定期日に存在した分げつ数とその後の推移。測定した分げつは期日ごとに標識をつけ，発生と枯死を確認。点線は測定期日に存在した分げつを合計した茎数，すなわち全茎数の推移。低密度区の結果も傾向は上図と同じである

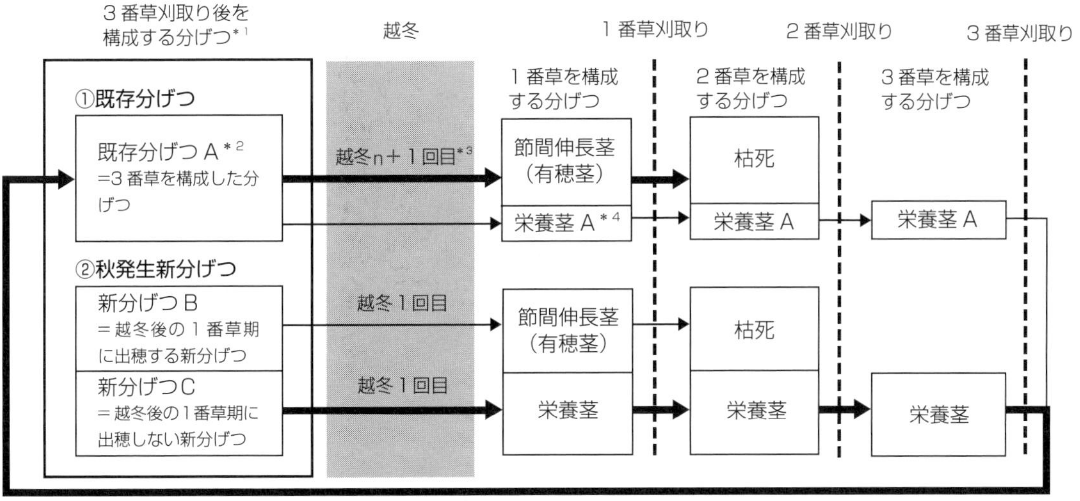

図2-Ⅰ-6　オーチャードグラスの各番草を構成する分げつの種類と消長（概念図）（年間3回刈取りの北海道での例）
＊1：3番草刈取り後を構成する分げつを便宜的に既存分げつA，新分げつB，新分げつCの3種類に分けている
＊2：既存分げつAには，前年秋発生した新分げつCだけでなく，何年か前の秋に発生し生き残ってきた分げつ（栄養茎A）が含まれている
＊3：nは，既存分げつAを構成する分げつが，何年前に発生したのかの年数。前年に発生した新分げつCは，1年前であるからn＝1で，越冬2回目になる
＊4：栄養茎Aは，既存分げつAのうち，越冬後の1番草で節間伸長しないで，次番草以降も栄養茎として生きつづけていく分げつ

消長を示したのが図2-Ⅰ-6である。

3番草刈取り後の分げつは，刈取り前の3番草を構成していた既存分げつ（既存分げつA）と，3番草刈取り後に発生する新分げつからなる。

新分げつには，越冬後の１番草期に節間伸長して有穂茎になる分げつ（新分げつB）と，出穂しないで栄養茎のまま３番草刈取り後まで生きる分げつ（新分げつC）の２種類ある。したがって，３番草刈取り後の分げつは，既存分げつ A，新分げつ B，新分げつ C の３種類が混在している。

●種類ごとの分げつの消長

既存分げつ A の多くは，１番草期に節間伸長して有穂茎になり，１番草刈取りで茎頂が切除され，枯死して一生を終える。既存分げつ A には，発生時期がちがう２種類の分げつがある。

１つは，前年秋に発生した新分げつ C で，越冬後の各番草を栄養茎で過ごし，そのまま３番草刈取りの後まで生きてきた分げつである（新分げつ C からの太線矢印）。もう１つは，前年秋にすでに既存分げつ A として存在していた分げつである。２回以上の越冬を経験し，なお，当年１番草でも節間伸長せず，栄養茎として３番草刈取り後まで生きた分げつ（栄養茎 A，既存分げつ A からの細線矢印で，太線矢印に合流）である。

３番草刈取り後に発生した新分げつのうち，新分げつ B は発生直後の１回目の越冬のあと，１番草期で節間伸長して有穂茎になり，１番草の刈取りによって茎頂が切除され，一生を終える。

したがって，１番草期に節間伸長して有穂茎になる分げつには，新分げつ B に由来する分げつと，既存分げつ A に由来する分げつがある。

●１番草後の再生が旺盛な理由

１番草の刈取りによって，有穂茎を中心とする節間伸長茎は枯死して再生不能になる。しかし，新分げつ C と栄養茎 A に由来する栄養茎は，１番草刈取り時の茎数の 50％程度をしめ，刈取り後も茎頂は生存しているため，刈取り直後から旺盛に再生する（図２-Ⅰ-７）。オーチャードグラス草地が刈取り直後すぐに緑色をとりもどすのは，このためである。

なお，当年春や夏の刈取りのあとにも新分げつが発生する。しかし，この新分げつは，それぞれの番草を構成する既存分げつよりも弱小で，生育途上で枯死する。そのため，夏以降，茎数は減りつづけて秋をむかえ，新分げつ発生の時期をむかえる。

③茎数と収量維持のポイント

オーチャードグラスのような持続型のイネ科牧草は，刈取り前の分げつが次の番草に持ち越されていくのが特徴である。しかも，越冬後の春から秋にかけて茎数（分げつ密度）が減るため，秋に発生する分げつをより多く確保することが，茎数の維持にとくに重要である。秋以外に茎数が大きく増える時期がないためである。

秋に発生する新分げつは，翌年や翌々年以降に有穂茎になって１番草収量を増やし，結果的に年間収量を高める。このように，秋のオーチャードグラス

図２-Ⅰ-７
オーチャードグラスの１番草刈取り後の旺盛な再生
１番草刈取り４日後の状態。再生している茎の葉身には刈り跡が認められ，刈取り時に生存していた既存分げつであることがわかる。節間伸長茎（有穂茎と無穂伸長茎）は再生不能なので枯死する（○印）（口絵ⅰページ参照）

の分げつ発生促進は，分げつ密度の維持だけでなく，牧草生産という面からもきわめて重要である。

この型の分げつの消長は，利用（刈取り）頻度や窒素施肥量による影響をあまり受けない。

3 交代型分げつの特徴と維持

①この型の特徴

チモシーやリードカナリーグラスがこの型である。この型の特徴は，越冬した既存分げつのほとんどが春の長日条件で節間伸長し，刈取りによって茎頂を失って枯死し，これにかわって新分げつを旺盛に発生させ，新旧分げつの世代交代をほぼ完全におこなうことである。

②分げつの消長

図2-Ⅰ-8に示したように，藤井は，チモシーの場合，越冬後の分げつは春の成長開始から節間伸長期の前までに基部から新分げつを発生させ，一時的に茎数が増えるとした。しかし，この時期に発生した新分げつは，その後，越冬した分げつの節間伸長によって抑圧されて枯死し，結果として茎数が減る。

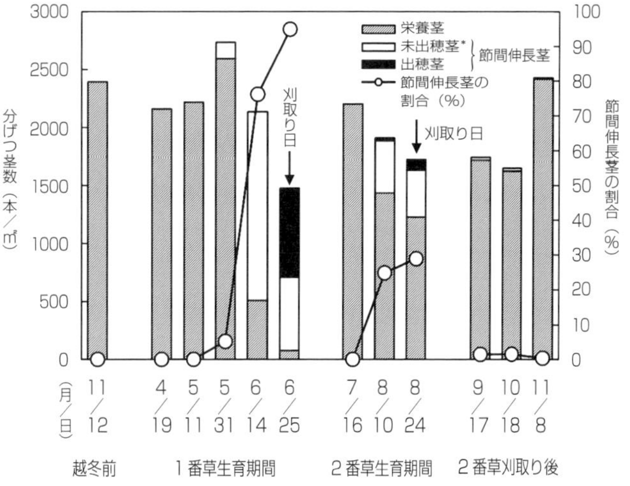

図2-Ⅰ-8　チモシー（品種：ノサップ）の分げつの消長
（藤井，2013を改変）
原著では，草地造成初年目の越冬前から4年目まで図示されているが，ここでは，造成後2年目の越冬前から3年目の越冬前までを示した（北海道での試験結果）
＊：原著では先端から穂先が出た茎を出穂茎と定義しているので，未出穂茎は本書図2-Ⅰ-3の分類の穂ばらみ茎と無穂伸長茎の合計になる

越冬した分げつは，節間伸長期から1番草刈取りまでの期間に（図2-Ⅰ-8では，5月下旬から1番草刈取りまで）90%以上が節間伸長茎（出穂茎，穂ばらみ茎，無穂節間伸長茎）になり，1番草刈取りによって茎頂が失われ再生不能になる。このため，1番草刈取り後10日間程度は新葉の再生や分げつがなく，地上部は緑色を失った刈株だけになる。

その後，刈株の地ぎわから，新しい分げつが年間を通してもっとも多く出るので（図2-Ⅰ-9），茎数（分げつ密度）は1番草刈取りから20日間くらいで1番草期の水準にもどる。この時点で越冬した分げつはほぼ完全に枯死し，1番草刈取り後に発生した新分げつとの世代交代が完了する。

図2-Ⅰ-9
チモシーの1番草刈取り後の新分げつを中心とした再生
1番草刈取り後，2週間経過時の状態。図2-Ⅰ-7の，刈取り4日後のオーチャードグラスの再生よりきわめて遅い。再生している茎の葉身には，刈り跡が全く認められないので，刈取り後に発生した新分げつであることがわかる。チモシーは分げつの新旧世代交代を夏に完成させる（口絵ⅰページ参照）

新分げつの一部は，2番草生育期間に節間伸長茎になり，2番草の刈取りで再生不能になる。しかし，大部分の分げつは栄養茎として2番草生育期間を過ごし，2番草刈取り後にも生育しつづけて越冬をむかえる。

2番草刈取り後の10月下旬から越冬前までの期間にも新分げつが発生して茎数が増える。しかし，その増加は1番草刈取り後ほど旺盛ではない。

③分げつの生育経過と維持のポイント

年間2回刈取り利用のチモシーを例にすると，分げつの生育経過は，図2-Ⅰ-10のようにa1，a2，a3の3期に分けることができる。a1は1番草刈取り後の分げつ発生から越冬前までの栄養成長主体の期間，a2は越冬期である。a3は1番草生育期間で，越冬した分げつが栄養成長か

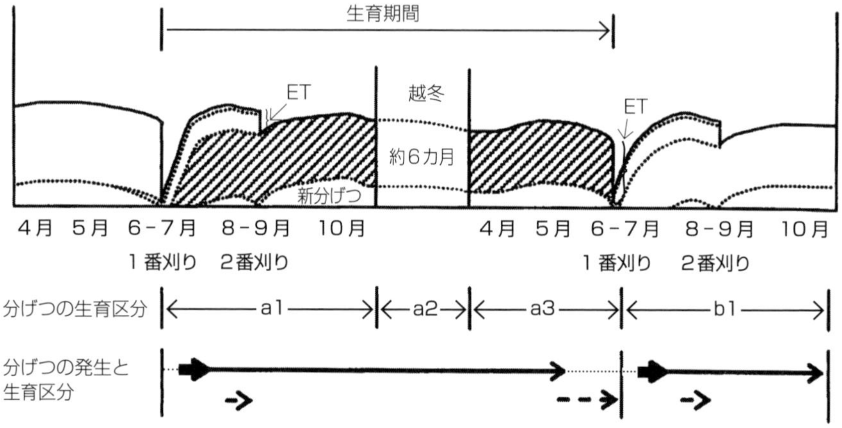

図2-Ⅰ-10 北海道の採草利用条件（年2回刈り）でのチモシーの分げつの生育区分と内容 （藤井，2013）
分げつの生育区分＝a1：1番草刈取り後に新分げつが旺盛に発生し，越冬前まで栄養成長をつづける期間，a2：越冬期，a3：越冬した分げつが春の長日条件で栄養成長から生殖成長に転換し，高い乾物生産を示す時期。刈取り後に分げつは枯死して一生を終える
a1～a3とb1では，おもな分げつの世代が交代している

（斜線）：6～7月の生産に寄与する分げつ集団の発生から収穫までの地上部全体にしめる構成を示す
ET ：刈取り後再生不能になる節間伸長茎
（太矢印）：新分げつの急増
→：栄養成長（分げつの肥大，葉の展開と伸長），栄養繁殖（分げつの増殖）が主体
………：新分げつ発生の停滞
- - →：節間伸長茎の増加，節間伸長茎の基部節間（球茎）の肥大

ら生殖成長に転換して節間伸長茎になり，高い乾物生産を示して1番草収量に大きく寄与したのち，枯死するまでの時期である。

年間2回の採草利用のチモシー草地では，1番草収量は年間収量の70～80%をしめる。したがって，それを構成する前年1番草刈取り後の新分げつの発生を旺盛にすることが，分げつ密度の維持と牧草生産の両面で重要になる。

また，チモシーの新旧分げつの世代交代が夏におこなわれることは，放牧を模した多回利用でも同様である。一般に，寒地型イネ科牧草の新分げつ発生は，秋の低温短日条件で旺盛になる。しかし，新分げつの発生が夏に旺盛となるというチモシーの特性は，他の寒地型イネ科牧草と大きくちがっている。

4 その他の型の分げつ

上記の2つの類型とちがい，生育の全期間を通じて新分げつの発生が可能な型である。ペレニアルライグラスがこれにあたる（Emoto ら，1999)。ペレニアルライグラスは，生育期間を通じて旺盛に分げつを発生するため，茎数が10,000本/㎡をこえることがある。

しかし，分げつが生殖成長に移行するには低温短日条件を経なければならないので，節間伸長茎の割合は20%以下で，栄養茎の割合がたいへん高い。

こうした生殖成長に移行する分げつの割合が低いという性質が，ペレニアルライグラスを放牧利用に適した牧草にしている。

5 イネ科牧草の再生と分げつの種類

牧草は，刈取りや放牧などで年間に何度も収穫利用される。これは年間1回の収穫が基本である畑作物との決定的なちがいである。地上部を刈取られた牧草は，刈株，地上のほふく茎や地下茎から再び茎葉を伸ばして生育を再開する。この現象が再生（再成長ともいう）である。再生が良好にくり返されなければ，イネ科牧草が草地で生存しつづけることはできない。

1 刈取りや放牧後の牧草の再生過程

牧草の再生は，以下の2つの過程に分けられる。刈株や根などに蓄積されていた炭水化物（貯蔵炭水化物）を養分源として新葉を展開していく過程（依存再生期，従属再生期ともいう）と，展開した新葉の光合成によって独立的に生育していく過程（独立再生期）の2つである。ただし，これらの過程は特定の期日で完全に分離できるものではない。依存再生期に貯蔵炭水化物を利用して新葉が展開して光合成を開始し，新葉が増えるにしたがって光合成量が増えていくので，依存再生の強い状態からしだいに独立再生へと移行していくと考えるべきである。

刈株や根に貯蔵され再生に利用される炭水化物の形態は草種によってちがい，糖，デンプン，フルクタン（注8）などがある。寒地型イネ科牧草の刈株ではおもにフルクタンとして，寒地型マメ科牧草のアルファルファの根部やクローバ類のほふく茎，暖地型牧草の刈株などにはデンプンとして貯蔵される（注9）。

〈注8〉
フルクトース（果糖）の重合体で，寒地型イネ科牧草ではフルクトースが直鎖状に結合するフレインの分子構造をもつ。フルクタンは低温でも凍らないため，栄養分をフルクタンの形で蓄える植物は，寒さに耐えることができる。

〈注9〉
牧草の再生に利用可能な貯蔵炭水化物は，個別に測定される場合と，まとめて全有効態炭水化物（Total available carbohydrate, TAC）とか，全非構造性炭水化物（Total nonstructural carbhydrate, TNC）として測定される場合がある。

2 分げつの種類がイネ科牧草の再生速度を決める

①定まっていない再生の制限因子

依存再生期にある牧草は，貯蔵炭水化物に依存しながら再生していくので，刈株の貯蔵炭水化物が牧草の再生の制限因子（注10）であると考えられる。ところが，貯蔵炭水化物だけが再生の制限因子と考えるのではなく，そのほかに，刈取り時に残っている再生可能な分げつ数（茎頂が刈取り高さより低い分げつ数），刈株中の窒素なども重要な要因であるとの指摘もあり，貯蔵炭水化物が再生に与える影響の評価は定まっていない。

〈注10〉
ある現象を決定づける要因のこと。

②再生か枯死かは茎頂のあるなしで決まる

もともとイネ科牧草の再生は，刈取りや放牧などによって茎葉部が除去されることで開始する。

このとき，刈取り前の分げつが節間伸長茎であれば茎頂の位置が高く，刈取りや放牧利用などで茎頂が取り去られてしまう。この場合，刈株に多くの貯蔵炭水化物が蓄積されていたとしても，この分げつは再生できず枯死する。茎頂が除去された分げつは，基部の腋芽（えきが）から新しい分げつを発生させて再生を開始するため，再生の速度は遅い。

表2-Ⅰ-3　出穂期の分げつ構成の草種間比較　（三枝・松中，未発表）

分げつの種類＊	OG（出穂期＝6月3日）				TY（出穂期＝6月23日）			
	茎数（本/㎡）	全茎数にしめる割合（%）	1茎重（g/本）	乾物重（g/㎡）	茎数（本/㎡）	全茎数にしめる割合（%）	1茎重（g/本）	乾物重（g/㎡）
節間伸長茎								
出穂茎	480	48	0.84	402	404	27	0.88	357
穂ばらみ茎	−	−	−	−	285	19	0.55	156
無穂伸長茎	26	3	0.27	7	769	51	0.25	196
栄養茎	488	49	0.11	54	37	2	0.03	1
全体	994	100	0.47	463	1495	100	0.47	710

＊：調査時点で，オーチャードグラスには穂ばらみ茎が確認できなかった

一方，刈取り時の分げつが栄養茎であれば，茎頂の位置が低いので茎頂は除去されず残る。このため，刈取り後ただちに再生する。

出穂期のオーチャードグラスの栄養茎の割合は50%程度，チモシーは10%に満たない（表2-Ⅰ-3）。したがって，オーチャードグラスの茎頂が刈取り後に生き残る割合はチモシーより各段に高い。茎頂が生き残ったオーチャードグラスの分げつは，刈取り後，既存分げつとしてただちに再生を開始する。このため，オーチャードグラスはチモシーより再生が良好である（図2-Ⅰ-7，9，口絵ⅰページ参照）。

分げつの消長が持続型であるオーチャードグラスやトールフェスクのほかに，ペレニアルライグラス，ケンタッキーブルーグラスなども，刈取りや放牧利用後の再生が良好なのは同じ理由である。

分げつの消長が交代型にはいるチモシーやリードカナリーグラスは，分げつがそろって節間伸長するために刈取りによって茎頂を失い，その結果，刈取り後の再生は新分げつの発生を待たなければならない。このため再生が遅くなる。

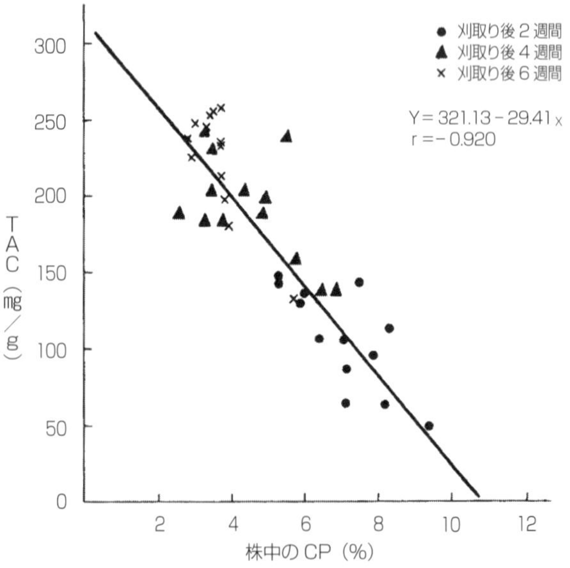

図2-Ⅰ-11
オーチャードグラス再生期間中の刈株の貯蔵炭水化物（全有効態炭水化物，TAC）と粗タンパク質（CP）含有率
（熊井・真田，1973）

③再生は貯蔵炭水化物より分げつの種類が左右

イネ科牧草の再生の良否に対する刈株の貯蔵炭水化物の役割は，再生する分げつが存在することを大前提として考えられるべきことであって，貯蔵炭水化物の存在量それ自身が牧草の再生の良否を決定づけるわけではない。むしろ，再生の良否を決定づけるのは，刈取り後に再生する分げつの主体が，刈取り時にすでに存在していた分げつ（既存分げつ）であるのか，刈取り後に発生する新分げつであるのかという，分げつの種類にあると考えたほうが理解しやすい。

3 イネ科牧草の窒素栄養と再生

貯蔵炭水化物量は，光合成による炭水化物生産量と，吸収された窒素が牧草体内でタンパク質に同化されるときに消費される炭水化物量の

表2-Ⅰ-4　オーチャードグラス採草地の1番草刈取り時の刈株の窒素（N），全非構造性炭水化物（TNC）含量とその後の再生，2番草収量の関係　（Matsunaka ら，1997　石井，1996）

早春のN施与量 (g/㎡)	1番草乾物収量 (g/㎡)	1番草刈取り時の刈株 乾物重 (g/㎡)	N含有率 (%)	TNC含有率 (%)	1番草刈取り後N施与量 (g/㎡)	茎数*（本/㎡） 再生茎（既存分げつ）	非再生茎	依存再生乾物量** (g/㎡)	2番草乾物収量 (g/㎡)
0	491	47.2	0.80	16.6	6	538	372	21.7	462
3	545	50.0	0.95	13.9	6	657	386	25.7	497
6	616	55.5	1.20	10.9	6	682	473	30.7	528
9	672	50.0	1.46	10.6	6	873	694	31.1	532

早春のN施与量を変化させて，1番草刈取り時（6月5日）の刈株の条件をかえた。P_2O_5-K_2O-MgO の施与量は共通で，各番草ごとに 2-7-0.7 g/㎡である
オーチャードグラスの品種はオカミドリ。単位の g/㎡ はkg/10a と同じ意味である
*：刈取り後10日目（依存再生期の終了時）の茎数
**：刈取り後10日目の再生した茎葉部乾物重

表2-Ⅰ-5　オーチャードグラス採草地の2番草刈取り後の刈株の窒素（N），全非構造性炭水化物（TNC）含量とその後の再生，3番草収量の関係　（Matsunaka ら，1997　石井，1996）

1番草刈取り後N施与量 (g/㎡)	2番草乾物収量 (g/㎡)	2番草刈取り時の刈株 乾物重 (g/㎡)	N含有率 (%)	TNC含有率 (%)	2番草刈取り後N施与量 (g/㎡)	茎数*（本/㎡） 再生茎（既存分げつ）	非再生茎	依存再生乾物量** (g/㎡)	3番草乾物収量 (g/㎡)
0	344	61.3	0.98	25.8	6	781	170	14.3	434
3	456	63.0	1.05	23.1	6	827	248	17.6	432
6	492	81.0	1.36	19.2	6	1128	293	23.8	472
9	536	71.1	1.87	18.5	6	954	347	27.4	478

早春は全ての処理区共通にNを6g/㎡施与した。その後，1番草刈取り後のN施与量を変化させて，2番草刈取り時（8月4日）の刈株の条件を変えた。P_2O_5-K_2O-MgO の施与量は共通で，各番草ごとに 2-7-0.7 g/㎡である
オーチャードグラスの品種はオカミドリ
*：刈取り後10日目（依存再生期の終了時）の茎数
**：刈取り後10日目の再生した茎葉部乾物重

差として決まる（3章Ⅱ-4-2項参照）。

このため，植物の粗タンパク質（CP）含有率（＝窒素含有率×6.25）は炭水化物含有率（TAC）と負の相関関係にあり，イネ科牧草の刈株中の窒素含有率が高いと貯蔵炭水化物含有率は必ず低下する（図2-Ⅰ-11）。したがって，貯蔵炭水化物量が牧草の再生，とりわけ依存再生の制限因子であれば，窒素施与によって窒素吸収を旺盛にすることは再生に悪影響を与えるはずである。

しかし，オーチャードグラス採草地での結果は，窒素施与によって刈株の窒素含有率が高まると，貯蔵炭水化物含有率が低下しても，依存再生期の再生量や刈取り後の2番草，3番草の収量のいずれも高まる（表2-Ⅰ-4，5）。このことは，オーチャードグラスの依存再生やその後の牧草生産に，刈株の貯蔵炭水化物が窒素栄養以上に制限因子になっているとは考えにくいことを示している。

もちろん，貯蔵炭水化物が重要な役割をはたす場合もある。たとえば，積雪下の暗黒条件で牧草が越冬するときがそれである。暗黒条件では，牧草の葉は光合成をすることができないので，生存しつづけるには貯蔵炭水化物に依存する以外に方法がない。牧草の越冬という観点からは，貯蔵炭水化物は重要な要因である。このことは，牧草の冬枯れとの関連で本章Ⅲ-2-3項で述べる。

Ⅱ 草種構成と牧草収量

1 草地の牧草生産を左右する要因

1 収量にかかわる要因と収量規制要因

草地の牧草生産性は，基幹草種であるイネ科牧草によって決まる。これは，イネ科牧草単播草地はもちろん，イネ科牧草とマメ科牧草の混播草地でも同じである。したがって，混播草地では基幹草種であるイネ科牧草と補助草種であるマメ科牧草が良好な割合になっていることが理想である。

さまざまな草種がそれぞれの割合で混生している状態を草種構成という。草種構成が良好に維持されている草地は牧草生産が旺盛であり，草地の単位面積当たりの牧草生産量（収量）を決定づける要因の１つである。

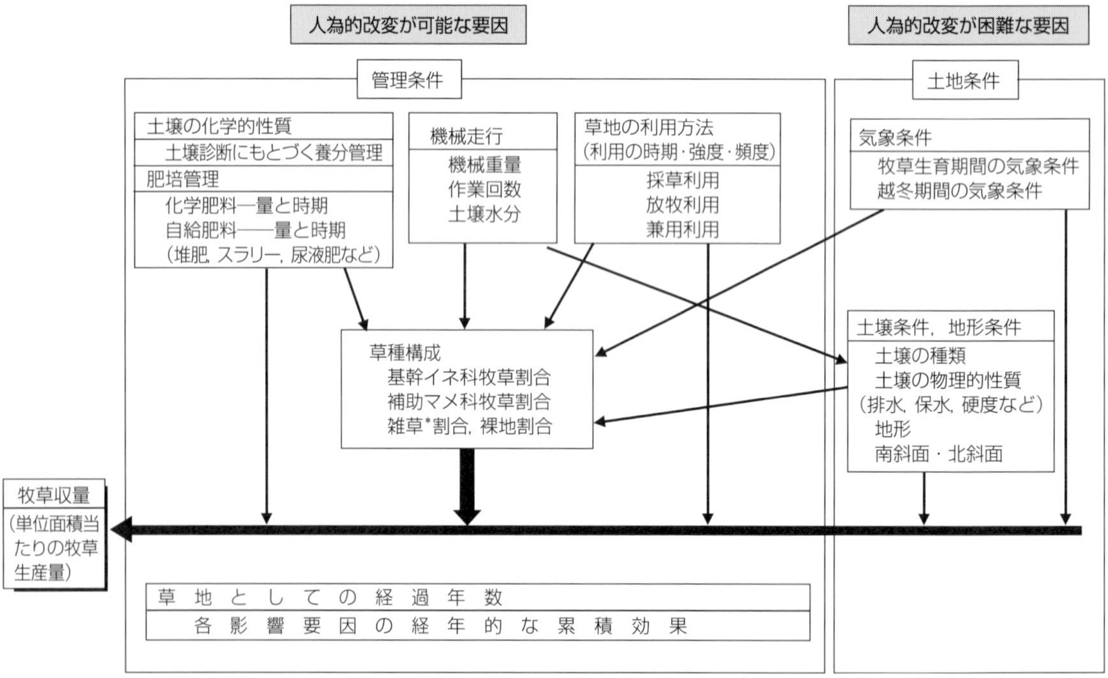

図２-Ⅱ-１　草地の牧草収量に影響を与える多様な要因

＊：播種草種以外の植物。とくに問題の大きい雑草は，シバムギ，リードカナリーグラス，レッドトップ，そのほか，とくに採草地ではケンタッキーブルーグラスも基幹イネ科牧草を衰退させる。広葉雑草は，ギシギシ，フキ，タンポポ，アザミなどがある

気象，土壌の種類，地形などは，人為的に改変できない，あるいは改変しにくい条件である。草地の利用方法，肥培管理（土壌診断による養分管理を含む），機械走行などは，利用年数とともに影響が累積していく。こうした累積効果は最終的に草種の構成割合に反映し，牧草収量に大きな影響を与える

草種構成のほかに収量にかかわる要因は，気象条件，土壌条件，肥培管理，草地の利用方法など多様である（図２-Ⅱ-１）。この多様な要因のうち，草地の牧草生産をもっとも規制している要因を収量規制要因（たんに制限因子ということもある）という。

2 収量規制要因としての草種構成

①高収草地と低収草地のちがいは草種構成

草地の収量規制要因を明らかにすることを目的に，1979 年に大規模な実態調査が北海道東部の根室地方でおこなわれた。それによると，牧草収量の多い草地（以下，高収草地）ほど，基幹牧草であるチモシーの割合が高く，不良草種・裸地割合（注 1）が低く，草種構成が良好である（図２-Ⅱ-２）。逆に収量の低い草地（以下，低収草地）ほど不良草種・裸地割合が高く，チモシー割合が低くなって草種構成が悪い。

しかし，草地土壌の pH や養分含量，施肥量，草地の造成後経過年数などは，高収草地と低収草地には大きな差はなかった。

さらにこの実態調査では，施肥量が少なく低収であった草地（少肥低収），施肥量が多いにもかかわらず低収であった草地（多肥低収），施肥量が少なかったにもかかわらず高収であった草地（少肥高収），施肥量が多く高収であった草地（多肥高収）という特徴的な４つの区分にあてはまる草地

〈注 1〉
地下茎型イネ科草であるケンタッキーブルーグラスやレッドトップ，広葉雑草による冠部被度と裸地割合の合計値で，草種構成の悪化程度を示す。調査報告書では植生不良率と記述されている。しかし，草地の草種構成を「植生」と表現するのは不適当なので（第１章参照），本書では不良草種・裸地割合と改訂した。
なお，本書でいう地下茎型イネ科草とは，地下茎から出るシュート（苗条ともいう。茎とそれに発生する多数の葉からなる地上部器官）で栄養繁殖するイネ科の草類で，播種していないにもかかわらず草地に侵入したものをいう。シバムギ，リードカナリーグラス，ケンタッキーブルーグラス，レッドトップなどがある。ケンタッキーブルーグラスやスムーズブロムグラスなどは，播種して草地に導入されることがある。この場合は，地下茎型イネ科牧草と表記して，地下茎型イネ科草と区別する。

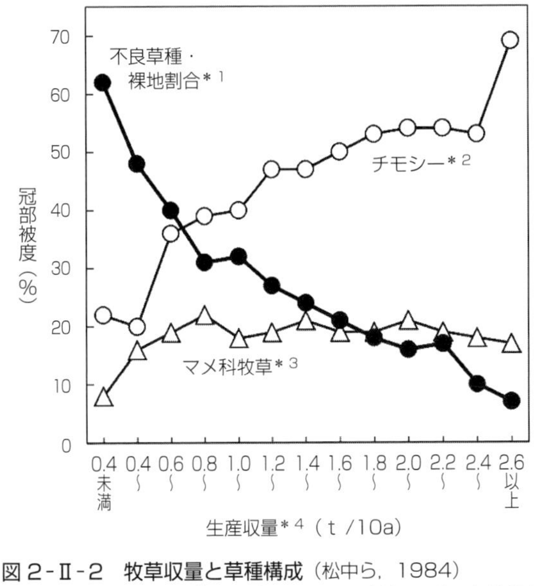

図２-Ⅱ-２　牧草収量と草種構成（松中ら，1984）
＊１：ケンタッキーブルーグラス，レッドトップ，広葉雑草の冠部被度と裸地割合の合計値。調査実施時（1979）は，現在，雑草として問題にされているシバムギやリードカナリーグラスはほとんど観測されていなかった
＊２：オーチャードグラスやメドウフェスクなども観測されていたが，数％程度のため図示していない
＊３：アカクローバ，シロクローバ，ラジノクローバの合計値。ただし，アカクローバはわずかである
＊４：生草収量は，この地方の１番草の刈取り適期より 10 日程度早い時期の実測値のため，適期刈りよりやや低い

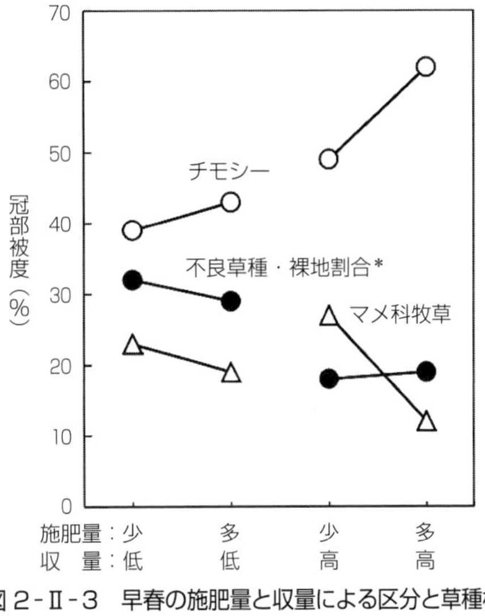

図２-Ⅱ-３　早春の施肥量と収量による区分と草種構成（松中ら，1984）
＊：図２-Ⅱ-２参照
施肥量の区分は，早春の化成肥料施与量による。各区分の平均窒素施与量は，少肥低収＝３，多肥低収＝５，少肥高収＝３，多肥高収＝６ kg/10a で，リンやカリウムの施与量にもわずかな差があった。各区分の平均生草収量（１番草）は，少肥低収＝1.1，多肥低収＝1.1，少肥多収＝2.1，多肥高収＝2.2 t/10a。同程度の窒素施与量でも，低収草地と高収草地ではおよそ２倍の収量差があった

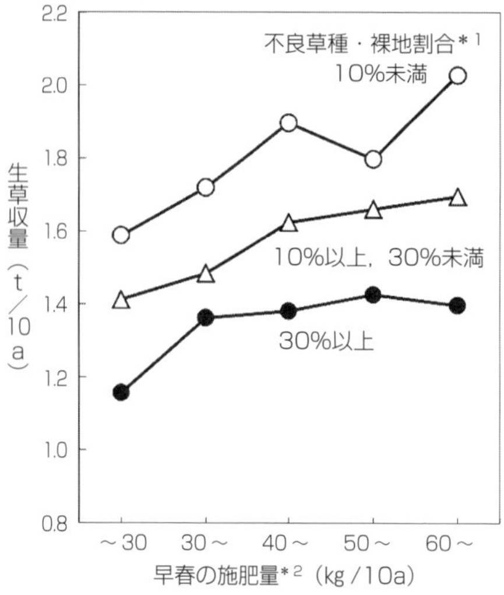

図2-Ⅱ-4　草種構成の良否と施肥量に対する牧草生産量のちがい（松中ら，1984）
＊1：図2-Ⅱ-2参照
＊2：高度化成肥料の原物施与量。保証成分は対象草地でわずかにちがう。保証成分の平均値はN：P_2O_5：K_2O：MgO＝11：21：19：5（%）

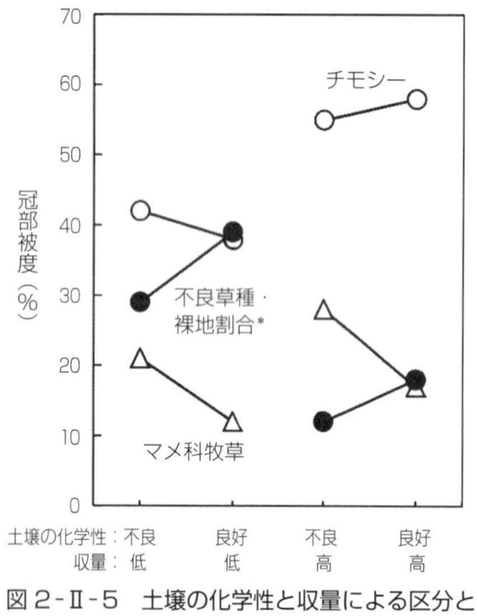

図2-Ⅱ-5　土壌の化学性と収量による区分と草種構成（松中ら，1984）
＊：図2-Ⅱ-2参照
土壌の化学性の良否は土壌の交換性マグネシウム含量で区分している。これは，この実態調査で交換性マグネシウム含量が土壌のpH，有効態リン，交換性カリやカルシウムなど，測定したすべての項目と有意な正の相関を示したためである（各区分の具体的な土壌条件は原著参照）
各区分の平均生草収量（1番草）は，それぞれ，化学性不良低収＝1.1，化学性良好低収＝1.0，化学性不良多収＝2.1，化学性良好多収＝2.2 t/10aであった

が抽出され比較された。

②高収草地の草種構成と施肥量

高収草地は，施肥量の多少にかかわらずチモシー割合が50%をこえ，不良草種・裸地割合は20%程度と低く良好な草種構成である（図2-Ⅱ-3）。さらに，少肥高収の草地はマメ科牧草割合が高い。マメ科牧草が十分にある草地は，マメ科牧草の根に共生する根粒菌が大気中の窒素を固定し，その一部が混播されたイネ科牧草に利用されるため少肥でも高収になる。

また，多肥高収の草地ではチモシー割合が高い。これは，マメ科牧草の割合が低くても，チモシーの密度が十分に維持され良好な草種構成であれば，多肥によって高収になることを示している。

③低収草地の草種構成と施肥量

低収草地では施肥量にかかわらず，チモシー割合が50%を下回るうえ，不良草種・裸地割合がおよそ30%程度と草種構成が悪い。このような草地では施肥量を多くしても収量の増加につながらず，施肥量よりも草種構成の悪さのほうが牧草生産を規制していると理解できる。

このことは，不良草種・裸地割合が高く草種構成が悪い草地ほど，同じ施肥量でも低収であるとともに，施肥量を増やしても増収効果が明らかでないことと一致する（図2-Ⅱ-4）。これは，不良草種・裸地割合を構成するケンタッキーブルーグラスやレッドトップなどの草種が，施肥量を増やしてもチモシーほどには増収しないためである。

④草種構成は土壌条件と収量の関係も左右

草地の草種構成の良否は，土壌条件と収量との関係にも大きく影響する。土壌の化学性（土壌のpH，養分含量）が良好でも，不良草種・裸地割合がおよそ40%と高く，チモシー割合が40%を下回り，マメ科牧草の割合も低い，というように草種構成が悪い草地は低収である（図2-Ⅱ-5）。

逆に，土壌条件がよくないにもかかわらず高収の草地は，チモシー割合が50%をこえ，マメ科牧草の割合も30%近くで不良草種・裸地割合が低く，きわめて良好な草種構成である。

⑤草種構成は収量規制要因としてとくに重要

つまり，草地の牧草収量を高く維持するためには，なによりもまず草地の草種構成を良好に維持する必要がある。逆に，草種構成が悪ければどんなに施肥量を増やしても，また土壌条件が良好であっても多収を実現できない。草種構成は草地の収量規制要因としてとくに重要である。

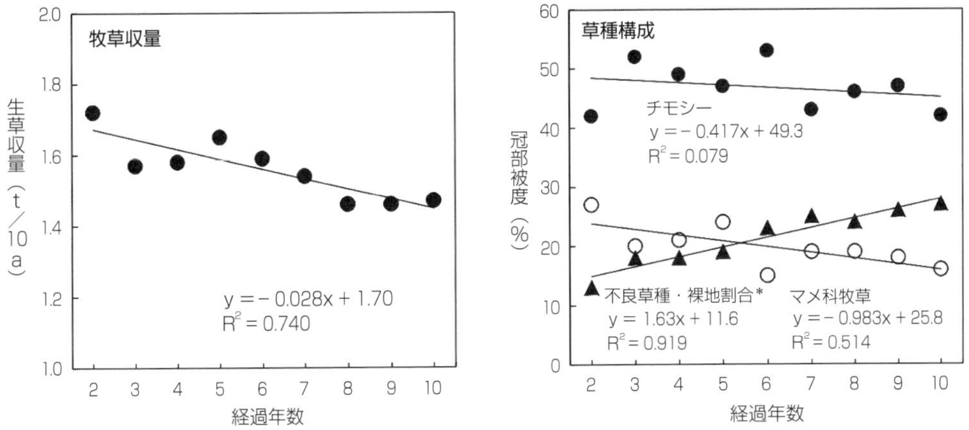

図 2-Ⅱ-6　草地の経年化による牧草収量と草種構成の変化（農用地開発事業推進協議会・根釧農試，1982）
マメ科牧草：アカクローバ，シロクローバ，ラジノクローバの合計値
＊：図2-Ⅱ-2参照
収量は6月下旬の生草収量で，根室地方の１番草刈取り適期より 10 日程度早い時期の実測値。経過年数 10 年目までの 539 の草地を経過年数で区分し，平均値を図示

3 草種構成の経年変化と収量

①牧草収量の経年的低下と草種構成

一度造成された草地は，更新しないで利用しつづけるのが理想である。しかし，実際には経過年数が多くなるとともに収量が低下する。その原因の１つとして草地の草種構成の悪化が指摘されている。

前述した大規模実態調査でも，牧草収量が経年的に低下する傾向が認められている（図 2-Ⅱ-6）。それは，チモシーやマメ科牧草割合の経年的低下と，それと入れ替わるように不良草種・裸地割合が増えるという，草種構成の悪化に対応している。

②早まる草種構成の悪化

2009 ～ 2011 年の調査によると，最近の草地の経年化による草種構成の悪化は，前述の実態調査（1979 年実施）のころより明らかに早まっている（図 2-Ⅱ-7）。しかも，1979 年では草種構成が悪化したとはいえ，地下茎型イネ科草の割合がチモシーの割合を上回ることがなかったのに対して，最近の調査では，更新後 6 年目以降，地下茎型イネ科草の割合が 50%をこえ，チモシーの割合は 30%を下回っており，チモシー基幹草地とはいえない状況になっている。

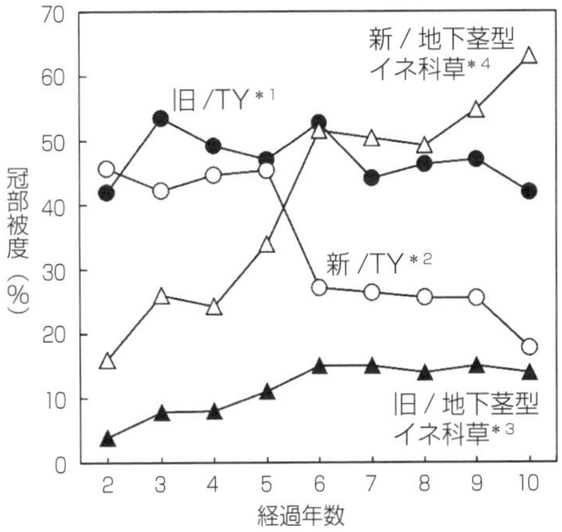

図 2-Ⅱ-7　草地の経年化による草種構成の変化
＊1：1979 年調査（農用地開発事業推進協議会・根釧農試，1982）のチモシー割合
＊2：2009 ～ 11 年調査（道総研根釧農試，2012）のチモシー割合
＊3：1979 年調査結果（農用地開発事業推進協議会・根釧農試，1982）で，ケンタッキーブルーグラス，レッドトップが主体
＊4：2009 ～ 11 年調査結果（道総研根釧農試，2012）で，シバムギ，リードカナリーグラスが主体

この最大の原因は，かつては不良草種がケンタッキーブルーグラスやレッドトップが主体だったのに対して，最近はよりチモシーを抑圧しやすいシバムギやリードカナリーグラスが主体になっていることにある。

最近は新規造成される草地が少なく，地下茎型イネ科草の侵入によって草種構成が悪化した既存草地を耕起し，再播種する草地更新が多くなっている。しかし，草地更新時に地下茎型イネ科草を含む雑草対策としての除草剤処理が徹底されていない。結果的に，草種構成の悪化した既存草地の耕起作業が，不良草種の地下茎の拡散を促進することになる。これが，草種構成の悪化が早まってきた要因の１つである。

しかも，シバムギやリードカナリーグラスが混入した牧草をサイレージ調製すると，発酵品質が劣りやすい。草種構成の悪化は，収量だけでなく良質飼料生産にとっても悪い影響をおよぼす。

〈注２〉
北海道の農牧地土壌分類第２次案による名称である。全国の農耕地土壌分類第３次案（農耕地土壌分類委員会，1995）による名称でいえば，厚層黒色火山性土は黒ボク土に，未熟火山性土は火山放出物未熟土に相当する。北海道根室地方では，厚層黒色火山性土は火山噴出源より遠い沿海地域に分布し，未熟火山性土は噴出源に近い内陸地域に分布する。

2 草種構成に影響する要因

草地の牧草生産が草種構成に左右されるのは，草種構成が土壌条件，気象条件，肥培管理，草地の利用方法，草種や品種といった，多様な要因が草地に与えた影響の結果を総合的に反映しているからである。以下，それぞれの要因がどのように草種構成に影響しているのかを考えてみる。

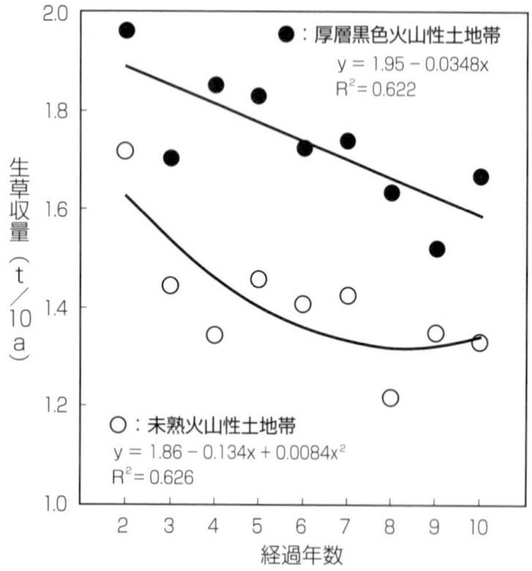

図２-Ⅱ-８
牧草収量＊の土壌地帯別経年変化（松中ら，1983）
＊：図２-Ⅱ-６参照。調査対象草地数は未熟火山性土地帯184，厚層黒色火山性土地帯179。各年次のデータから平均値を求めて図示
図中の土壌名は北海道の農牧地土壌分類第２次案（北海道土壌分類委員会，1979）による。以下の図表もすべて同じ

1 土壌条件の影響

①土壌と草種構成，収量の経年変化

草地の経年化にともなって，草地土壌の pH や養分含量などは，土壌の物理的性質や化学的性質の影響を受けながら徐々に変化し，草種構成も変化していく。土壌の種類がちがうと，土壌の pH や養分含量などの経年的な変化がちがうので，土壌によって草種構成の経年変化がちがってくる。その結果，牧草収量の経年的低下傾向にも土壌による差が出る。

図２-Ⅱ-８は，草地の経年的低収化傾向に土壌による差があることを示している。厚層黒色火山性土（注２）地帯の草地の収量は経年的に徐々に低下するのに対し，未熟火山性土地帯では造成後５年目くらいまで収量が急激に低下し，それ以降の収量低下はゆるやかになる。さらに，草地としての経過年数が同じであれば，厚層黒色火山性土地帯のほうが未熟火山性土地帯よりも常に多収である。

草地の施肥量は，いずれの施肥成分とも経年化とは無

表２-Ⅱ-１　土壌地帯区分別の年間慣行施肥量（kg／10a）（松中ら，1983）

成分	土壌＊地帯区分	造成後経過年数								
		2	3	4	5	6	7	8	9	10
N	未熟火山性土	7	6	8	7	7	7	7	7	7
	厚層黒色火山性土	7	7	7	7	7	7	7	7	8
P_2O_5	未熟火山性土	8	9	9	9	9	9	9	8	7
	厚層黒色火山性土	8	8	8	9	10	8	8	9	10
K_2O	未熟火山性土	8	11	12	13	10	12	11	11	9
	厚層黒色火山性土	11	14	12	12	12	13	11	12	15

＊：土壌名は北海道農牧地土壌分類第２次案にもとづく（北海道土壌分類委員会，1979）

関係にほぼ一定で，しかも両地帯間に大差がない（表2-Ⅱ-1）。

したがって，図2-Ⅱ-8の結果は施肥量のちがいによってもたらされたものではない。

② pH や養分含量の経年変化の土壌間差

未熟火山性土は厚層黒色火山性土より粗粒であるため，保水性にやや劣り透水性が良好である。また，腐植含量が少なく陽イオン交換容量が小さいため，養分保持力や窒素供給力が弱い。未熟火山性土はこのような性質をもつため，カリウム（K_2O）やカルシウム（CaO），マグネシウム（MgO）といった塩基類が土壌に十分に保持されず，雨によって流亡しやすい。その結果，経年化によってこれらの養分含量が低下するとともに，土壌が酸性化（pH が低下）しやすい。

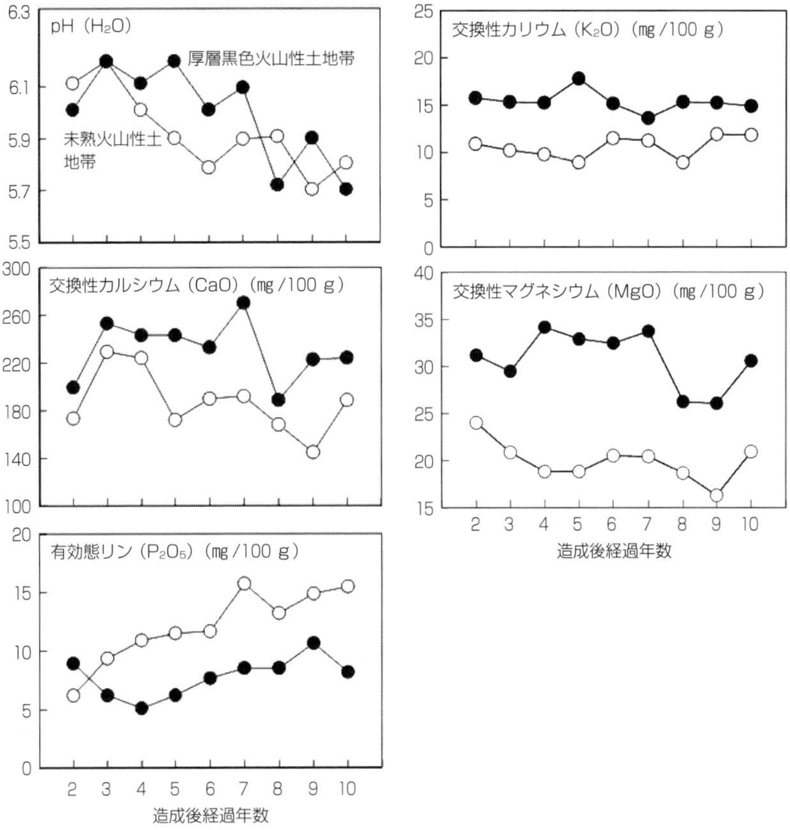

図2-Ⅱ-9　土壌の pH（H_2O）と養分含量の経年変化（松中ら，1983）
有効態リンはブレイ No.2 法による測定結果

さらに未熟火山性土はリン酸吸収係数（注3）が小さいため，リンの施与量が同じであれば，リン酸吸収係数が大きい厚層黒色火山性土より有効態リン（P_2O_5）含量を高く維持できる。

このような土壌の特性のちがいが，土壌の pH や養分含量の経年変化に土壌間差をもたらす（図2-Ⅱ-9）。

〈注3〉
施肥されたリンが，土壌中のアルミニウムや鉄などと結合して作物に吸収できない形態に変化することを，土壌によるリンの固定といい，固定力の大きさを示す用語である。

③土壌の窒素供給力のちがいと草種構成

未熟火山性土の窒素供給力が弱いという性質は，基幹イネ科牧草であるチモシーの維持に不利に働く。それは，チモシーの窒素要求量が多いからである。経過年数にかかわらず，未熟火山性土地帯の草地ほうが厚層黒色火山性土地帯よりチモシー割合が低いのはこのためである（図2-Ⅱ-10）。

窒素供給力の強い厚層黒色火山性土地帯の草地ではチモシーが比較的よく維持されるので，経年化によってアカクローバが衰退しても，ケンタッキーブルーグラスやレッドトップの侵入が抑制される。

しかし，未熟火山性土地帯の草地ではチモシーが十分に維持されないため，アカクローバの経年的な衰退と交替するかのように，ケンタッキーブ

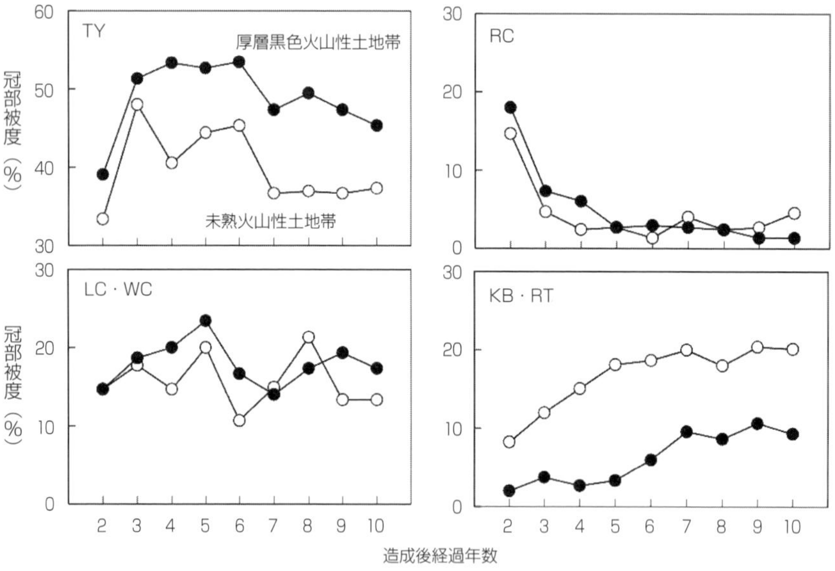

図2-Ⅱ-10　草種構成割合の土壌地帯別経年変化（松中ら，1983）
TY:チモシー，RC:アカクローバ，LC:ラジノクローバ，WC:シロクローバ，KB:ケンタッキーブルーグラス，RT：レッドトップ

ルーグラスやレッドトップが侵入し，草種構成を悪化させている（図2-Ⅱ-10）。

それだけでなく，厚層黒色火山性土地帯より未熟火山性土地帯のほうがケンタッキーブルーグラスやレッドトップの割合が常に高いのは，これらが低養分でも生育が阻害されにくい（注4）のに対して，チモシーは低養分耐性が弱いという特性も関係している。

〈注4〉
このような性質を耐性という。

〈注5〉
pH 7に調節した1 mol/ℓの酢酸アンモニウム溶液で土壌から抽出される陽イオンとしてのカリウムのことで，牧草が吸収利用しやすい形態である。土壌は通常負荷電に帯電しているため，土壌中で陽荷電として存在するカリウムイオン（K^+）は，土壌に静電気的に吸着されている。このカリウムが酢酸アンモニウム溶液のアンモニウムイオン（NH_4^+）とイオン交換によって土壌から抽出される。土壌の陰荷電に吸着されている陽イオンを総称して交換性陽イオンとよび，カリウム，カルシウム，マグネシウムなどが主要な交換性陽イオンである。

④土壌のリンやカリウムの不足程度と草種構成

図2-Ⅱ-9によると，未熟火山性土地帯の土壌中の有効態リン含量は，第3章Ⅱ項で述べる土壌診断基準値（30～60mg /100g）の下限値より15～25mg /100gも低い。これに対して，厚層黒色火山性土（基準値10～30mg /100g）では，下限値より5 mg /100gほど低い程度である。つまり，有効態リン含量は，厚層黒色火山性土地帯よりも未熟火山性土地帯のほうが診断基準値と比べて明らかに低い。

また，両土壌地帯での有効態リン含量の土壌診断結果から必要なリン施肥量を求めると（具体的な求め方は第3章Ⅱ項参照），P_2O_5として12～15kg /10aであるのに，施肥実態は7～10kg /10aと少ない（表2-Ⅱ-1）。

交換性カリウム（注5）含量は，両土壌地帯ともそれぞれの土壌診断基準値（未熟火山性土7～9mg /100g，厚層黒色火山性土10～13mg /100g）に近く，このとき必要なカリウム施肥量はK_2Oとして年間18kg /10aである。ところが，実態の年間カリウム施肥量は明らかに不足しており，その程度は未熟火山性土地帯がより深刻である。

このように，未熟火山性土地帯では厚層黒色火山性土地帯よりも，リンは土壌肥沃度が劣り，カリウムは施肥量が不足していた。これが，低養分耐性に劣るチモシーの衰退や，それに優るケンタッキーブルーグラスやレッドトップの侵入に土壌間差をもたらした要因と考えられる。

2 気象条件の影響

土壌条件と気象条件は切り離して考えることができない。ある土壌が分布する地域にはその地域の気象条件があり，その気象条件が土壌の成り立ちにも関与しているからである。

表 2-Ⅱ-2　チモシーを基幹とする混播草地の草種構成割合に対応した窒素（N）施肥適量 *1（木曽・菊地，1988 を一部改変）

草地の区分	草地の特徴	草種構成割合（1 番草，生草重量割合，%）				窒素施肥適量 (kg/10a)
		TY	RC	WC	その他 *2	
タイプ①	RC が十分に存在したマメ科率の高い草地（マメ科率≧ 30%）	50 ～ 60	30 ～ 40	10 ～ 20	10 以下	4
タイプ②	RC が消え，マメ科牧草が WC 中心となりマメ科率が 15 ～ 30%程度の草地	50 ～ 80	－	30 ～ 15	20 以下	6
タイプ③	マメ科率がやや低下し，TY が主体になった草地（5 ≦マメ科率＜15%）	50 ～ 70	－	15 ～ 5	30 以下	10
タイプ④	マメ科率が 5%より少なく，ほぼ TY だけになった草地	70 以上	－	5 以下	25 以下	16
タイプ⑤	地下茎型イネ科草優占草地	10 ～ 30	－		70 以上	更新対象

＊ 1：北海道東部で年間生草収量 4.5 t/10a を目標としたときの施肥適量
＊ 2：ケンタッキーブルーグラス，レッドトップ，シバムギなどの地下茎型イネ科草やその他雑草類
TY：チモシー，RC：アカクローバ，WC：シロクローバ

たとえば，未熟火山性土は内陸部，厚層黒色火山性土は沿海部に分布しているため気象条件がちがう。夏の気温や日射量は，海霧の影響を受ける沿海部のほうが内陸部より劣る。逆に，冬は内陸部のほうが気温の低下が著しく，土壌が深くまで凍結するので，沿海部よりきびしい。

牧草収量は，夏の気象条件の悪い厚層黒色火山性土地帯ほうが未熟火山性土地帯より多く，草種構成も良好である（図 2 - Ⅱ - 8，Ⅱ - 10）。したがって，夏の気象条件は，草地の収量や草種構成に土壌間差をもたらす要因ではない。

これに対して，内陸部の冬のきびしい気象条件は沿海部より土壌凍結深度を深くし，それによって牧草の凍害や冬枯れを引き起こし，草種構成を悪化させている可能性がある。未熟火山性土地帯の草地が厚層黒色火山性土地帯の草地より草種構成の悪化が早いのは，土壌の影響だけでなく冬の気象条件の影響の結果でもあると考えられる。

3 肥培管理の影響

①草種構成を考慮した施肥が必要

牧草に必要な養分の施与方法，すなわち肥培管理も草種構成に影響する。これは，各草種の養分に対する反応が大きくちがうためである（詳細は本章Ⅳ - 2 項参照）。とくにマメ科牧草は，根に共生する根粒菌から窒素が供給されるため窒素要求量が少ない。このため草地のマメ科牧草混生割合（マメ科率）によって，窒素施肥適量は 4 kg /10a から 16kg /10a まで 4 倍もの差がある（表 2 - Ⅱ - 2）。さらにマメ科率を維持するためには，リンとカリウムを十分に施肥することも重要である。

混播草地でマメ科率を維持しつつ草種構成を良好に維持するには，草種構成を考慮した施肥量で管理しなければならない。

②適切な肥培管理が収量と草種構成の悪化を防ぐ

草地の肥培管理が草種構成や収量に大きな影響を与えることの具体的な例を，17 年間の長期試験結果から紹介する。

この試験では，まず，同一圃場（土壌と気象の条件が同じ）に同じ要領

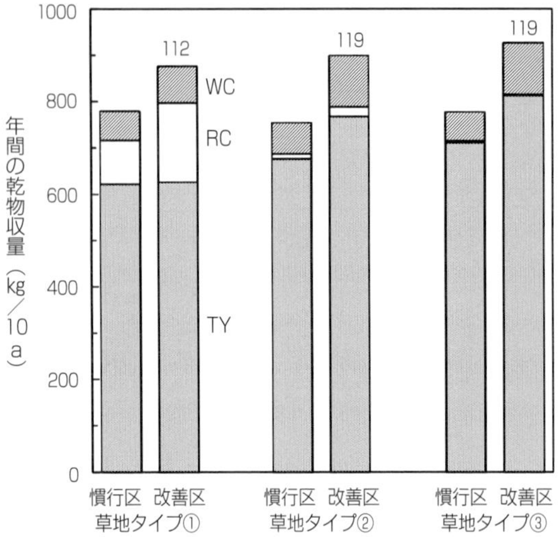

図２-Ⅱ-11
乾物収量への施肥改善の効果（松本ら，1997）
慣行区と改善区の内容は本文参照。草地タイプは表２-Ⅱ-２参照。図中の数字は慣行区の年間収量を100とした指数
TY：チモシー，RC：アカクローバ，WC：シロクローバ

図２-Ⅱ-12
雑草の侵入によって草種構成が悪化した更新対象草地

でチモシー基幹混播草地が10年間，毎年造成された。その結果，11年目には２年目から11年目までの試験用草地が10筆できあがった。造成後10年間の肥培管理は，いずれの草地も北海道根室地方の農家慣行施肥（表２-Ⅱ-１参照）に準じて画一的に実施された。そのため，草地の経年化によるマメ科率の減少と，草種構成の変化が再現された。

10筆の草地を草種構成から表２-Ⅱ-２のタイプに分類すると，タイプ①が２筆，②が４筆，③が４筆になった。この草地を使い，それまでの慣行施肥を継続する処理（慣行区）と施肥改善処理（改善区）が７年間継続された。施肥改善処理は，窒素施肥量を表２-Ⅱ-２の草地タイプ別の適正量とし，リン，カリウム，マグネシウムは土壌診断結果にもとづく適正量（注６），カルシウムは土壌pHを6.5に維持するように与えた。

その結果，いずれの草地タイプでも，改善区の牧草収量が慣行区より７年間の平均で12～19％増収した（図２-Ⅱ-11）。マメ科率が維持・向上し，同時にチモシーの生育も旺盛になり，結果的に地下茎型イネ科草割合の増加を防いで，草種構成の悪化を抑止したためである。

この長期試験結果は，不良草種・裸地割合が高く更新の対象になる草地（表２-Ⅱ-２の草地タイプ⑤，図２-Ⅱ-12）でないかぎり，現状の草種構成に対応し，土壌診断による適切な肥培管理を実施することで，草種構成の悪化を抑止し，収量水準も高く維持できることを明確に示している。

〈注６〉
土壌診断にもとづく養分施肥方法については，第３章Ⅱ-３項で詳述。

4 草地の利用方法の影響

①利用回数が多いと草種構成が悪化しやすい

すでに述べたように，草地には大きく採草地と放牧草地の２つの利用方法がある。前者は，年間数回の刈取りによってサイレージや乾草の原料草を供給する。後者は生草をそのまま乳牛が採食利用し，年間数回から10回以上も利用する場合がある。このように，採草地と放牧草地では利用回数が大きくちがう。このちがいが，草種構成に大きな影響を与える。

利用回数の少ない採草地より多回利用する放牧草地のほうが，草種構成が変化しやすい。とくに，多草種混播で多回利用すると，チモシーは寒地型イネ科牧草のなかでもっとも競争力が弱いだけでなく，マメ科牧草との競争にも負けて衰退しやすい。チモシー基幹混播草地で比較すると，放牧草地では，造成後４年以内の比較的新しい段階から，播種していないケンタッキーブルーグラスや雑草の侵入が明らかで，採草地よりチモシーやオ

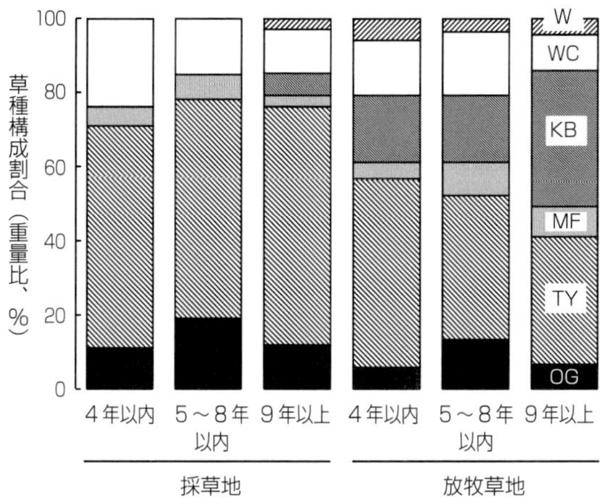

図2-Ⅱ-13　採草地と放牧草地の経年別草種構成割合（三浦・村川，1981）
調査時期は6月上中旬で，採草地の1番草刈取り適期より10日程度早い
OG:オーチャードグラス，TY:チモシー，MF:メドウフェスク，KB:ケンタッキーブルーグラス，WC:シロクローバ，W:雑草

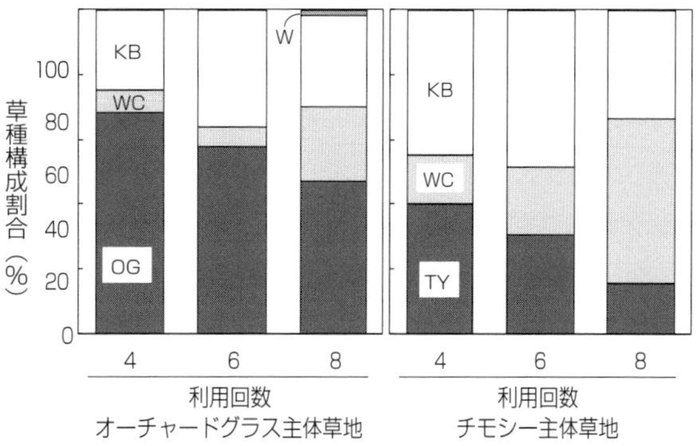

図2-Ⅱ-14
草地の利用回数と草種構成のちがい（原，2003）
オーチャードグラスの品種はキタミドリ，チモシーの品種はセンポク
OG：オーチャードグラス，WC：シロクローバ，KB：ケンタッキーブルーグラス，W：雑草

ーチャードグラスの割合が低くなる（図2-Ⅱ-13）。さらに，経年化によるケンタッキーブルーグラスの侵入も，採草地よりはるかに旺盛である。放牧利用のほうが採草利用より草種構成に悪い影響を与えることは明らかである。

もちろん，オーチャードグラスも利用回数が増えるほど構成割合が低下し，マメ科牧草やケンタッキーブルーグラスが侵入してくるのは同じである。しかし，衰退の程度はオーチャードグラスより草種間競争力の弱いチモシーのほうがはるかに大きい（図2-Ⅱ-14）。

②利用方法をかえても悪化した草種構成は回復しない

草地の多回利用が草種構成を悪化させる要因であるなら，逆に多回利用から利用回数の少ない採草利用に切り替えることで，良好な状態に復帰できる可能性が考えられる。しかし，それはむずかしい。年8回刈り利用を継続したオーチャードグラスとラジノクローバの混播草地を2回刈りに切り替えると，ケンタッキーブルーグラスやレッドトップの割合はたしかに低下する。しかし，その割合は当初から2回刈りを継続してきた草地より低下することはない。

このように，多回利用によって悪化し

表2-Ⅱ-3　環境適応性に対する寒地型牧草間の相対評価
（平島，1982を一部改変）

草種	多回利用性	侵入してくる草種との競争力	耐踏性*1	養分要求度	耐寒性	耐暑性	耐旱性*2	耐湿性	耐陰性	耐酸性
オーチャードグラス	◎	○	○	◎	○	◎	◎	○	◎	○
チモシー	△	○	○	○	◎	△	○	◎	○	◎
ペレニアルライグラス	◎	○	○	◎	○	○	○	◎	○	○
メドウフェスク	○	○	○	○	○	△	○	◎	○	◎
ケンタッキーブルーグラス	◎	◎	◎	△	◎	○	◎	○	○	◎
レッドトップ	△	◎	◎	△	◎	◎	○	◎	○	◎
アカクローバ	△	○	△	○	◎	○	○	○	△	○
シロクローバ（大葉型）	◎	◎	◎	◎	○	○	△	◎	△	○
シロクローバ（小葉型）	◎	◎	◎	○	○	○	○	○	○	○
アルファルファ	○	○	△	◎	◎	○	◎	△	△	△

表中の記号：◎＝優れている，○＝普通，△＝劣る
＊1：家畜による踏みつけ（踏圧）に対する耐性
＊2：土壌の水分不足に対する耐性

た草種構成を，利用回数を減らすことによって良好な状態へ完全に復帰させることはむずかしい。利用回数の多い放牧草地では草種構成が悪化する前に利用回数を減らし，草種構成の悪化を抑止する工夫が必要である。

5 草種や品種の影響

①草種間，品種間競争と草種構成の悪化

混播草地では刈取りや放牧など草地が利用されるたびに，各草種が再生をくり返して次の利用に備える。このとき，相対的に再生力の劣る草種は再生力が優る草種とのあいだで草種間競争に負け，経年的に衰退していく。とくに基幹イネ科牧草の衰退は雑草，なかでも地下茎型イネ科草の侵入を許すので草種構成の悪化につながる。

各草種は，利用回数への適応性，侵入してくる草種との競争力，家畜の踏みつけに対する耐性（耐踏性），養分要求度，環境適応性などにちがいがある（表2-Ⅱ-3）。これらの草種特性を十分に理解し，草種間競争の強い草種や品種を混播草地の利用目的に合わせて選択することは，草種構成を良好に維持するうえで重要である。

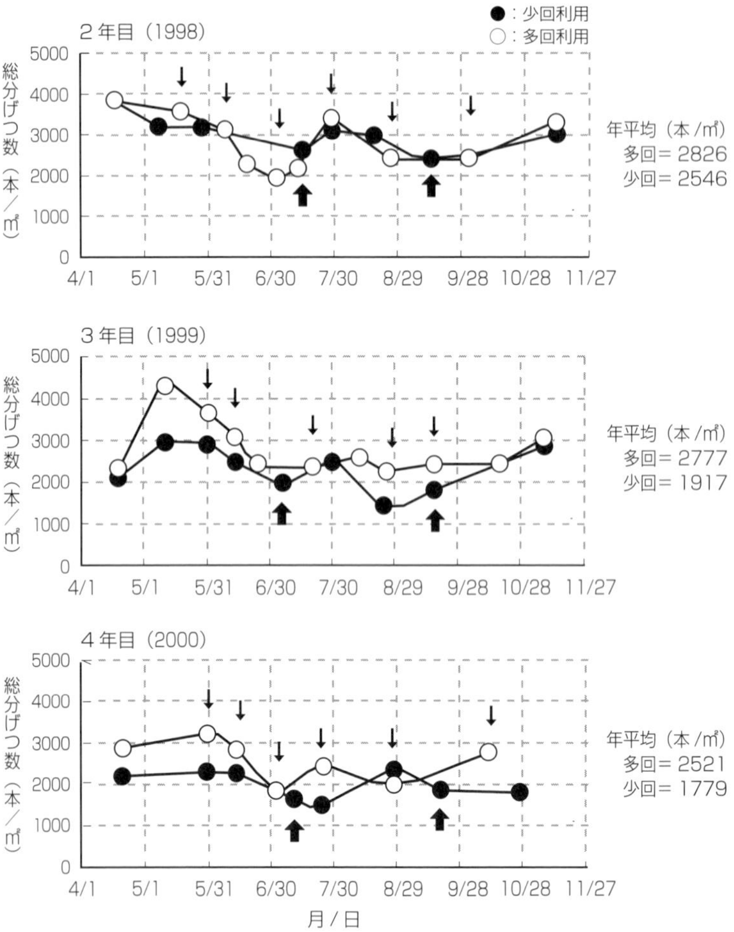

図2-Ⅱ-15　刈取り回数とチモシー（ホクシュウ：晩生種）の分げつ数の季節的推移（藤井，2013）
太い矢印：少回刈りの刈取り日（2回／年），
細い矢印：多回刈りの刈取り日（5〜6回／年）
養分施与量は施肥標準量に準じており，年間窒素施与量は16kg／10a
年間平均は，各刈取り日の分げつ数の平均値で，各調査時のデータ全体を平均した値ではない

②草種間競争に負けない状態をつくる

●単播に近い条件をつくる

逆にいえば，草種間競争の少ない状態，すなわち単播条件では草種間競争力の弱い草種でも衰退しにくい。たとえば，基幹イネ科草種でもっとも競争力の弱いチモシーでも，単播で栽培すると放牧利用を模した多回刈りのほうが採草利用を模した少回刈りより分げつ密度（単位面積当たりの茎数）が高まり，経年的な密度低下も小さく安定している（図2-Ⅱ-15）。

多回利用の混播草地でチモシーが衰退するのは，多回利用が再生不能にするのではなく，あくまでも草種間競争に負けた結果である。事実，チモシー単播

状態に近い放牧草地（品種はホクシュウ）では，競争草種が少ないため，チモシーの乾物生産の衰退は４年間認められず，放牧肉牛の増体量も大きい。

したがって，草種間競争力の弱い草種，たとえばチモシーを基幹草種にした混播草地では，補助草種のマメ科牧草には生育の穏やかな小葉型や中葉型のシロクローバ（表2-Ⅱ-4）が適している。

表2-Ⅱ-4　シロクローバの分類と該当品種

分類＊	品　種
大葉型	カリフォルニアラジノ，ルナメイ
中葉型	リースリング，マキバシロ，ソーニャ，フィア
小葉型	タホラ，リベンデル

＊：この分類は，北海道優良品種の区分による。OECD登録品種では,葉の大きさを示す項目が設定され,小葉型(Small)，中葉型（Intermediate），大葉型（Large）のほかに，ラジノ型(Very Large)に区分されている。北海道の分類では，OECD登録品種の大葉型とラジノ型をまとめて大葉型としている

●品種や放牧方法を工夫する

チモシーの品種の選択と放牧方法を工夫すれば，多回利用しても分げつ密度は維持される。品種は放牧草地向けの早生から晩生種（ノサップ，キリタップ，ホクシュウなど）を選択し，極早生種（クンプウ）をさける，放牧はチモシーの草丈が30～40cmで入牧し，10～20cmで退牧するという方法を採用するとよい。

③多回利用に強い牧草を選ぶ

多回利用する放牧草地に適した基幹イネ科草種は，草種間競争力の強いペレニアルライグラスやオーチャードグラスである。ペレニアルライグラスは地ぎわから葉先まで葉が比較的均一に直立した草型なので，放牧利用後に残る葉面積が，メドウフェスクのように逆三角形型の草型をした草種よりも多い。そのため，放牧利用後でも光合成能力が高く，再生のためのエネルギーをより多く確保できるので再生力は強い。

もちろん，ペレニアルライグラスは生育期間を通じて，いつでも新分げつの発生が可能であることも，多回利用で分げつ密度が減りにくい要因である（図2-Ⅱ-16）。

④入牧時の草丈を高くする

メドウフェスクは，利用条件，とくに家畜を入牧させる前の草丈を，利用草量が高いとされる15～20cmよりやや高い，25～30cmにすれば密度は十分に維持される（図2-Ⅱ-16）。

メドウフェスクは逆三角形型の草型で葉が上部に多いため，牛に採食さ

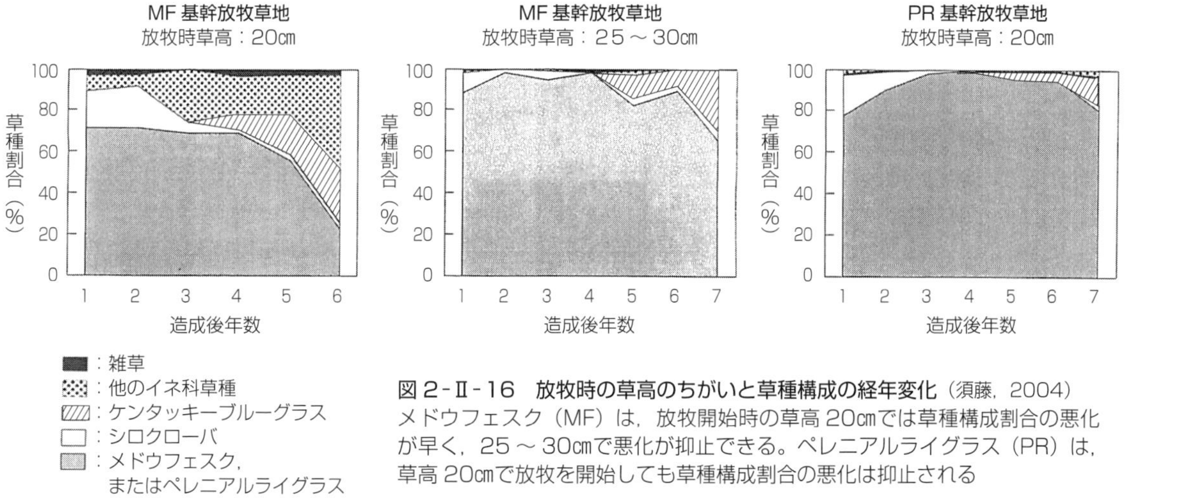

図2-Ⅱ-16　放牧時の草高のちがいと草種構成の経年変化（須藤，2004）
メドウフェスク（MF）は，放牧開始時の草高20cmでは草種構成割合の悪化が早く，25～30cmで悪化が抑止できる。ペレニアルライグラス（PR）は，草高20cmで放牧を開始しても草種構成割合の悪化は抑止される

れると葉が多く取り去られるので残草の葉は少なくなる。しかし，入牧前の草丈を高くすると，放牧利用後でも残草の葉面積が十分確保されるので再生力が強くなり，分げつ密度が維持できる。

3 良好な草種構成の維持のために

1 混播の利点―なぜ草地は混播されるのか

混播草地で草種構成の良否が問題になるのは，もともと草地に基幹草種としてのイネ科牧草と補助草種としてのマメ科牧草という，ちがう草種が播種されることによる。これは，混播することで表2-Ⅱ-5に示すように単播にない利点があるからである。

表2-Ⅱ-5で指摘する混播の利点は，個別にみるとたしかに指摘どおりである。とくに，利点①と②は妥当である。しかし，③～⑧は必ずしも利点としてみなすことはできない。その理由を「利点といわれることに対する問題点」としてまとめた。結局，混播することの意義は利点①と②に集約できる。

2 単純混播のすすめ

①多草種混播より単純混播のほうが維持しやすい

イネ科牧草とマメ科牧草は，全く性質のちがう作物である。そのため，これらが混播された草地で，両方の性質を満足させてそれぞれの密度を維持するにはきめ細かい技術が必要である。また，イネ科牧草を多草種混播すると，草種ごとに出穂期がちがうので，とくに採草地ではどの草種にあわせて刈取ればよいか迷う。いずれかの草種が維持されることを期待して多草種混播しても，結局はどれかを基幹草種にして，それに合わせた利用しかできなくなり，それ以外の草種（品種）は特性を生かせず衰退させることになる。

したがって，利用方法にかかわらず，基幹草種としてイネ科牧草から適草種の適品種を1つ，補助草種としてマメ科牧草からも同様に1つという，単純な2草種混播で造成するほうが維持しやすい（図2-Ⅱ-17）。

図2-Ⅱ-17
チモシーとシロクローバの単純混播草地

②草地の利用目的に合わせて草種・品種を選ぶ

もちろん個々の草地については単純混播としても，酪農場全体の数多くの草地ですべて同じ草種･品種の混播としてはならない。それぞれの草地の利用目的にふさわしい草種や品種は多様に選択されるべきである。

放牧草地では，単純混播では牧草の季節生産性に不安があるかもしれない。しかし，それぞれの放牧草地の利用条件を考慮し，基幹イネ科草種を多様に選択することで不安を解消できる。放牧牛の要求量に見合う草量の確保は，放牧専用草地と兼用草地を単純混播で準備し，必要に応じて放牧草地の面積で調節するのがよい。こうした具体的な放牧草地の利用法の詳細は本章Ⅲ-3項で述べる。

表 2-Ⅱ-5　イネ科牧草とマメ科牧草を混播する利点とその問題点

混播の利点*1	利点となる理由	利点といわれることに対する問題点*2
①飼料としての栄養価値の向上	イネ科牧草は炭水化物や繊維が多く，マメ科牧草はタンパク質のほかにカルシウム，マグネシウムなどのミネラルが多い。そのため，適度なマメ科率の混播草地で生産される牧草は栄養価とそのバランスがよく，嗜好性が良好になる	この利点は指摘どおりで，問題点はない
②窒素の節減と土壌からの窒素供給量の増加	マメ科牧草に共生する根粒菌の作用によって空気中の窒素が取り込まれ，その窒素が最終的にはイネ科牧草にも利用されるため，窒素の施肥量を節減できる。さらに，マメ科牧草の落葉や脱落する根などが土壌中で分解されて窒素が放出されるとともに，それがイネ科牧草から脱落する根の分解を促進して土壌中の可給態窒素を富化する	この利点はたしかにそのとおりである。しかし，マメ科牧草を維持するための窒素肥培管理に注意が必要であり，なによりもマメ科牧草を維持しなければ，この利点は生かせない。マメ科牧草を確実に維持するということが，この利点の前提条件である
③光の合理的利用	上部の葉が多い直立型イネ科牧草（上繁草）と，地表近くに葉がよく繁茂するマメ科牧草(下繁草)を組み合わせることで，空間を立体的に利用し，光の利用効率を高めて牧草生産量が増える	光に対する競合では，つねに下繁草が不利である。したがって，下繁草は光要求度の低い草種でなければならない。ところが，下繁草であるマメ科牧草は光要求度が強く，採草地では原則的にマメ科牧草に不利となる。ただし，採草地でも 1 番草刈取り後の再生力のちがいで，光要求とは関係なくチモシーなどはマメ科牧草に抑圧されることが多い。したがって，光の合理的利用を混播の利点に加えるのは疑問である
④根の養水分吸収領域の拡大	深根性と浅根性の草種を混播すると，土壌中の養分や水分を有効に利用できる	根の深さのちがいは，イネ科牧草とアカクローバやアルファルファのあいだで認められる。しかし，草地の養分補給は草地表面からしかおこなえないので，下層土に養分を補給することはできない。このため，深根性のマメ科牧草が下層土から養分を吸収，利用するとしても，下層土に養分が十分にある時期までであって，いずれは養分が不足してくる
⑤養分吸収特性の差異	イネ科牧草は窒素を強く要求し，マメ科牧草はリンやカリウム，さらにカルシウムやマグネシウムなどの要求量も多い。このように養分の要求特性がちがうため，土壌中の養分の利用がかたよることなく合理的に利用される	養分吸収特性の草種間差に関する前半の記述は正しい。しかし，長期的にみて草地土壌中の養分がイネ科牧草とマメ科牧草の混播によって合理的に過不足なく吸収されているということは証明されていない
⑥牧草生産の平準化	イネ科牧草とマメ科牧草のそれぞれの草種は，旺盛に生育する時期がちがうため，特定の時期だけに牧草生産がかたよらず，年間を通じて草地を利用できる	採草地ではそもそも年間の牧草生産を平準化する必要がない。放牧草地では，たしかに季節によって優占草種が変化する。しかし，それによって季節生産性が平準化するほどの効果は期待できず，放牧頭数や放牧草地の面積を増減させて放牧牛の採食草量を確保するのが一般的である
⑦危険分散	暑さ，寒さ，病虫害，干ばつなどに対する耐性のちがう草種が生育することで，危険分散が可能になり，草地の牧草生産量の変動が小さくなる	もともと播種される草種は，それぞれの地域の環境条件に適した草種・品種が選択されており，耐暑性，耐寒性，耐病虫害性，耐干性などの強弱を相互で補い合えるほど大きな差異はない
⑧草地の牧草密度の維持	地下茎やほふく茎で増える牧草は，そうではない牧草（茎数を増やすことで増えていく牧草）が衰退した後の裸地に繁茂し，草地の裸地化を防ぐとともに，雑草の侵入や土壌侵食を防ぐ	高い生産性を期待する採草地では，地下茎型イネ科草の侵入は草種構成の悪化と位置づけられる。利点として指摘されることを期待して地下茎型イネ科草を牧草として播種するなら，不利な土壌条件で省力的に管理する草地に限定すべきである

＊1：三井（1970）による
＊2：吉田（1976）の指摘に大幅加筆

Ⅲ 草地の利用と管理

1 草地の利用と季節生産性

1 季節生産性とスプリングフラッシュ

寒地型イネ科牧草は長日植物で，昼時間の長い春から夏にかけて栄養成長から生殖成長に移行し，出穂，開花する。出穂茎は栄養茎よりも大きくて重いので，寒地型牧草地の乾物生産は，出穂茎が多くなる春から夏にかけてもっとも旺盛になる。この，生殖成長による旺盛な乾物生産をスプリングフラッシュとよぶ（図２-Ⅲ-１）。その後の乾物生産は，再び栄養成長が主体になり，秋の気温とともに徐々に低下していく。このように，季節によって変化する草地の生産性を季節生産性という。

採草地と放牧草地では，季節生産性の利用方法，具体的にはスプリングフラッシュへの対処のしかたが大きくちがう。

2 季節生産性と採草地の課題

①スプリングフラッシュを最大限発揮させる

採草利用では，年間２～３回の収穫で１年分の粗飼料を生産し，乾草やサイレージに調製，貯蔵する。採草地から可能なかぎり多くの牧草を収穫し，貯蔵するためには，スプリングフラッシュによる旺盛な生産性を最大限発揮させる（図２-Ⅲ-１）。そのためには，１番草は有穂茎数を増やし，その茎を大きく成長させるような施肥や刈取りの方法が必要である。

有穂茎数を増やす方法は，チモシーやオーチャードグラスなど草種によってちがう（本章Ⅳ-５項参照）。

②採草利用に適した草種

チモシーは１番草でほぼ全ての茎が節間伸長するので，スプリングフラッシュで生産性を確保する採草利用に適した草種の典型である。オーチャードグラスも１番草収穫後の再生がすみやかなので，採草利用される。

オーチャードグラスはチモシーよりも越冬性が劣るので，冬がきびしい地域では，２-３項で述べる冬枯れ対策が必須になる。

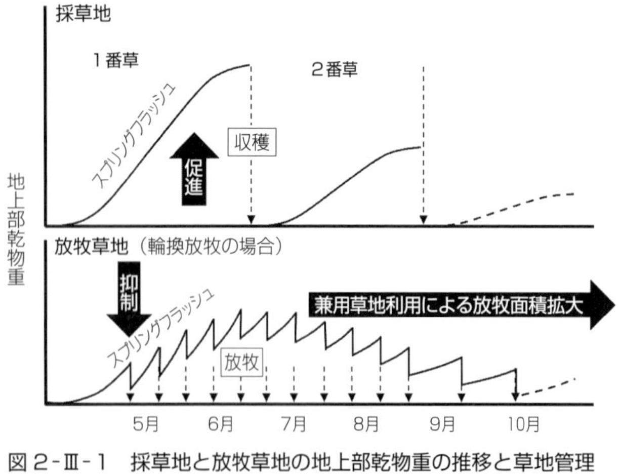

図２-Ⅲ-１　採草地と放牧草地の地上部乾物重の推移と草地管理（模式図）
スプリングフラッシュは採草地では促進，放牧草地では抑制する

集約放牧の適草種として知られているペレニアルライグラスは，さらに越冬性が劣る。しかし，糖含量など栄養価が高く，収量性もよいので，安定して越冬できる地域では採草利用の有効性も指摘されている。

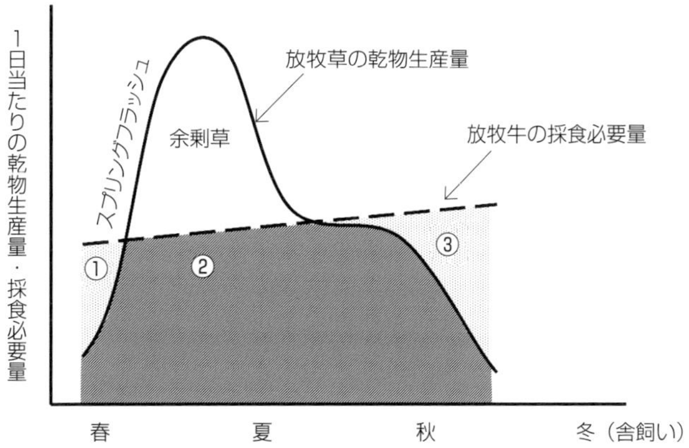

図２-Ⅲ-２　牧草の乾物生産量と放牧牛の採食必要量（模式図）
①：スプリングフラッシュ抑制のため早期に放牧を開始すると，一時的に草量が不足することがあるので，そのときは乾草などの補助飼料を給与する
②：牧草生育が旺盛になったら，放牧圧を十分にかけ，スプリングフラッシュを抑制して余剰草の発生を最小限にとどめ，必要に応じて掃除刈りをおこなう
③：秋に向けて牧草の乾物生産量が低下すると，いままでの放牧草地だけでは不足するので，放牧頭数や放牧時間を制限したり，兼用草地を放牧利用して草量不足を緩和する

3 季節生産性と放牧草地の課題

①季節生産性と牛の要求量のズレ

放牧利用では，牛が牧草を直接採食する。放牧牛１頭が１日に食べられる草の量は，乾物で体重の２～３％である。成牛は体重が大きくかわらないので食べる量はほぼ一定であるのに対して，育成牛は成長して体重が増えるので，食べる量もそれに応じて増えていく。しかし，牧草の乾物生産は春から夏にかけて旺盛になり，秋に向かって低下するので，放牧牛の要求量と草地の季節生産性は必ずしも同調しない（図２-Ⅲ-２）。

したがって，放牧草をむだなく利用するためには，牧草の季節生産性に応じて放牧頭数を増減するか，兼用草地として採草利用も組み合わせながら牧区の数や面積を調整する必要がある。

②牧草生育を一定にする工夫 ―季節生産性の平準化―

このような放牧頭数や牧区面積の季節的な調整は，頻度が増すと草地管理の大きな負担になる。このため，放牧草地ではスプリングフラッシュを抑制し，秋の生産性の低下を最小限にして，放牧期間中の牧草生育をできるだけ一定に近づける工夫がされる。この工夫は季節生産性の平準化とよばれ，採草地とは正反対の対処法である（図２-Ⅲ-１）。

具体的には，春の放牧開始時期を早めるとともに，早春施肥を省略してスプリングフラッシュを抑制する。それでも抑制しきれなかったときは，掃除刈りをおこなう。夏は８月下旬に施肥することで秋の草量を確保することなどがあげられる。

③基幹草種のえらび方

草種の特性からみると，多回利用で茎数を増やすペレニアルライグラスは放牧利用に適した草種の典型である。しかし，ペレニアルライグラスは越冬性が劣るため，冬のきびしい北海道東部では安定的に栽培できない。こうした地域では，越冬性に優れているチモシーやメドウフェスクが利用される。以上の草種はいずれも栄養価が高いので，搾乳牛を集約的に放牧する草地に適している。

ケンタッキーブルーグラスはスプリングフラッシュがゆるやかで，季節生産性の平準化が容易であるとともに，これを基幹とする放牧草地の草種構成はきわめて安定している。ただ，栄養価は上記の草種におよばないし，乾物生産量も少ないので，搾乳牛の集約放牧には推奨されない。しかし，育成牛を省力的に放牧するには適した草種である。

2 採草地の利用と管理

1 年間の生育と刈取り適期

①収穫日の目安と表現

寒地型イネ科牧草の採草利用では，多くの場合，年間２～３回収穫する。イネ科牧草は１番草で出穂するので，１番草の収穫適期は生育ステージで表現され，出穂始めから出穂期とされている。

２番草以降は栄養成長が主体になるので，収穫適期は前番草の収穫日からの期間が目安にされ，草種により 30 ～ 40 日とか 50 ～ 60 日のように表現される。

② １番草の収量と栄養価の推移

図２-Ⅲ-３に，チモシー１番草の乾物収量，可消化養分総量（TDN = Total digestible nutrients）の含有率，両者の積である TDN 収量の関係を示した。牧草の乾物収量は，生育ステージの進行とともに増える。

しかし，牛が消化して利用できる養分である TDN 含有率は逆に低下する。その結果，両者の積である TDN 収量は，出穂期まで生育ステージとともに増え，以後は頭打ちになる。よくみると，TDN 収量が最大になる時期は出穂期よりも遅い。ところが，出穂期をすぎると TDN 含有率が低下して，家畜生産に不都合がでてくる。

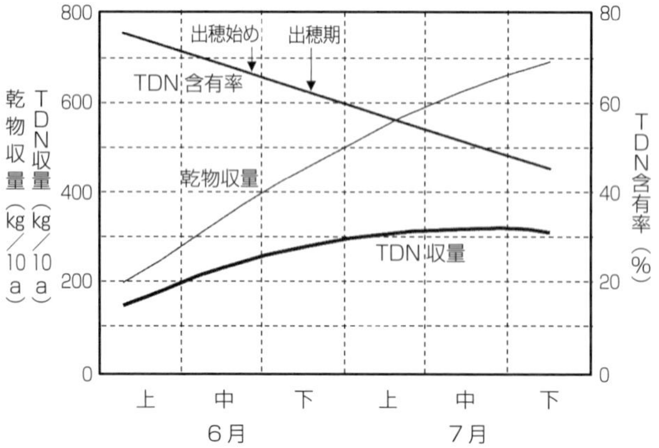

図２-Ⅲ-３
根釧地域のチモシー（早生）主体草地での１番草収量と栄養価の時期別推移（平成 11 年度北海道農業試験会議資料から作図，農林水産省生産局，2003）

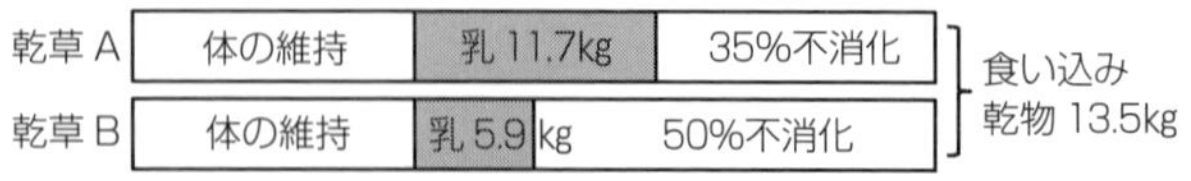

図２-Ⅲ-４ 牧草の消化率と乳生産（山根ら，1989 より抜粋）
乾草 A：イネ科牧草が出穂し始めたころに収穫。乾物消化率 65%
乾草 B：乾草 A 収穫日の４週間後に収穫。乾物消化率 50%

③１番草の収穫適期は出穂始めから出穂期

イネ科牧草が出穂始めころに収穫した乾物消化率 65% の乾草Ａと，その４週間後に収穫した乾物消化率 50% の乾草Ｂを給与したときの乳生産量を図２-Ⅲ-４に示した。牛が乾草を食べて吸収した栄養は，まず体を維持するために使われ，生乳はその残りで生産される。このため，乾草Ａと乾草Ｂでは乾物消化率が 15 ポイントしかちがわないのに，生乳生産量は約２倍もちがう。

乾物消化率と TDN 含有率は同義ではないが，類似した値になる。つまり，生産した牧草を給与して高い乳量水準をめざすには，少なくとも 60% 台の乾物消化率を目標に牧草を収穫する必要がある。

図２-Ⅲ-３では，出穂期をすぎたチモシー１番草の TDN 含有率は 50% 台に低下する。したがって，１番草の収穫適期は，基幹イネ科牧草の出穂始めから出穂期までの期間である。

2 基幹草種の維持と刈取り方法

草地管理の大きな特徴の１つは，収穫利用する行為が，次の番草や次の年度に向けた草地の維持管理対策につながることにある。その番草で良質な粗飼料を収穫できても，草種構成が悪化してその後の生産性が低下するのでは，よい草地管理とはいえない。

①早刈りによる草種構成の悪化を防ぐ

チモシー採草地の基本的な刈取りのスケジュールは，１番草を出穂期ころに収穫する年間２～３回利用である。ところが，近年は乳牛の泌乳能力向上に対応し，粗飼料品質を向上させようと，１番草を出穂期の前に収穫する「早刈り」をおこなうことが多い。混播されたシロクローバが大葉型だと，シロクローバの再生がチモシーを上回って，２番草生育期間中にチモシーが抑圧される（図２-Ⅲ-５）。

そのため，早刈りによってチモシーが抑圧された草地は，翌年は出穂期刈りにもどして，草種構成を回復させる必要がある。また，中葉型のシロクローバを混播したり，中生のチモシーを利用することでチモシーの抑圧は軽減される。チモシー草地で早刈りをおこなうには，このような配慮によって，チモシーの衰退を回避することが重要である。

②早刈りでマメ科率を回復

一方，チモシー基幹草地の早刈りによるシロクローバ旺盛化を利用し，低下したマメ科率を回復させることができる。図２-Ⅲ-６に，マメ科率が低下したチモシー基幹草地を早刈りすることで，翌年のマメ科率が向上することを示した。また，その程度は窒素施肥量を少なくすることで，より明確になる。ただし，早刈りは一時的にチモシーを抑圧することになるので，地下茎型イネ科草など，シロクローバ以外にチモシーを抑圧する

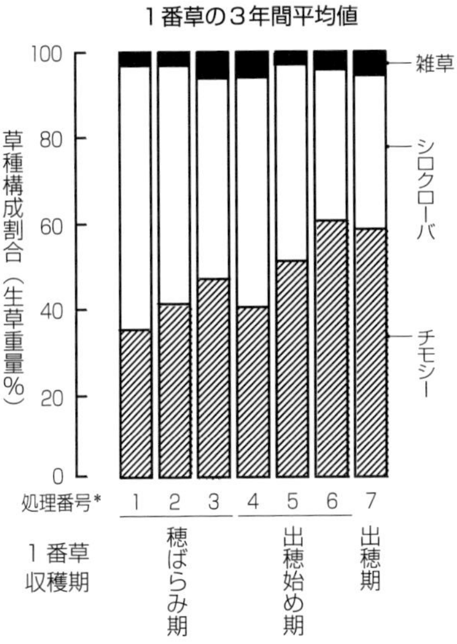

刈取り処理（1987～1989年）

処理番号	１番草収穫期	２番草生育日数	３番草収穫の有無
1	穂ばらみ期	41	有
2	穂ばらみ期	60	有
3	穂ばらみ期	60	無
4	出穂始め期	43	有
5	出穂始め期	61	有
6	出穂始め期	61	無
7	出穂期	62	無

２番草生育日数は３年間の平均値

図２-Ⅲ-５　チモシー主体草地の早刈りによるシロクローバの優占
（木曽・能代，1997より抜粋）
＊：処理番号は右の表を参照

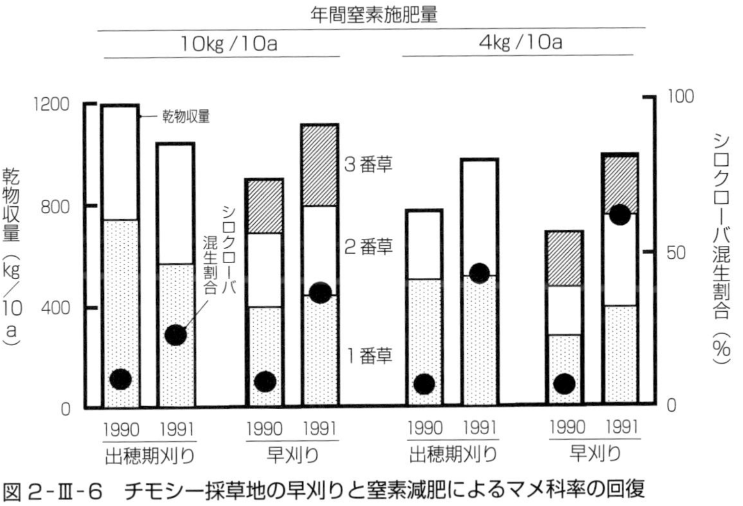

図２-Ⅲ-６　チモシー採草地の早刈りと窒素減肥によるマメ科率の回復
（木曽ら，1993から作図）
早刈りは１番草を穂ばらみ期（6/12）に刈取り，その後，２番草生育日数39～40日（7/21～22刈取り），３番草生育日数71～73日（10/1～２刈取り）で管理。土壌条件は厚層黒色火山性土

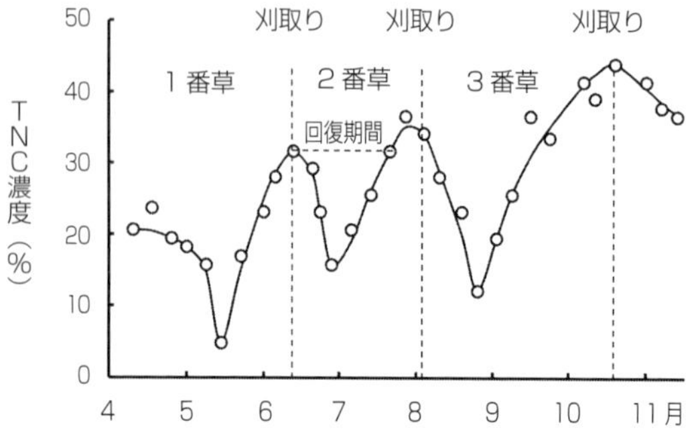

図2-Ⅲ-7
アルファルファ草地の刈取りと貯蔵養分含量（大塚，2010）
TNC：全非構造性炭水化物（total non-structural carbohydrates）で貯蔵炭水化物の指標

草種が多い草地には推奨できない。

③各番草の生育期間を十分に確保

オーチャードグラスやアルファルファのように越冬性が劣る草種は，越冬準備のため，秋の一時期，収穫利用してはならない。これを刈取り危険帯といい，次の3項で詳細に述べる。

アルファルファは，秋以外の刈取り管理も永続性に大きな影響を与える。アルファルファはいずれの番草でも，根部に貯蔵された炭水化物を消費して，新たな芽を発生させる（図2-Ⅲ-7）。したがって，各番草の再生開始時の炭水化物量が多いほど，その後の生育が旺盛になる。

地域や気象条件でちがうが，北海道北部地方では，1番草収穫後に減った炭水化物が収穫前の水準まで蓄積するのに積算気温は400℃，日数にして約40日を要するといわれている。各番草の生育期間を十分に確保し，貯蔵養分を減耗させることなく越冬に向かわせることが，アルファルファの永続性を確保することにつながる。具体的な刈取りスケジュールは第3章で述べる。

3 冬枯れと刈取り危険帯

①冬枯れの原因と対策

冬の気象条件がきびしい地域では，越冬により牧草が衰弱または枯死して，翌春の草勢が悪化する。これを冬枯れという。

冬枯れは，多雪年では雪腐菌核病による病害，少雪年では越冬中の低温による凍害が中心である。冬枯れへの強さは草種・品種間差があり，イネ科牧草の耐凍性は，チモシーがもっとも強く，メドウフェスク，トールフェスクがこれに次ぎ，オーチャードグラス，ペレニアルライグラスは弱い。

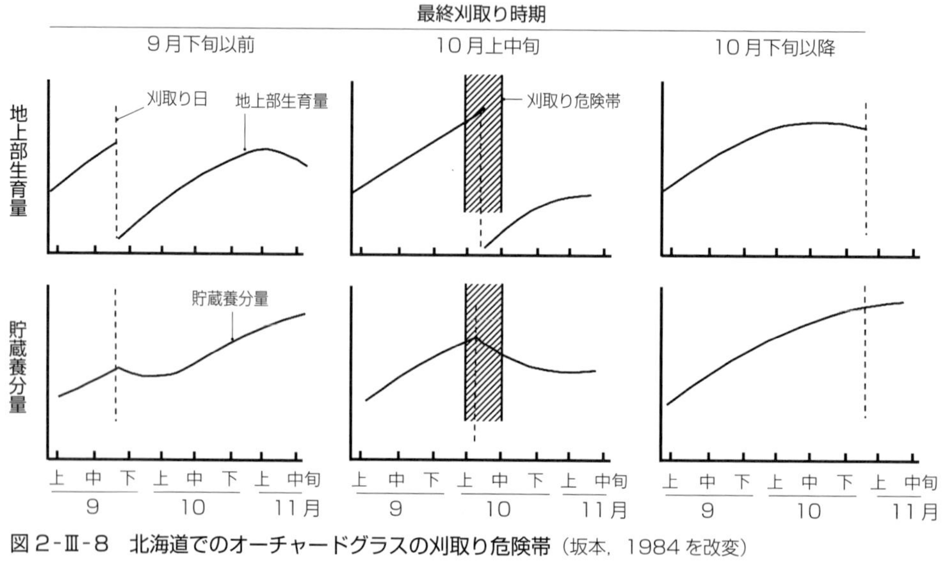

図2-Ⅲ-8　北海道でのオーチャードグラスの刈取り危険帯（坂本，1984を改変）

表2-Ⅲ-1　オーチャードグラスの刈取り危険帯に関する試験例（坂本，1984を一部修正）

試験地	危険帯	生育の停止期	危険帯から生育停止までの期間		研究者（研究年）
			日数（日）	積算温度（℃）	
浜頓別	10月10日	11月上旬	30	270	坂本・奥村（1967～1971年）
中標津	9月下旬～10月上旬	〃	20～40	130～300	平島・能代（1968～1969年）
芽　室	9月中旬～下旬	〃	40～50	430～570	帰山　（1964～1966年）
盛　岡	10月中旬	〃	30	300	渡辺　（1969～1970年）
盛　岡	10月下旬	11月中旬	25	260	蛇沼　（1966～1967年）

雪腐病害には，雪腐大粒菌核病，雪腐黒色小粒菌核病，雪腐褐色小粒菌核病などがある。いずれも草地に常在し，越冬中に弱った牧草が感染すると被害が大きくなる。

対策は，冬枯れに強い草種・品種の作付けが第一である。雪腐病害に有効な薬剤も流通している。しかし，牧草は換金価値が低く，草地面積は広大なので薬剤散布は現実的でない。草地管理上の対策は，夏から秋に地上部を十分に生育させ，越冬前の貯蔵養分を十分に確保することである。

②刈取り危険帯

北海道北部で設定された，オーチャードグラスの刈取り危険帯を示したのが図2-Ⅲ-8である。刈取り危険帯とは，その時期に収穫すると再生のために貯蔵養分が消費され，その結果，越冬時に利用できる貯蔵養分量が少なくなって越冬体制が不十分になってしまう期間のことである。

秋のオーチャードグラスは栄養茎を成長させ，同化した養分を冬に向けて貯蔵する。最終番草が9月下旬以前に収穫されると，栄養茎はただちに再生を開始するので，貯蔵養分が消費される。しかし，越冬に向けて生育が停止する11月までに再生草の同化産物が消費分を回復し，越冬に十分な貯蔵養分を確保できる。また，10月下旬以降の収穫では，気温が低下して越冬前の再生期間が短いため栄養茎はほとんど再生せず，このため越冬性を低下させるほど貯蔵養分を消費しない。

このように，9月下旬以前もしくは10月下旬以降のいずれの期間に収穫されても，オーチャードグラスの貯蔵養分は越冬用に十分確保できる。

ところが，両者のあいだである10月上中旬に収穫されると，栄養茎の再生に貯蔵養分が消費されるにもかかわらず，その消費分を回復できるほどの生育期間が残されていない。このため，貯蔵養分の確保が不十分になり，越冬性に不安をきたす結果になる。

刈取り危険帯は各地の気象条件によってちがうとともに（表2-Ⅲ-1），アルファルファでは9月下旬～10月上旬，ガレガでは8月下旬～9月上旬など，他の草種でも確認されており，越冬対策の指標になっている。

4▌夏枯れの原因と回避方法

①高温による夏枯れ

寒地型牧草が夏季におこす生育停滞を夏枯れという。原因は，高温による光合成の低下と呼吸消費の増大，梅雨期の過湿や盛夏の高温による乾燥，病害虫の発生などがあげられる。

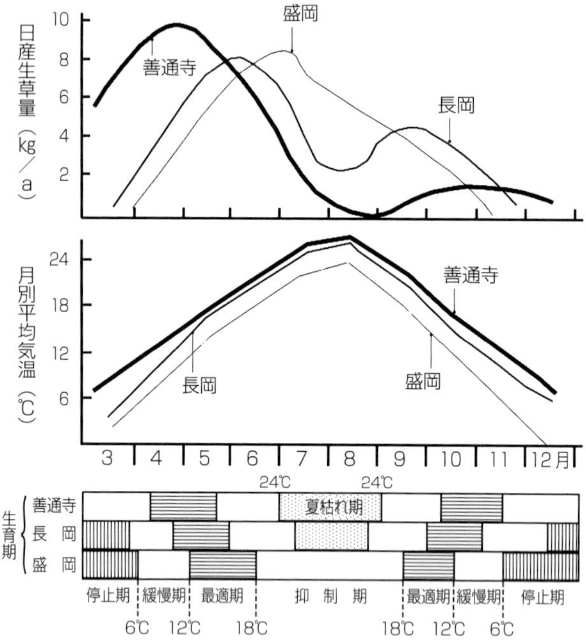

図 2-Ⅲ-9　ラジノクローバの時期別日産生草量と月別平均気温
（酒井ら，1970　山根ら，1989）
ラジノクローバの年間生草収量（1962 年）：善通寺（四国農試）1073kg /a, 長岡（新潟農試）972kg /a, 盛岡（東北農試）931kg /a

年平均気温が12℃をこえる地域では，夏枯れが顕著といわれる。図 2 - Ⅲ - 9 は，ラジノクローバ（大葉型のシロクローバ）の生育と月別平均気温の関係を示したもので，気温の高い地域ほど夏の生育の衰えが顕著である。

夏枯れ対策も，強い草種・品種の作付けが重要である。夏枯れへの抵抗性を耐暑性といい，寒地型牧草は暖地型牧草より耐暑性が劣る。寒地型牧草では，オーチャードグラスがチモシー，ケンタッキーブルーグラス，ライグラス類よりも強い。夏枯れ時期の管理として，刈取り間隔の延長や高刈りによって貯蔵養分の減少をさけることが推奨されている。ただし，倒伏や病害発生時は，病害のまん延を防ぐため，早めの刈取りが必要になる。

②寒冷地では干ばつが問題

梅雨がなく降水量の少ない北海道では，高温障害よりも干ばつによる被害を受けやすい。このため，草地更新時には，干ばつになりやすい時期の播種が控えられている。維持管理では，干ばつ時の強放牧の緩和や高刈りが推奨されている。

寒冷地の 1 番草生育期間は，融雪水によって潤沢な水分が供給される。そのため，融雪水が期待できなくなる 2 番草や 3 番草の生育期間中に，水分不足になりやすい地域がある。オーチャードグラス草地では各番草の生育初期に水分不足になると，乾物収量が顕著に低下する。チモシーは 1 番草収穫でほぼ全ての分げつが世代交代するため，この時期に干ばつにあうと分げつ密度が低下し，雑草の侵入を受けやすくなる。

3 放牧草地の管理

1 基幹草種のちがいと放牧方法

①草種と放牧方法

放牧草地では，基幹になるイネ科草種によって望ましい利用方法がちがう。ペレニアルライグラスは短草利用によって茎数密度が高まるので，草高（注 1）20cm程度での放牧が適当である。メドウフェスクは少し高めで草高 25cm程度がよい。チモシーは草丈（注 1）30cm程度が目安とさらに高く，かつ草高 10cm程度食べ残させて転牧する（具体的な放牧方法は第 3 章参照）。

〈注 1〉
草丈は，牧草の葉身を手で伸ばして直立させたときの，最高位置から地面までの高さ。草高は，牧草の葉身を自然の状態のままで測定した最高位置から地面までの高さ。

②チモシーも放牧（多回）利用できる

●「多回利用に弱い」は正確ではない

チモシーはしばしば多回利用に弱いといわれる。しかし，これは必ずし

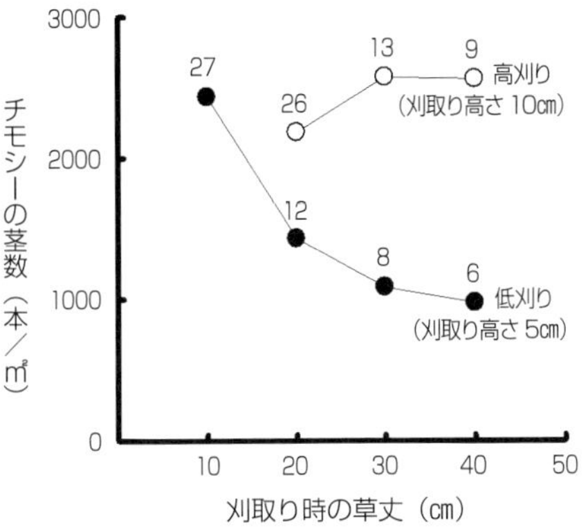

図 2-Ⅲ-10
刈取り時の草丈，刈取り高さと越冬前のチモシーの茎数（処理2年目）（三枝ら，2001）
図中の数値は年間の刈取り回数

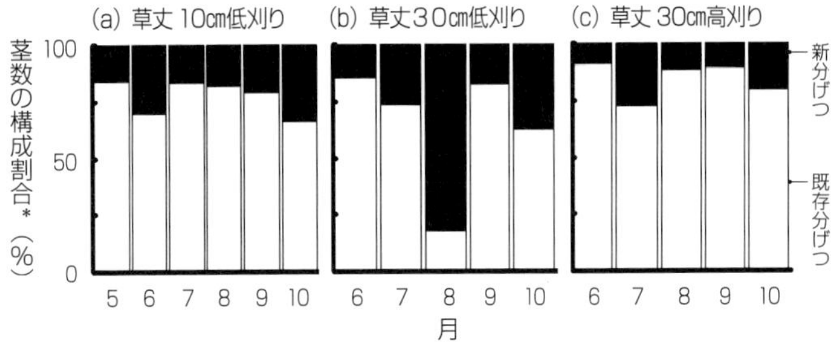

図 2-Ⅲ-11　刈取り時の草丈，刈取り高さとチモシー再生草の分げつ構成（1999 年）（三枝ら，2001）
＊：各刈取り回次の値を月ごとに平均。刈取り回数は処理によってちがい月１～４回

も正確ではない。放牧を模した多回刈り試験の結果では，チモシーの茎数は，高刈り条件（刈取り時草丈 20 ～ 40㎝，刈取り高さ 10㎝）と，低草丈・低刈り条件（刈取り時草丈 10㎝，刈取り高さ５㎝）で多い。低刈りでは，刈取り時の草丈が長いほど茎数が少なかった（図２-Ⅲ-10）。

●刈取りの時期と高さが問題

分げつ消長が交代型であるチモシーは，採草利用の１番草に相当する６～７月ごろ，ほとんどの分げつがいっせいに節間伸長を始める。節間伸長茎は，穂を出すためにそれまで地ぎわにあった茎頂を上昇させる。上昇した茎頂が刈取り高さよりも下にあれば，その分げつは刈取り後も節間伸長を継続できる。しかし，茎頂が刈取り高さの上にあると，刈取りによって切除されるので，その分げつは再生不能となって枯死し，新しく発生する分げつに交代する。

図２-Ⅲ-11 に示したように，草丈を長く伸ばして低刈り（b）すると，ほとんどの分げつの茎頂は刈取り高さよりも上になっているので，節間伸長茎の枯死と新分げつへの交代が７～８月ごろにいっせいにおこなわれる。新分げつが地上部の再生を開始するまでは，一時的に１日の乾物重増加速度がきわめて小さくなるので，この期間に他草種が侵入する危険性が高い。

●低草丈・低刈り，高草丈・高刈りなら多回利用できる

しかし，短い草丈で低刈り（a）したり，長く伸ばしても高刈り（c）する場合は，つねに半分以上の茎を生き残らせることができる（注２）。その結果，刈取り後の再生が確保されるので，茎数の維持に有利になる。

上記のように刈ると，刈取り後の残葉量もちがうので，再生にも影響する。草丈を長く伸ばして低刈りすると刈取り後の残葉は少ないが，高刈りすれば残葉が確保される。短い草丈で低刈りすると，チモシーが短い分げつを低く放射状に出す草型に変化して残葉を多くする。これらの残葉が，刈取り後の再生を促進する。

〈注 2〉
茎頂がちょうど刈取り高さ付近を上昇中で，その位置は個体によって少しずつちがうため，半分以上の茎の茎頂を残すことができるからである。

2 採草との兼用利用の条件と注意点

①兼用利用はなぜ必要か

前述のように，寒地型牧草は春から夏にかけて，スプリングフラッシュとよばれる旺盛な生育をする。この時期の牧草生産性に合わせて家畜の放牧頭数を決めると，牧草が栄養成長主体になる夏以降たりなくなる。そのため，春から夏にかけて採草利用していた草地を放牧利用に切り替え，夏以降の放牧面積を拡大する。このように，季節によって採草利用と放牧利用を切り替えることを兼用利用とよび，これに用いる草地を兼用草地という。スプリングフラッシュが旺盛で季節生産性のかたよりが大きな放牧草地ほど，大面積の兼用草地が必要になる。

②兼用利用できる草種

兼用草地の基幹草種は，採草でも放牧でも利用できる必要がある。多回利用に強い，ペレニアルライグラスとオーチャードグラスは問題なく兼用利用できる。チモシーは本来採草利用に適するが，1項や第3章で述べるように，品種，放牧前後の草丈，草高に配慮すれば放牧利用でもある程度維持できる。1番草を十分に生育させ，採草後，円滑に分げつを世代交代させてから放牧すれば，放牧専用利用よりも維持しやすい。

しかし，ケンタッキーブルーグラスは長く伸ばすと収量性，栄養価ともに劣るため，兼用利用には不向きである。

3 牧草の利用率を高める工夫

①早期放牧と掃除刈りで過繁茂を抑制する

牧草を栽培する側としては，放牧草をなるべく全部採食させたいと思う。それには，普通なら食い残す短い草やふんの周囲の草も食べるほど，牛を空腹にする必要がある。しかし，それでは多くの生乳生産や高い増体は得られない。放牧で高い家畜生産性を実現するには，放牧前に生えていた草を半分か，それ以上食い残させて退牧させなければならない。

この条件を守りながら放牧草の利用率を向上させるには，早期放牧や施肥量，施肥時期の調節によって牧草の過繁茂を減らし，牛が利用できなく

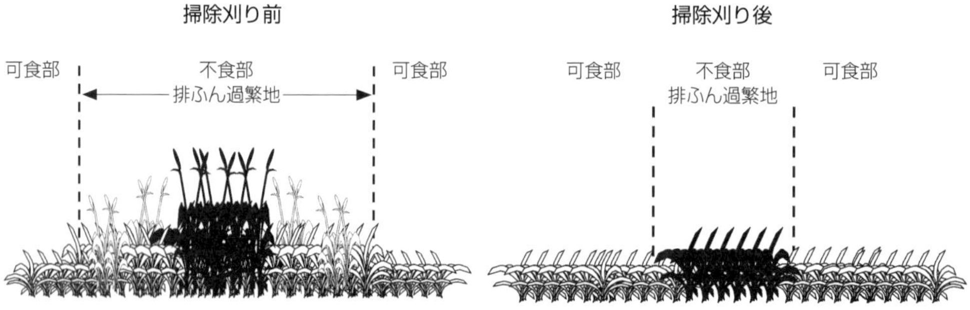

図 2-Ⅲ-12　放牧草地での掃除刈りの役割
掃除刈りは，牧草の穂の除去や草高を低くすることで，草の伸びすぎによる不食部を可食部にかえ，可食面積の拡大に有効。なお，ふんの臭いのついた草は牛が食べないので伸びる。ふんに近いほど影響は強く，ふんを中心に伸びすぎたパッチ状の場所ができ，不食過繁地とか排ふん過繁地という。しかし，時間が経過するとふんの影響が小さくなり，不食過繁地の周辺から採食される

なる面積を少なくすることである。それでも過繁茂を抑制しきれず，採食面積が減ってきた場合は，掃除刈りをおこなって可食面積を拡大する（図2-Ⅲ-12）。

メドウフェスクを基幹とする放牧草地では，春の放牧開始を草丈20cmの時期とする早期放牧によって，スプリングフラッシュを抑制し，掃除刈りが不要な程度に余剰草の発生を減らすことができる。また，天候などで不本意にも余剰草の発生を抑制しきれなかった場合は，メドウフェスクの出穂期とその後の再生を考慮し，7月上旬に刈取り高さ10cm程度で掃除刈りすることが推奨されている。

②先行後追放牧

掃除刈りよりも積極的に利用率を高める工夫として，先行後追放牧（せんこうあとおい）がある。これは，高栄養の放牧草を食べさせたい搾乳牛などを最初に放牧し，食い残した放牧草を乾乳牛などに食い込ませる方法である。これによって利用率はたしかに高まる（表2-Ⅲ-2）。しかし，1日に2群の放牧牛を移動することになるので，労働の負担は大きくなる。

表2-Ⅲ-2　先行後追放牧 の有無による放牧地の利用状況の差異（須藤ら，2004）

放牧回次ごとの草量・利用率の平均値		先行後追放牧	
		あり	なし
放牧前草量	（乾物 g/㎡）	143.6	180.5
放牧後草量	（乾物 g/㎡）	86.6	118.6
利用率	（%）	40.2	32.3

利用率＝（放牧前草量－放牧後草量）/ 放牧前草量

表2-Ⅲ-3　放牧計画の例（原，2003　須藤，2003 を参考に作表）

〈必要牧区数と面積の計算〉

草量（kg DM/ha）	利用率（%）	利用可能草量（kg DM/ha）	採食量（kg/頭/日）	放牧頭数（頭/日）	1牧区面積（ha）
a	b	c＝a × b/100	d	e	f＝d × e / c
1300	50	650	13	50	1.0

〈1牧区計画の例〉

季節	日再生量（kg DM/ha/日）g	休牧日数（日）h＝c / g	牧区数（牧区）i＝h＋1	必要面積（ha）f × i
5～6月	70	9	10	10
6～7月	45	14	15	15
8～9月	35	19	20	20

草高 20cmのペレニアルライグラス草地に泌乳中・後期牛を 50 頭放牧する場合を想定

4 放牧頭数と牧区計画

実際に放牧するには，放牧したい頭数に対してどのくらいの草地面積を準備するかを計画する。表2-Ⅲ-3に例示した1日ごとに輪換する放牧（1日輪換放牧）が考えやすいので，以下，それにそって解説する。

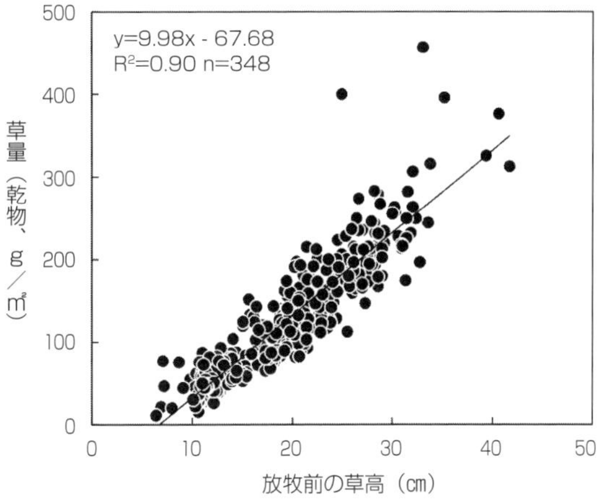

図2-Ⅲ-13
ペレニアルライグラス基幹放牧草地の草高と草量（須藤，2004）

①1牧区の面積の計算

まず，草量と利用率を設定し，1回（1日）の放牧で牛に食べさせることができる面積当たりの放牧草の量，利用可能草量を計算する。

草量は放牧時の草高とよく対応するので（図2-Ⅲ-13），ものさしで草高を測定すれば表2-Ⅲ-4aを参照して計算できる（注3）。利用率は期待する家畜生産性，具体的には乳牛であれば搾乳牛か育成・乾乳牛か，搾乳牛であれば乳期でちがい，それぞれ表2-Ⅲ-4bを参照して計算する。

次に，放牧牛1頭が1日に食べる草の量，採食量を見積もる。これも，

〈注3〉
草量を把握するにはライジングプレートメータやパスチャープローブなどの専用製品も流通している。いずれの方法を用いるにしても，草種構成や草量など，放牧草地のようすを日々観察することが重要である。

表 2 - Ⅲ - 4　放牧計画に用いる係数の目安（原，2003 より抜粋）

a　草量の目安

草高 cm	草量 kg DM/ha
20	1200 ～ 1400
25	1600 ～ 1800
30	2000 ～ 2200

b　利用率の目安

牛の種類		利用率 %
搾乳牛	泌乳前期	35
	泌乳中・後期	50
乾乳牛・育成牛		60

c　採食量の目安

放牧時間 時間 / 日	採食量 kg DM/ 日
3	5.0
6	8.5
15	13.2

DM は乾物を意味し，kg DM は乾物重で kg 単位を示す

〈注 4〉
はじめて放牧する草地の日再生量はわからないので，もよりの草地での放牧実績を参考に計画を立てる。放牧が始まれば，入牧時の草量から前回退牧時の草量を差し引き，休牧日数で割れば日再生量が算出できる。適宜，計画時の値と比較して，今後の予定を修正すればよい。

表 2 - Ⅲ - 4 c で放牧時間による採食量を参照し，これに放牧させたい頭数を掛け算すると，1 日で放牧牛に食べさせたい草量がわかる。この草量を，利用可能草量で割り算すると，1 牧区の面積が計算できる。

②必要な牧区数の計算

この面積の牧区がいくつ必要なのかは，草地の季節生産性に対応して変化する。放牧後，毎日再生する草の量を，ここでは日再生量とよぶ。この量は，基幹イネ科牧草の種類や気象条件，草地管理条件などによってちがう（図 2 - Ⅲ - 14）（注 4）。ある牧区の草量が，退牧してから元の草量に回復するまでの日数は，利用可能草量を日再生量で割り算すればよい。これが各牧区に必要な休牧日数である。

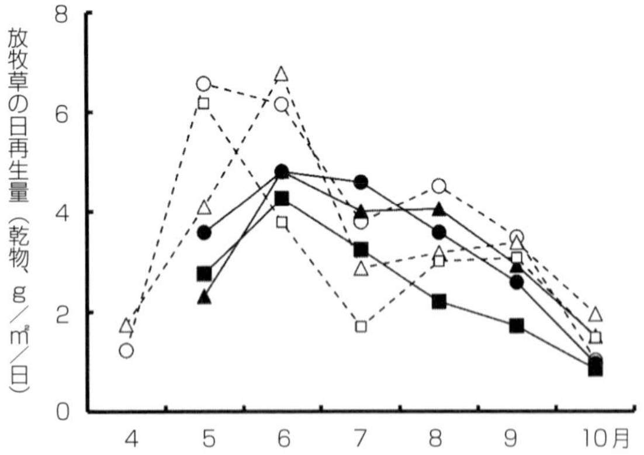

図 2 - Ⅲ - 14　北海道内の放牧草地での牧草の日再生量
○：道央メドウフェスク草地（須藤，2004 より抜粋）
●：道東メドウフェスク草地（三枝，未発表，2004 年観測値）
△：道央ペレニアルライグラス草地（須藤，2004 より抜粋）
▲：道北ペレニアルライグラス草地（石田，2003 から作図）
□：道央チモシー草地（北海道農試，2001 から作図）
■：道東チモシー草地（三枝，未発表，2004 年観測値）

1 日輪換放牧では毎日転牧するので，休牧している牧区数が休牧日数分あればよい。これに当日放牧している 1 牧区を足した数が，その季節に必要な牧区数である。前段で求めた 1 牧区面積にこの牧区数を掛け算すれば，その季節に必要な草地面積が算出できる。

表 2 - Ⅲ - 3 の例では，春の開牧直後は 10ha で放牧できるが，徐々に兼用草地を利用し，秋には 2 倍の 20ha が必要という試算結果になる。もしも，草地面積に余裕がなければ，放牧時間を短縮して採食量を減らすとか，放牧頭数を減らすことの可能性を検討する。

もちろん，これらは試算値なので，気象条件，牧区の草種構成，放牧管理，施肥管理などによって変動する草量や日再生量などについては，実際に放牧して確認・修正する。

Ⅳ 草地の肥培管理

1 草地の肥培管理と収量・草種構成

1 わが国の混播草地での三要素試験例

①混播草地の肥培管理の基本

イネ科牧草とマメ科牧草を混播した草地の肥培管理の目標は，草種構成を良好に維持することにある。具体的には窒素をひかえ，リン，カリウム，マグネシウムを過不足なく補給し，カルシウム施肥によって土壌 pH を好適に維持することが基本になる。これは，北海道の根釧農業試験場で 1967 年に開始され現在もつづいている，わが国でも数少ない草地の長期試験結果にもとづいている。

この試験は，肥料三要素の窒素を施肥しない区（－ N 区），リンを施肥

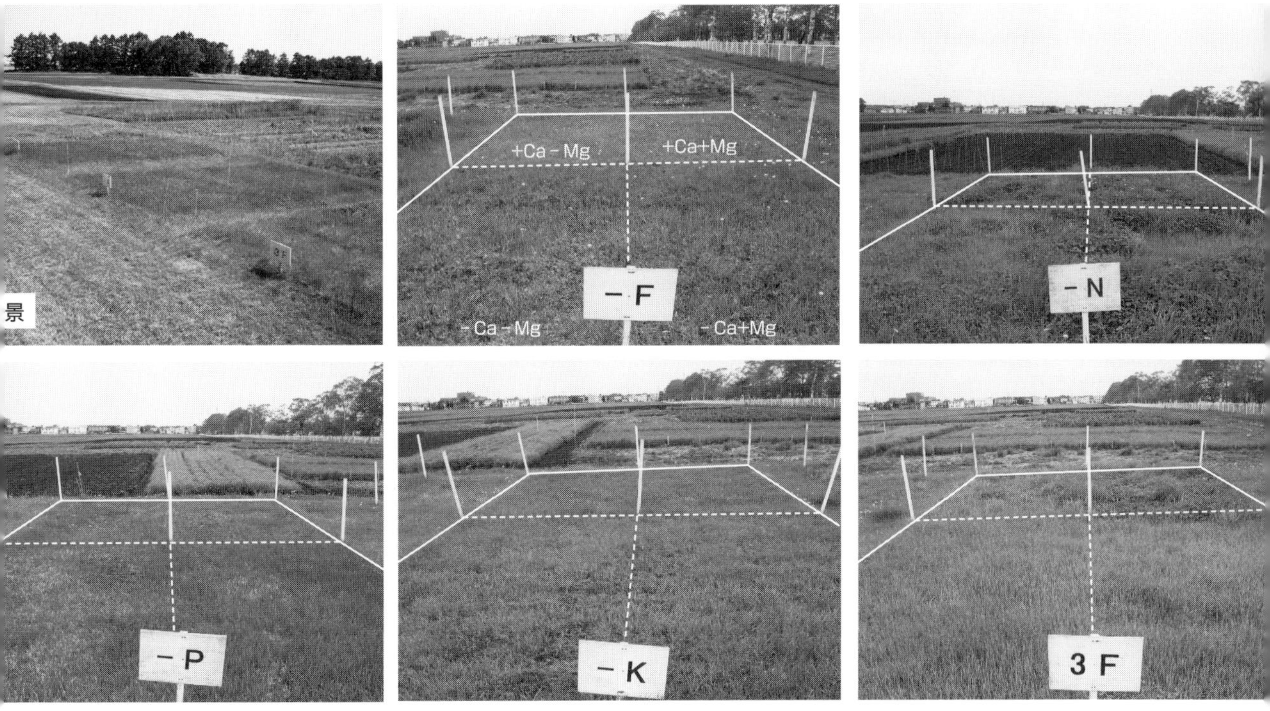

図 2-Ⅳ-1　異なる施肥管理を 30 年以上継続した草地の様相（道総研根釧農試，三要素試験区）
－N：窒素を施肥しない区，－P：リンを施肥しない区，－K：カリウムを施肥しない区，3 F：三要素施肥区，－F：無施肥区，＋ Ca － Mg：カルシウム追肥区，＋ Ca ＋ Mg：カルシウムとマグネシウム追肥区，－ Ca － Mg：カルシウム，マグネシウムとも追肥しない区，－ Ca ＋ Mg：マグネシウム追肥区。Ca と Mg は，すべての区で－ F 区で示しているのと同じ配置で処理（口絵ⅳページ参照）

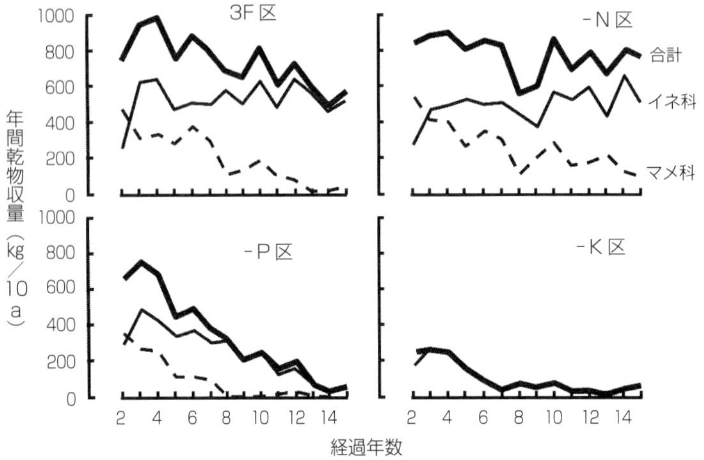

図２-Ⅳ-２　牧草の長期三要素試験での乾物収量の推移（大村ら，1985を改変）
1967年造成。各区の年間施肥量は窒素(N)9kg／10a，リン（P_2O_5）15kg／10a，カリウム(K_2O)24kg／10a。各区の施肥養分は図２-Ⅳ-１と同じ

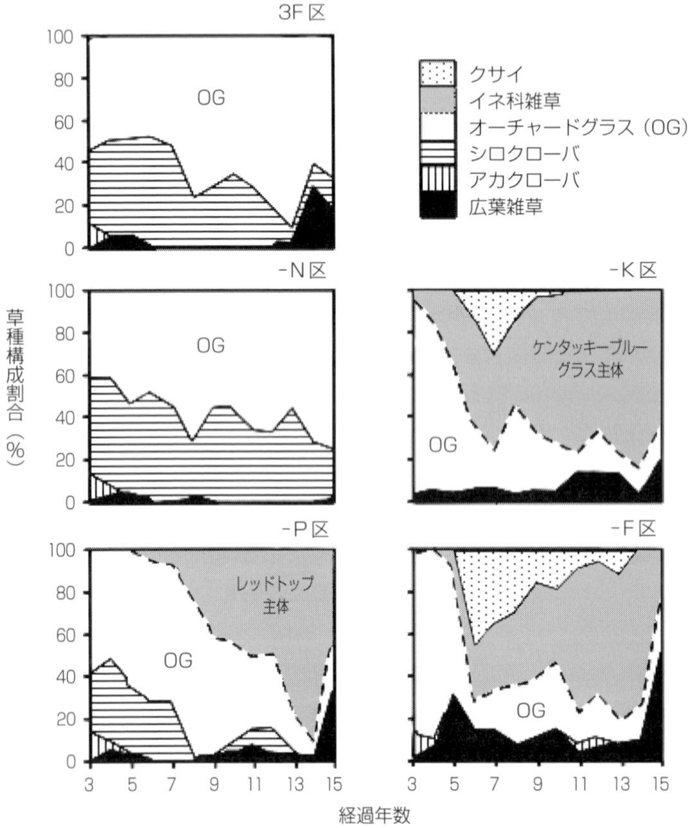

図２-Ⅳ-３　牧草の長期三要素試験での草種構成の推移（大村ら，1985を改変）

しない区（－Ｐ区），カリウムを施肥しない区（－Ｋ区），三要素をすべて施肥する区（３Ｆ区），三要素のすべてを施肥しない無施肥区（－Ｆ区）で開始された。

11年目以降は，各区にカルシウムとマグネシウムの追肥区が増設されている（図２-Ⅳ-１）。

②リンとカリウムの補給が不可欠

試験開始後15年間の年間乾物収量と草種構成割合の推移を図２-Ⅳ-２，３に，土壌の化学性の推移を表２-Ⅳ-１に示した。

試験開始後数年間で，－Ｐ区と－Ｋ区のマメ科牧草の急速な衰退と収量低下がおきている。とくに，－Ｋ区では，１年目からマメ科牧草がほとんどなくなった。－Ｋ区の変化がこのように著しかったのは，試験地の土壌の母材が火山ガラスなどの軽鉱物を多く含む火山灰で，土壌のカリウム供給力が低いためである。

マメ科牧草が衰退すると根粒菌の窒素固定量が少なくなるので，イネ科牧草への窒素供給量が減り，基幹イネ科牧草のオーチャードグラスも衰退する。これにかわって優占したイネ科草種（雑草）は，－Ｐ区でレッドトップ，－Ｋ区でケンタッキーブルーグラスであった。しかし，いずれも地下茎のある草種で生産性は低い。

このように，混播採草地の草種構成を良好に維持するには，マメ科牧草の維持が重要であり，それにはリンとカリウムの補給が不可欠である。

③窒素施肥で酸性化が促進

－Ｎ区と３Ｆ区は比較的長期間，マメ科牧草の生育が旺盛で，収量水準も維持されていた（図２-Ⅳ-２）。－Ｎ区のマメ科牧草からの窒素供給量が，３Ｆ区の窒素施肥量にせまるほど有効だったことがわかる。しかし，

表２-Ⅳ-１　牧草の長期三要素試験での土壌化学性の推移（pH以外の単位：mg／100g）（大村ら，1985から作表）

処理区	項目	３年目 (1969)	５年目 (1971)	７年目 (1973)	９年目 (1975)	11年目 (1977)	15年目 (1981)
3F	土壌pH（H_2O）	6.1	5.9	5.4	4.9	5.2	4.7
	有効態リン（P_2O_5）	23.6	38.0	38.2	46.8	60.9	78.0
	交換性カリウム（K_2O）	7.4	7.6	11.4	8.9	6.7	14.7
	交換性カルシウム（CaO）	412	218	183	67	72	47
	交換性マグネシウム（MgO）	7.8	4.3	4.2	2.5	1.8	2.0
－N	土壌pH（H_2O）	6.1	6.3	6.0	5.8	6.2	5.8
	交換性カルシウム（CaO）	417	403	379	354	207	230
－P	有効態リン（P_2O_5）	10.3	12.1	7.5	5.8	6.3	7.2
－K	交換性カリウム（K_2O）	4.3	4.8	4.8	1.6	1.5	3.5

各区の施肥養分と量は図２-Ⅳ-１，２と同じ。有効態リン含量は0.2M塩酸抽出法

さらに年次が経過すると土壌の酸性化がすすむので（表２-Ⅳ-１）（注１），両区ともマメ科牧草の衰退が始まり低収になる。

土壌の酸性化によるマメ科牧草の衰退は，３F区のほうが早く始まっている（図２-Ⅳ-３）。これは，窒素を施肥すると，土壌中でアンモニア態窒素（NH_4-N）が微生物の作用によって硝酸態窒素（NO_3-N）に変化する（注２）。このとき土壌の酸性化が促進されるので，それだけ早く酸性化がすすむ。したがって，マメ科牧草が混播された採草地の窒素施肥量は少なくてよく，そのほうがマメ科牧草の維持にも都合がよい。

③欠かせないカルシウムとマグネシウムの補給

このまま－N区と３F区で土壌の酸性化がすすむと，ついにはマメ科牧草が消滅し，－P区や－K区のように，イネ科牧草も生産性の低い草種に優占されてしまう。オーチャードグラスのように株で再生産をくり返す草種は，地下茎で増える草種に優占されて株の密度が低くなると，どんなに環境を整えても，収量が改善するほどに回復させることは困難である。しかし，マメ科牧草のシロクローバは，ほふく茎を出して裸地を埋めるので，衰退しても株が点在していれば，混生割合を復活させることができる。

－N区と３F区のマメ科牧草の衰退は土壌の酸性化が原因なので，早期に酸性を改善すれば，シロクローバの復活が期待できる。そこで，11年目にカルシウムの追肥区が増設された。その結果は期待どおりで，マメ科牧草が回復し，イネ科牧草の収量も増え，生産性が改善された（図２-Ⅳ-４）。

この試験では，同時にマグネシウムの追肥区も追加され，牧草のマグネシウム含量と乾物収量の向上が確認されている。この試験が実施された根釧地方の黒ボク土（注３）はカリウムだけでなくマグネシウム含量も低いので，草地へのマグネシウム施肥の必要性があらためて確認された。

本試験は現在も継続調査され，近年では－N，－P，－K，３F，－Fの全処理区のうち，カルシウムを施肥していない処理区でレッドトップの侵入が報告されるなど，草種構成の変化がつづいている。

〈注１〉
わが国では，年間の降水量が栽培作物の蒸発散量を上回るので，水は土壌中を上から下に移動する。そのため土壌中のカルシウムなどの陽イオンは地下に洗い流され（これを溶脱という），年とともに草地の表層は酸性化する。

〈注２〉
硝酸化成作用という。

〈注３〉
火山灰に由来する土壌。

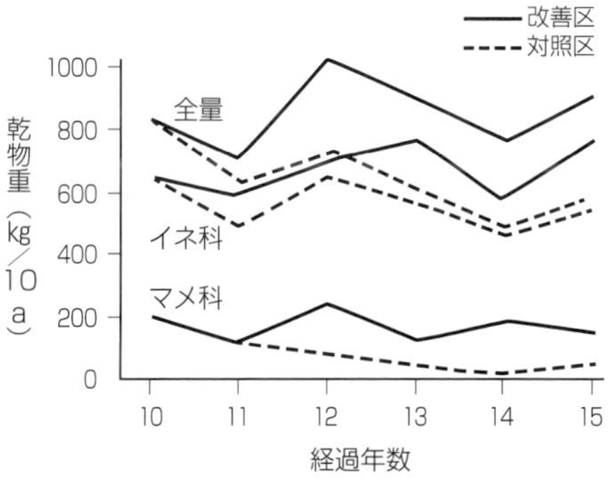

図２-Ⅳ-４
牧草の長期三要素試験でのカルシウムとマグネシウムの改善効果（北海道立根釧農試，1985）
3F区での結果

図 2-Ⅳ-5
イギリスのローザムステッド農業試験場で 1856 年から現在まで継続されているパークグラス長期試験圃場（Copyright Rothamsted Research Ltd.）
試験圃場の面積は約 2.8ha。そのなかに化学肥料や堆肥の施与量をかえた 20 の処理区と，各処理区内に炭酸カルシウムによる酸性改良の程度をかえた４つの細分区が設置されている

2 イギリスの超長期試験例

①世界でもまれな長期試験

草地への施肥管理や土壌の酸性の改良が，乾物生産や草種構成に大きく影響することはイギリスのローザムステッド農業試験場（現在の Rothamsted Research）の試験でも確認されている。

この試験はパークグラス（Park Grass）長期試験とよばれ，1856 年にこの試験場の創始者であるローズ（Sir John Bennet Lawes）とギルバート（Sir Joseph Henry Gilbert）によって開始され，160 年後の現在も継続されている，世界でもまれな継続期間をほこる長期試験である（図２-Ⅳ-５）。

②窒素の形態で草種構成がかわる

この試験でも，草種構成に強く影響しているのは，施肥による土壌の酸性化である。酸性化を炭酸カルシウムによって改良すると，草種構成がかわり乾物収量が増える。草地の酸性化は施肥する窒素の形態で大きくちがい，硫酸アンモニウム（硫安）は酸性化が急速にすすみ，硝酸ナトリウムではゆっくりすすむ。このため，窒素の形態と施肥量，土壌の酸性改良の有無などによって草種構成は大きく変化する。

たとえば，硫安が施肥され，酸性が改良されていない試験区では，pH が４以下と強酸性化する。そして，硫安が多量に施肥（窒素 144kg / ha）された区ではシラゲガヤ（*Holcus lanatus* L.）が主体に，中程度に施肥（窒素 96kg /ha）された区ではハルガヤ（スイートバーナルグラス，*Anthoxanthum odoratum* L.）が主体の草地に変化した。

しかし，硫安が施肥されても土壌の酸性を改良したり，硝酸ナトリウムのように酸性化がすすみにくい肥料を施肥した区は，メドウフォクステイル（オオスズメノテッポウまたは黒穂，*Alopecurus pratensis* L.）主体の草地になった。このように，優占草種は草種の耐酸性や窒素の施肥水準によって決まる。

③ 100 年以上の永年草地でも施肥で草種構成がかわる

この試験に使われた草地は，試験が開始された 1856 年の時点ですでに 100 年間は放牧草地として利用されていた，生態的に安定したいわゆる永年放牧草地（permanent pasture）である。この草地を採草利用の試験に転用し，現在まで管理されている。したがって，この草地は牧草種子を播種して造成された人工草地ではない。

クロウリィー（Crawley）らや，シルバータウン（Silvertown）らの調査によれば，このように 100 年以上も維持されている永年草地でも，人工草地と同じように多窒素で管理すると，施肥反応のよい草種が優占草種になり草種構成の多様化が低下する。しかし，その草地での乾物生産は増える。逆に，施肥量を少なくすると，草種構成が多様化する一方で，乾物生産は低下するという。この結果は，草地の草種構成を多様化させて，なおかつ草地の乾物生産を増加させるということのむずかしさを示している。

2 窒素と牧草の生育

1 窒素施肥の必要性と問題点

植物が旺盛な生育をするには，光合成を活発におこなう必要がある。窒素は，光合成の明反応で光エネルギーを吸収して化学エネルギーに変換する役割をもつ，葉緑素の重要な構成成分として多量に含まれており，作物生産に大きく影響する。しかし，土壌から作物に供給される窒素量は少なく，作物の要求を満たせないので，窒素を含む肥料や堆肥などの自給肥料を施肥して，作物の窒素要求に応え光合成を促進しなければならない。

問題は作物への施肥量である。とくに混播草地は，窒素栄養が全くちがうイネ科牧草とマメ科牧草が混在しているという特殊な事情もある。

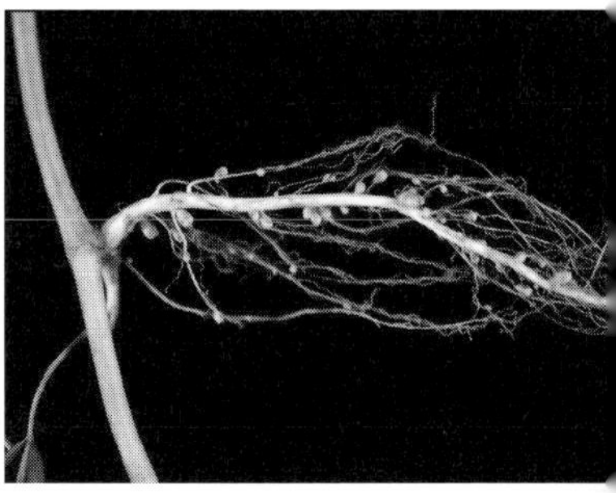

図 2-Ⅳ-6
ラジノクローバの根粒

2 マメ科牧草と根粒菌の相互依存関係

マメ科牧草の根には根粒菌がついて根粒がつくられる（図2-Ⅳ-6）。根粒菌は，エネルギー源として植物から炭素化合物（注4）を受け取り，特殊な酵素（ニトロゲナーゼ）によって，大気中の窒素ガス（N_2）を植物の養分として重要なアンモニア態窒素（NH_4-N）に変換する。これが窒素固定で，根粒菌のような生物による窒素固定を生物的窒素固定という。

根粒菌の窒素固定でつくられたアンモニア態窒素は，宿主の植物へ供給されて有機窒素化合物（注5）に変換され，最終的にはタンパク質として植物が利用する。このような根粒菌の働きで，マメ科牧草は空気中の窒素ガスを自分の窒素栄養にすることができる。このマメ科牧草と根粒菌のように，お互いに利益を得て共に生育することを共生といい，このような窒素固定を共生的窒素固定という。

マメ科牧草は根粒菌と共生関係にあるかぎり，根粒菌から窒素を受け取るため，窒素を施肥される必要がない。ところがイネ科牧草はマメ科牧草のように共生的窒素固定をしないため，生育には十分な窒素を必要とする。窒素栄養についてマメ科牧草とイネ科牧草は本質的にちがうのである。

〈注4〉
おもにリンゴ酸で，コハク酸やフマル酸なども含む。

〈注5〉
グルタミン，アスパラギン，アラントイン，アラントイン酸など。

3 マメ科牧草からイネ科牧草への窒素の移譲

①窒素移譲の経路

すでに述べたように，マメ科牧草が十分にある混播草地には，窒素を施肥しないほうがマメ科牧草だけでなく，牧草生産も高水準で維持できる。これは，マメ科牧草の根に共生する根粒菌が，マメ科牧草に窒素を供給するだけでなく，イネ科牧草にも移譲されるからである。

根粒菌が固定した窒素を利用したマメ科牧草の根，ほふく茎，茎葉は刈取りや放牧利用されると枯死し，土壌にもどる。もどったマメ科牧草の枯死遺体はタンパク質含有率が高いため，炭素と窒素の比率（C/N 比という）が小さく，微生物に分解されやすい。

土壌中で微生物によって分解されると，含まれていた有機態窒素（タンパク質やアミノ酸など）は，牧草が吸収可能な無機態のアンモニア態窒素（NH_4-N）に変化する（注6）。アンモニア態窒素は，さらに微生物の働きに

〈注6〉
この作用をアンモニア化成という。

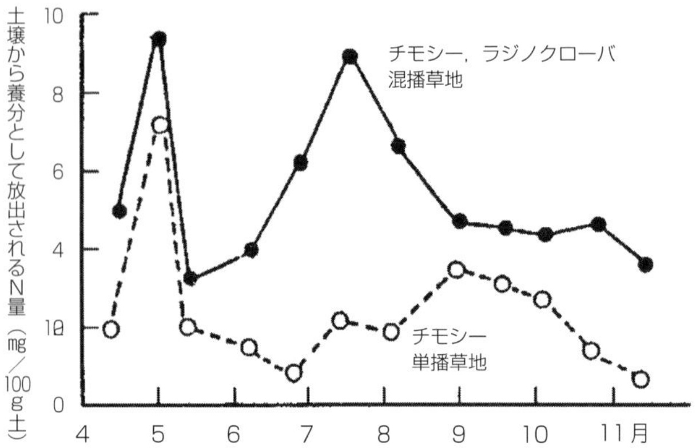

図２-Ⅳ-７　草地の土壌から放出される無機態窒素（N）量の季節変化（東田，1993を改変）

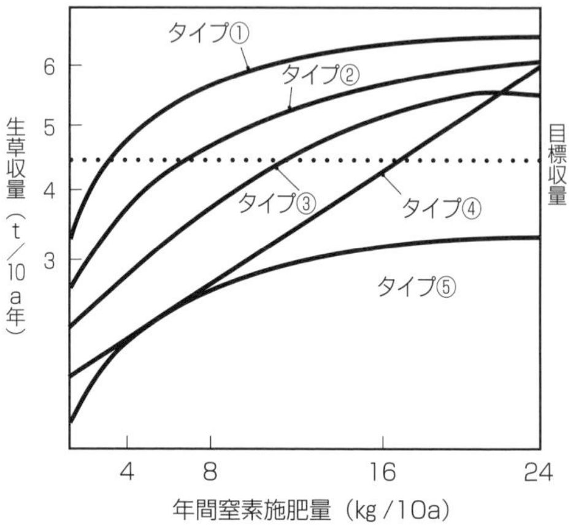

図２-Ⅳ-８　草地の類型区分別の窒素施肥量と牧草収量（木曽・菊地，1988）
タイプ①～⑤は本章Ⅱ-２項表２-Ⅱ-２参照

よって硝酸態窒素（NO_3-N）に変化する（硝酸化成作用）。このため，混播草地では，イネ科牧草の単播草地より牧草が養分として吸収できる無機態窒素量が多くなる（図２-Ⅳ-７）。これがイネ科牧草にも吸収利用される。こうして，結果的にマメ科牧草に由来する窒素がイネ科牧草にも吸収利用される。この現象がマメ科牧草によるイネ科牧草への窒素移譲である。

このほか，マメ科牧草の根から直接窒素化合物が分泌され，イネ科牧草に利用されるという移譲経路もある。この経路は，マメ科牧草のアルファルファでおこなわれていると推定されている。

②窒素移譲の量

マメ科牧草による窒素移譲量は，最大で10～27kg/10a程度である。窒素移譲量の変動が大きいのは，混播草地のマメ科牧草の割合（マメ科率），根粒菌の窒素固定能，イネ科牧草とマメ科牧草の草種の組み合わせ，土壌や気象条件などに影響されるためである。

しかし，この窒素移譲量は，混播草地への窒素施肥標準量が４～21kg/10aの範囲（第３章Ⅱ-２-３項参照）であることからみても少なくない。マメ科牧草は，土壌からの可給態窒素（作物が利用可能な窒素）を高く維持するうえできわめて重要な役割をはたしている。

4 マメ科率で窒素施肥量がちがう

①マメ科率が高いほど窒素施肥適量は少ない

混播草地のマメ科率がちがうと窒素移譲量もちがうので，同じ程度の牧草生産を期待しても，窒素施肥量はマメ科率によってちがってくる。

たとえば，本章Ⅱ-２項表２-Ⅱ-２で示したように，チモシーを基幹草種とする混播草地で，年間4.5t/10aの生草収量を得るのに必要な窒素施肥適量は，草地のマメ科率によって大きくちがう。アカクローバの生育が旺盛でマメ科率が30％をこえるタイプ①の草地では4kg/10aが適量で，窒素を施肥しなくても高収である（図２-Ⅳ-８）。マメ科率が15～30％のタイプ②の草地では6kg/10aが適量である。こうしたマメ科率の高い草地で窒素施肥適量が少ないのは，マメ科牧草からの窒素移譲が十分に期待できるためである。

しかし，マメ科率が5～15％まで減ったタイプ③や，マメ科牧草が衰退してチモシーが主体になったタイプ④の草地の窒素施肥適量は，マメ科牧草からの窒素移譲量が少ないため，10，16kg /10aと多くなる。

草種構成が悪化している地下茎型イネ科草が優占しているタイプ⑤の草地は，窒素施肥量を多くしても目標収量に到達しない。そのため，このタイプは更新対象草地である。

②マメ科率による窒素施肥量の変更は管理技術の基本

イネ科牧草とマメ科牧草は窒素の要求量が全くちがう。マメ科率が高く良好な草種構成を維持している草地に，適量よりも多くの窒素を施肥すると，マメ科牧草よりイネ科牧草の生育が旺盛になる。その結果，イネ科牧草の割合が高まり，マメ科率が低下して草種構成の悪化につながる。逆に，マメ科率が低くても基幹イネ科牧草の茎数密度が維持されている草地では，窒素が適量で施肥されているかぎり，イネ科牧草の茎数密度は維持される。草地の窒素施肥量をマメ科率（草種構成）によって変化させることは，マメ科率や基幹イネ科牧草の茎数密度を維持して，牧草生産を高い水準で永続させるためにもっとも基本的な管理技術である。

3 リンと牧草の生育

リンが牧草生育にもっとも強く影響するのは，播種された牧草の根系が十分に確立されるまでの時期（造成・更新段階）である。牧草の利用がすすみ，根系が発達した時期（維持段階）になると，牧草のリンに対する反応は造成段階より鈍くなる。しかし，維持段階の草地であってもリンが不要というわけではない。

1 造成・更新段階の牧草生育とリン

①造成・更新では土壌改良が重要

草地を新規に造成する，あるいは既存草地を更新する場合，まず土壌の酸性改良が重要である。草地土壌を耕起深である0～15㎝程度の土層まで酸性改良できるのは，土壌を耕起・混和するこの機会に限定されるからである。酸性改良には炭酸カルシウム（炭カル）や苦土炭酸カルシウム（苦土炭カル）などの資材を施与する。その施与量の決め方など具体的な方法は本章Ⅴ項の草地更新のところで述べる。

酸性改良とともに重要なのが，土壌のリン肥沃度の改良である。リンが施肥されないと，播種後の牧草生育は大きく阻害され，草地そのものが成立しなくなるためである（図2-Ⅳ-9）。播種後の牧草種子から伸びる根は小さく，根の表面積も小さい。そのうえ，後述する理由で施肥されたリンは土壌中で水に溶けにくい形態（難溶性）に変化し，作物に吸収されにくくなる。このため，出芽後は根

図2-Ⅳ-9
播種時の窒素（N），リン（P），カリウム（K）の施肥条件とオーチャードグラスの生育
ポットの土壌は炭酸カルシウムで酸性改良している（口絵ⅳページ参照）

〈注 7〉
リンの肥料成分としての表示は，慣例的に酸化物表示の P_2O_5 で記載され，この酸化物を「リン酸」とよんできた。しかし，P_2O_5 の化学物質としての正確な名称は酸化リン（V）であり，リン酸は明らかにまちがいである。リン酸は化学物質としての H_3PO_4 が対応する。一方，作物や飼料での含有率はリン（P）で表示することが多い。このようにわが国では肥料成分の慣行的よび方が，日本語表記と化学式とで混乱が生じている。本書ではこの混乱をさけるため，日本語表記はすべて元素名の「リン」で統一し，混乱をさけるために必要に応じてPもしくは P_2O_5 などの化学式を併記することにした。
このような混乱は，リンに限らず，従来の肥料成分の酸化物 K_2O，CaO，MgO などをそれぞれ，カリ（加里），石灰，苦土などと日本語表記する場合も同じである。本書でこれらの成分を日本語で表記する場合，すべて元素名の「カリウム」,「カルシウム」,「マグネシウム」と表記し，必要に応じて化学式を記載した。

の表面積が限られているので，吸収可能なリンが根の近くになければ吸収できず，生育を維持できない。播種時の土壌のリン肥沃度が牧草生育を左右するのはこのためである。

牧草種子を播種するとき, 土壌改良のために施与する炭酸カルシウム（炭カル）やリン資材のことをとくに土壌改良資材といい，草地の維持管理段階で与える場合と区別している。

②リン施肥はなぜ必要か

もともとリンは，鉄やアルミニウムなどと化学的に結合しやすい性質をもつので，土壌に施肥されたリンが難溶性になるのは，リン自身の化学的性質による。このように，施肥したリンが土壌で難溶性に変化することをリンの固定といい，その能力の大きさを示すのがリン酸吸収係数である。ただでさえリンは土壌中で作物に吸収されにくい難溶性に変化しやすいうえ，リン酸吸収係数が大きい土壌（たとえば火山灰に由来する黒ボク土）では，リンの肥効がさらに抑制されるのは当然である。

③新規造成時のリンの施肥量

そのため，草地開発整備事業の設計基準は，播種時のリン施肥量の下限を酸化物（P_2O_5）（注 7）で 20kg /10a とし，つねにそれ以上のリンが施肥されるように推進している。この量が推進されるのは，土壌の種類にかかわらず収量がほぼ一定になる施肥量だからである（図 2 - Ⅳ - 10）。最近でも新規造成の場合には，土壌の有効態リン含量が低いため，播種時のリン施肥量は P_2O_5 として 20kg /10a 以上必要である。

しかし以下に述べるように，草地更新の場合は，草地の経年化がすすむと土壌にリンの蓄積傾向が強いので，事情はちがってくる。

④更新時のリン施肥量の新しい算出方法

草地の維持管理段階でのリンの施肥標準量は，年間 P_2O_5 として 6 〜 10 kg /10a 程度である。これに対して，牧草の年間のリン吸収量は P_2O_5 として 4 〜 6kg /10a 程度にすぎない。このため，リン施肥量のほうがリン吸収量を上回り，上回った量が毎年土壌に蓄積する。したがって，既存草地を更新して再播種する場合，蓄積したリンを考慮すると，必ずしも従来の下限量（P_2O_5 として 20kg /10a）にこだわる必要がなくなってきた。

そこで北海道では，草地造成・更新時の土壌改良資材としてのリン施肥量の新しい算出法が提案されている（表 2 - Ⅳ - 2）。

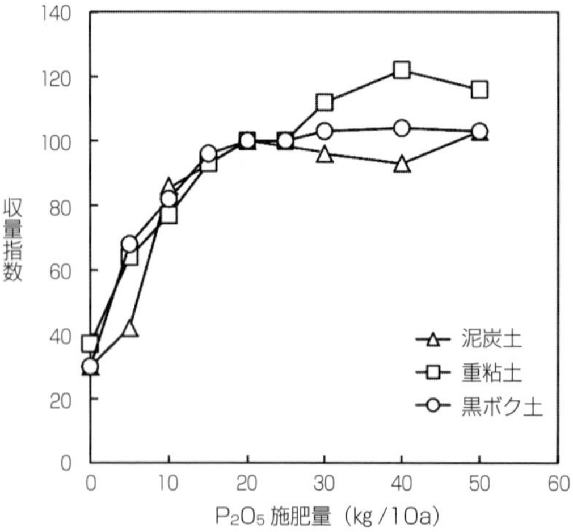

図 2 - Ⅳ - 10　造成時のリン改良資材の施肥量と収量
（関口・奥村，1973 から作図）
リンを P_2O_5 として 20kg /10a 施肥した区の収量を 100 とした指数

2 維持段階でのリンと牧草生育の草種間差

維持段階になると牧草の根がある程度発達し，表面積も大きくなるため，リンへの反応は造成・更新段階とちがう。これも窒素と同様，草種によって差がある。

図 2 - Ⅳ - 11 に示したように，播種当年（造成段

表 2-Ⅳ-2　草地造成・更新時のリン施肥量の新しい算出法と算出例（北海道農政部，2015 に加筆）

1. 算出法

播種時のリン施肥量（P_2O_5 として，kg / 10a）＝ 15+0.005 ×リン酸吸収係数＋ B 値

①上式は草地開発整備事業設計基準で示されている式であり，B 値を改訂したのが新しい算出方法である

②B 値は，土壌中の有効態リン含量によって P_2O_5 としての施肥量を増減するための値で，下表の値を代入する

	ブレイNo.2 法による有効態リン（P_2O_5）含量（mg / 100 g）			
	5 未満	5 ～ 10*	10 ～ 20	20 以上
B 値	5.0	2.5	0	− 10.0

＊：5 以上，10 未満と読む。10 ～ 20 の列も同様

2. 算出例

リン酸吸収係数が 1000 の土壌で，有効態リン含量が P_2O_5 で 7.5mg / 100 g の場合。B 値は表から 2.5 である。

したがって，

播種時のリン施肥量（P_2O_5 として，kg / 10a）＝ 15+0.005 × 1000+2.5 ＝ 22.5

であるから，この土壌の播種時のリン施肥量は，P_2O_5 として 22.5kg / 10a となる

階）の１番草は，リンが施肥されないと，オーチャードグラスもラジノクローバ（大葉型シロクローバ。本章の以下でも同様）も肥料三要素全て施肥されない場合と同じように，生育が悪く収量が低い。ところが，草地が完全に維持段階になった２年目になると，オーチャードグラスは，リンが施肥されなくても，三要素全て施肥された場合の 90％程度の収量が確保でき，リン無施肥の悪影響は小さい。ただし，窒素やカリウムも同時に施肥されない場合は，はるかに収量が低くなる。

これに対して，ラジノクローバは，リン無施肥と三要素全て施肥しない場合の収量推移が類似している。これは，造成・更新段階だけでなく維持段階でも，十分なリンの施肥を必要とすることを意味している。したがって，マメ科牧草維持にリン施肥は必須である。

この草種間差は，オーチャードグラスとラジノクローバの根量がちがうためである。土壌中で動きにくいリンをより多く吸収するには，根の表面積を多くして，根をリンに近づける必要がある。根量が多いオーチャードグラスはラジノクローバより根の表面積が多いので，それだけリン吸収に有利になる。とくに，ラジノクローバは気温の低い春（１番草期）や秋（５番草期）にリンが施肥されないと，大きく生育が抑制され収量が低下する。マメ科牧草を維持するためには低温期のリン施肥は重要である。

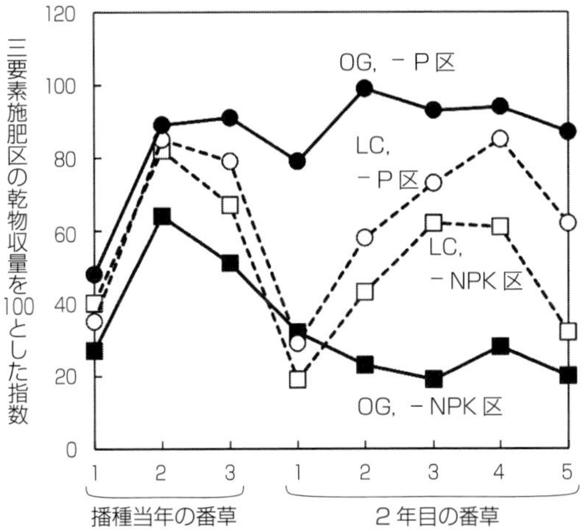

図 2-Ⅳ-11
リン無施肥（－Ｐ区）と三要素のすべて無施肥（－ NPK 区）の乾物収量指数（北岸，1962）
OG：オーチャードグラス，LC：ラジノクローバ（大葉型シロクローバ）

3 維持段階のリンは番草ごとに施肥

①土壌の酸性化がリン吸収をさまたげる

維持段階がすすみ，施肥が毎年くり返されると草地は酸性化しやすい。土壌が酸性化すると，土壌中の鉄やアルミニウムが溶け出てくるため，リンを施肥しても，鉄やアルミニウムと化学的に結合して難溶性になり，牧草に吸収されにくくなる。

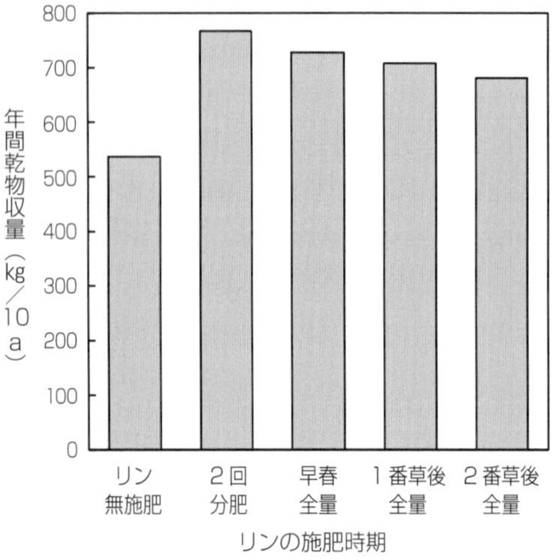

図2-Ⅳ-12
黒ボク土のチモシー草地へのリン施肥時期の効果（寳示戸，1994から作図）
3年間の試験結果（炭カル無追肥処理）の平均乾物収量
早春，1番草後，2番草後は，各5月上旬，6月中旬，9月上旬。2回分施は早春と1番草後に年間のリン施肥量（P_2O_5として10kg／10a）を均等分施。各区共通に，窒素とカリウムをN，K_2Oとして年間15，20 kg／10aを，早春：1番草刈取り後＝2：1で分施。マグネシウムはMgOとして4kg／10aを早春に全量施肥

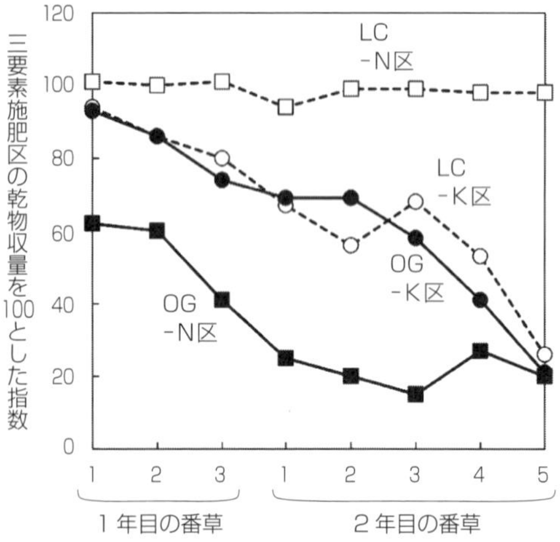

図2-Ⅳ-13
窒素（N）またはカリウム（K）を施肥しない場合の乾物収量指数（北岸，1962）
－N，－K：窒素，カリウムを施肥しない区
OG：オーチャードグラス，LC：ラジノクローバ（大葉型シロクローバ）

このため，リン施肥量の全量を一度に与えることは，難溶性になるリンを多くすることになる。番草ごとに分けて与えるほうが，リン肥効が大きく多収になる（図2-Ⅳ-12）。

②酸性化の改良と分施がリン施肥の原則

この傾向は酸性化がすすんだり，リン酸吸収係数の大きい黒ボク土の草地で強くあらわれる。そのため，草地表面へ炭カルを施与して土壌の酸性化を防ぐことはリンの肥効をよくする。

炭カル施与は，pH5.5～6.0を維持するように実施するのが原則である。具体的には，最終番草後の秋に年間40kg／10a程度を目安に施与する。土壌診断は2～3年に1回程度の実施が推奨されているので，2～3年分の80～120kg／10aを2～3年ごとに施与してもよい。

すでに述べたように，草地の維持段階で機械的に決められた量のリン施肥をくり返すと，土壌に過剰蓄積することが懸念される。土壌診断をおこない，適量を各番草に分施するのがリン施肥の原則である。

4 カリウムと牧草の生育

作物の乾物生産は窒素に強く影響される。しかし，混播草地ではマメ科牧草に共生する根粒菌のおかげで，必ずしも多くの窒素を必要としない。むしろ，カリウムが混播草地の永続維持に重要な養分である。

1 単播では草種間差はない

イネ科牧草のオーチャードグラスとマメ科牧草のラジノクローバを単播で栽培し，肥料三要素への反応が調査された。その結果，窒素が施肥されないと，1年目からオーチャードグラスの収量は三要素施肥区の60％に低下した（図2-Ⅳ-13）。さらに，経年的に大きく低下し，2年目の5番草では20％にまで低下した。一方，ラジノクローバは窒素が施肥されなくても，三要素施肥区と同等の収量が維持されている。これは，もちろん共生する根粒菌による窒素固定のおかげである。

これに対し，カリウムを施肥しないと，オーチャードグラスとラジノクローバの収量は，ともに三要素施肥区より低下する。番草がすすんでも，その低下傾向は両草種ともほぼ同じである。単播では，カリウムが施肥されないことへの反応は，オーチャードグラスとラジノクローバにちがいはない。ところが，両草種を混播すると結果は大きくちがってくる。

2 混播でカリウム不足なら マメ科がイネ科に負ける

カリウム供給条件がちがうオーチャードグラスとラジノクローバの混播草地で，オーチャードグラスとラジノクローバのカリウム含有率の関係を検討したのが図2-Ⅳ-14である。

ラジノクローバのカリウム含有率（K_L）が低く，土壌や肥料からのカリウム供給量が少ないと想定される場合は，オーチャードグラスのカリウム含有率（K_O）はラジノクローバより2倍程度高くなる（■のマーク，$K_O = K_L \times 2$の直線上に近い関係）。

しかし，ラジノクローバのカリウム含有率が1.6%をこえ，カリウム供給量が多いと想定される場合は，ラジノクローバのカリウム含有率が高まるほど，オーチャードグラスのカリウム含有率がラジノクローバと等しくなっていく（●のマーク，K_Lが高まるにつれて$K_O=K_L$の直線に近づく）。

このように，混播草地で土壌や肥料からのカリウム供給量が少ないと，ラジノクローバはオーチャードグラスとのカリウム吸収の競争に負けてしまう。しかし，カリウムが十分に供給されていれば，ラジノクローバは競争に負けることなくカリウムを吸収できる。

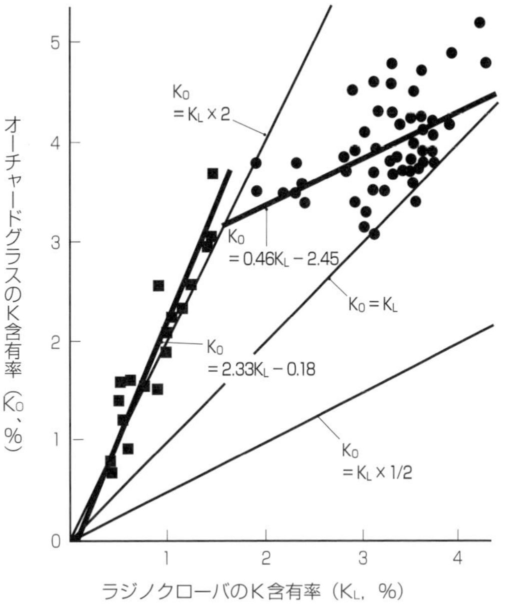

図2-Ⅳ-14
カリウム（K）供給条件がちがう混播草地のオーチャードグラスとラジノクローバのK含有率の関係（北岸，1962）
Ko：オーチャードグラスのK含有率，K_L：ラジノクローバのK含有率。$K_O = K_L \times 2$，$K_O = K_L$，$K_O = K_L \times 1/2$とその直線は，オーチャードグラスとラジノクローバのK含有率の関係を示す式とその直線。その他の式と直線は，両者の関係を示した回帰式

3 カリウム不足は混播草地を荒廃させる

イネ科牧草とマメ科牧草のカリウムの吸収能力のちがいは，草地の荒廃に密接に関係しており，図2-Ⅳ-15のように理解されている。

マメ科牧草が十分に生育する混播草地では，マメ科牧草からイネ科牧草へ窒素移譲があるため，窒素が施肥されなくてもイネ科牧草は良好に生育できる。ところが，カリウム不足になると，カリウム吸収の競争に負けてマメ科牧草がまず衰退する。その結果，イネ科牧草に供給されていたマメ科牧草からの移譲窒素量が減り，イネ科牧草は窒素不足になって生育が抑制され衰退する。残るのは荒廃した草地である。

1-1項で述べた三要素試験のカリウム欠除区で，1年目からマメ科牧草の割合が大きく低下し，経年化によってイネ科牧草も急激に衰退したのは，上記の理由による。こうした荒廃を防ぐため，草地のカリウム施肥標準量は畑作物より多く設定されている。

ただし，カリウムが重要だということに留意しすぎて，土壌診断をしないで化学肥料だけで

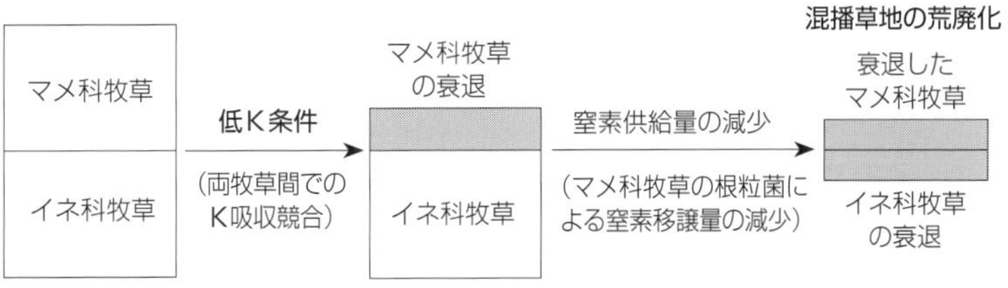

図2-Ⅳ-15 カリウム（K）供給不足による混播草地の衰退

なく堆肥なども無制限に施与して，カリウム過剰にしてはならない。とくに，家畜ふん尿に由来する自給肥料にはカリウムが多量に含まれているので注意が必要である。なお，土壌診断結果にもとづく適切な養分施与量の決定方法は後述する（第３章Ⅱ‐３項参照）。

5 採草地での施肥の考え方

1 施肥時期と生育・収量

①採草地の年間収量は１番草で決まる

採草地の基幹草種はイネ科牧草で，マメ科牧草は補助草種であり（注８），イネ科牧草が採草地の牧草収量を支えている。適切なマメ科率の混播草地であっても，収量の主体がイネ科牧草であることはかわらない。

採草地の主要な基幹イネ科牧草は，オーチャードグラスとチモシーである。これらを単播して栽培すると，年間収量にしめる１番草収量の割合は，年３回利用のオーチャードグラス 40 ～ 50%，２回利用のチモシー 70 ～ 80%である。これは，１番草の時期にイネ科牧草が旺盛に成長し（スプリングフラッシュ），乾物生産がもっとも盛んになるためである。

したがって，採草地では，基幹イネ科牧草のスプリングフラッシュを利用して１番草収量を増やすことが，年間収量を増やすことにつながる。

〈注８〉
例外としてマメ科牧草のアルファルファを基幹とする採草地がある。

②１番草収量は有穂茎数で決まる

スプリングフラッシュは牧草の出穂という生殖成長による現象である。そのため，オーチャードグラスでは１番草の乾物収量の 70 ～ 80%が有穂茎（穂ばらみ茎＋出穂茎）で，チモシーでは 90%以上にもなる（本章Ⅰ‐２項表２‐Ⅰ‐２参照）。有穂茎は穂を支えるために茎が太く丈夫に育つので，１茎重が無穂茎の６～７倍にもなるためである。したがって，１番草収量を増やし，年間収量を増やすには有穂茎数を多くすることにつきる。

③春の早い窒素施肥が有穂茎数と収量を増やす

越冬したイネ科牧草の茎（越冬茎）は，出穂のための条件（花芽の形成など）が整っており，有穂茎になるかどうかは肥料養分，とくに窒素で決まる。春早くから窒素を十分に吸収して成長が旺盛であれば，順調に有穂茎になる。

たとえば，チモシーでは幼穂形成期（注９）までの窒素吸収量が多いほど，有穂茎になる割合が高まり，有穂茎数が増える（図２‐Ⅳ‐16）。

この結果は，春の窒素施肥量と施肥時期を同じにして，肥料の種類をかえた試験からも裏づけられる。肥料効果がゆっくり発現する緩効性（かんこうせい）肥料（肥効調節型被覆尿素）を用いると，窒素の溶出が遅いため，通常の肥料（速効性肥料の硫安）より幼穂形成期までの窒素吸収量が少ない。このため，有穂茎数が少なくなって１番草収量が低

〈注９〉
厳密には，幼穂形成期というよりも越冬茎が幼穂を形成したのち，草丈を伸ばし始める時期で，チモシーの春の再生が始まってからほぼ１カ月経過した時期である。

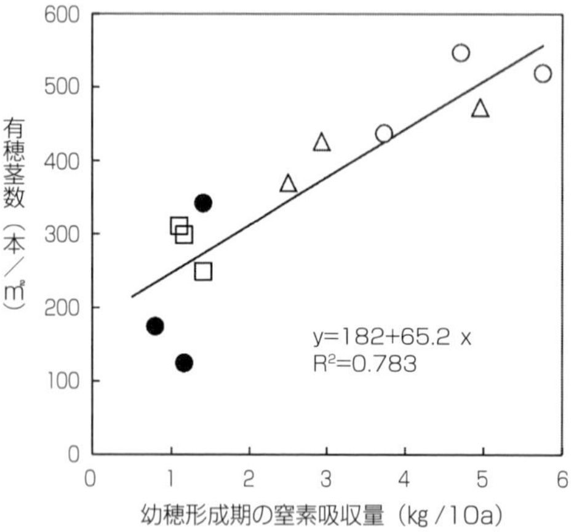

図２‐Ⅳ‐16
１番草収穫時の有穂茎数と幼穂形成期までのチモシーの窒素吸収量（松中・小関，1985）
○：早期施肥（5/12），△：中期施肥（5/23），□：晩期施肥（6/3），●：無窒素区
（ ）内は３年間の平均施肥日（月／日）
窒素，リン，カリウムの施肥量は N：P_2O_5：K_2O として８：４：12kg /10a

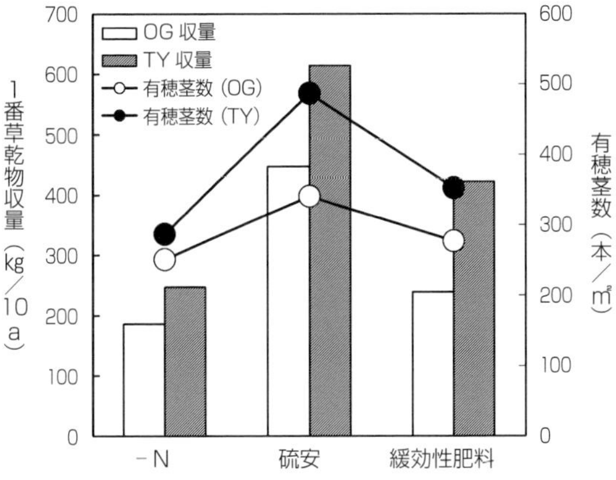

図 2-Ⅳ-17　早春に用いた窒素肥料の種類と1番草収量の関係（香川，2000）

両草種とも隣接した造成後3年目の単播草地での結果
土壌は灰色台地土
－N：無窒素，硫安：速効性肥料，緩効性肥料：被覆尿素（窒素の80%溶出期間が地温25℃で30日のタイプ）。窒素（N）施肥量＝8kg/10a，5月1日施肥。リンとカリウムは，すべての処理区に P_2O_5：K_2O＝5：8 kg/10a 施肥
OG：オーチャードグラス，TY：チモシー

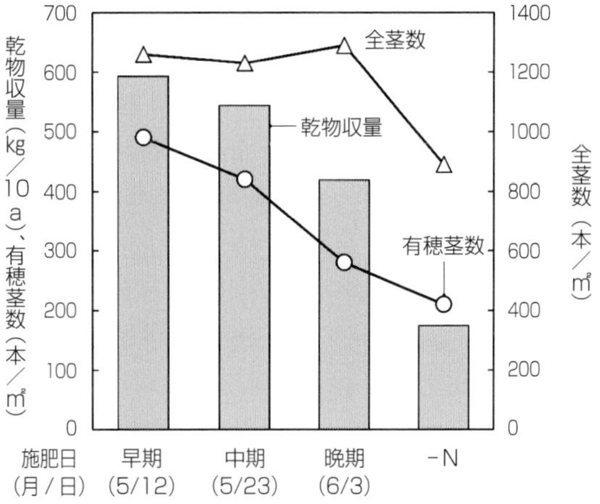

図 2-Ⅳ-18
早春の窒素施肥時期とチモシーの1番草収量，有穂茎数，全茎数（松中・小関，1985から作図）

3年間の平均値
施肥日は3年間の平均値
N施肥量：8kg/10a，－N：無窒素区

くなる（図2-Ⅳ-17）。なお，この結果にオーチャードグラスとチモシーの草種間差はない。

したがって，採草地の1番草で有穂茎数を多く確保して収量を増やすには，春の窒素施肥時期を早くし（注10），生育の早い段階での窒素吸収を保証することが重要である（図2-Ⅳ-18）。

なお，春の窒素施肥量が同じであれば，施肥時期に早晩があっても1番草刈取り時のチモシーの窒素吸収量はほぼ同じである。しかし，施肥時期が遅れて1番草生育後半（節間伸長期以降）に吸収された窒素は，牧草体内の窒素含有率（タンパク質含有率）を高めるだけで，有穂茎数や収量の増加には利用されない。

〈注10〉
春の早い施肥時期とは，越冬後の草地がある程度乾燥し，ブロードキャスタで施肥しても草地を傷めない時期をいう。牧草の養分吸収が回復して葉色に輝きを増す，秋播コムギの起生期に相当する時期でもある。この時期よりも早い，いわば早すぎる施肥は，草地を傷めるだけでなく，肥効も悪いので推奨できない。

④前年秋の窒素施肥の増収効果

●増収効果は草種でちがう

1番草への施肥は，前年秋の最終刈取り後にもおこなえる。オーチャードグラス草地では，1番草に施肥する窒素を前年秋と早春に分施（ぶんし）（注11）すると，前年秋の窒素施肥量が4kg/10aまでなら多いほど有穂茎数が増えて1番草収量も増える（図2-Ⅳ-19）。しかし，秋に全量施肥すると，早春に全量施肥するより低収になる。

これに対してチモシー草地では，前年秋と早春に窒素を分施しても有穂茎数は増えず，収量は春の窒素施肥量が多いほど増収する。

このように，前年秋と早春の窒素分施による1番草の増収効果は，イネ科の基幹草種であるオーチャードグラスとチモシーで全く逆である。これは，1番草を構成する分げつの発生時期が両草種でちがうことが大きく影響している（本章Ⅰ-4項参照）。

〈注11〉
必要な施肥量を何回かに分けて与えるやり方をいう。

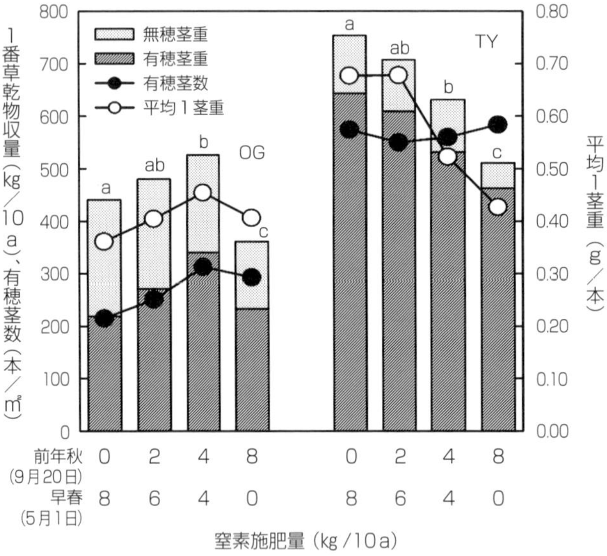

図2-Ⅳ-19
前年秋と早春の窒素分施と草種による1番草収量のちがい
（瀬川，2001から作図）
隣接した造成後3年目の単播草地での結果。土壌は灰色台地土
供試肥料：硫安。リンとカリウムは春に過石と硫加を用い，P_2O_5：K_2O＝5：8 kg／10a 施肥
1番草収穫（1999年の月／日）：OG=6/11，TY＝6/20
図中の英小文字は，同じ草種の処理間で乾物収量（有穂茎重＋無穂茎重）について有意差（$p<0.05$）があることを示す
OG：オーチャードグラス草地，TY：チモシー草地，無穂茎：有穂茎以外のすべての茎，平均1茎重：乾物収量を刈取り時の全茎数で除した値

●オーチャードグラスには効果的

オーチャードグラスは，春から秋に向かって茎数が減少し，回復するのは秋の新分げつ発生の時期である。そして，翌年の各番草を構成する分げつのほとんどがこの時期に発生する（本章Ⅰ-4項参照）。

秋に施肥される窒素は，新分げつの発生を旺盛にして，オーチャードグラスの茎数密度を維持し，同時に1番草の有穂茎数を増やす効果がある。これに春の窒素施肥が加わると，1茎重がさらに増えて増収する。ただし，秋の窒素施肥によって，どのように有穂茎数が増加するかについては，現時点で十分には解明されていない（注12）。

なお，堆肥などが十分に施与されていて土壌からの窒素供給量が十分ある場合は，それが秋の窒素施肥効果になって，秋に窒素が施肥されなくても有穂茎数が確保される。そのため，窒素の秋春分施による増収効果が認められなくなる。

●チモシーには効果はない

チモシーは，1番草刈取り後に分げつの新旧世代交代をおこなうので，1番草刈取り後に発生した新分げつが，2番草と翌春の1番草の分げつを構成する（本章Ⅰ-4項参照）。したがって，2番草刈取り後の秋にはすでに茎数がほぼ確定しており，それが越冬して翌春に有穂茎になるので，1番草の有穂茎数への秋の窒素施肥の影響は小さい。

むしろ，早春の窒素施肥量を多くして，幼穂形成期までの窒素吸収量を増やして有穂茎数を多くするとともに，1茎重を増やすほうが効果的に増収できる。このように，チモシーの1番草には窒素を秋春分施せず，春に全量施肥するほうが多収になる。

⑤刈取り後の窒素施肥適期は草種（分げつのタイプ）でちがう

オーチャードグラスは，1番草刈取り後も数回採草利用される。再生する茎の大部分は刈取り前の番草からあり，刈取りによって茎頂（成長点）が取り去られずに残った茎（既存分げつ）である。この既存分げつは茎頂が残っているため，刈取り後，ただちに再生を開始する（本章Ⅰ-4項図2-Ⅰ-7参照）。このように，再生する分げつの大部分が既存分げつの場合，刈取り後なるべく早く窒素を施肥すると，再生を促進し1茎重を高めて収量が増える。

チモシーは，越冬したほとんどの分げつが1番草の刈取りによって茎頂を失って枯死する。枯死した分げつにかわって，1番草刈取り後に新たに発生する分げつ（新分げつ）が2番草を構成する。新分げつは刈株の茎基

〈注12〉
オーチャードグラスの1番草の有穂茎数が秋の窒素施肥で増えるのは，①前年3番草を構成した既存分げつ（本章Ⅰ-4項図2-Ⅰ-6の既存分げつA）のなかから，節間伸長して有穂茎となる割合が増える，②秋発生した新分げつのなかから有穂茎になる割合が増える（同図の新分げつB），ことが考えられる。しかし，①と②のどちらが大きく影響しているかは，まだ十分に解明されていない。
なお，オーチャードグラス基幹草地への秋の窒素施肥は，刈取り危険帯の前に最終刈取りをすませ，その後ただちにおこなう。刈取り危険帯中の窒素施肥は越冬態勢に悪影響があり，その後平均気温が5℃以下になった晩秋の窒素施肥は有穂茎を増やす効果がない。，

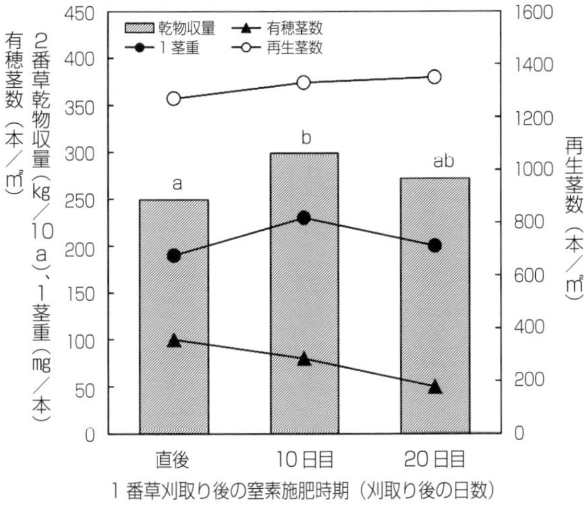

図2-Ⅳ-20
チモシー1番草刈取り後の窒素施肥時期と2番草収量
（松中・小関，1987から作図）
1番草への窒素施肥は推奨されている春早い時期。刈取り後の施肥量は N：P_2O_5：K_2O ＝ 6：4：8 kg /10a
図中の英小文字は処理間に2番草収量の有意差（$p<0.05$）があることを示す

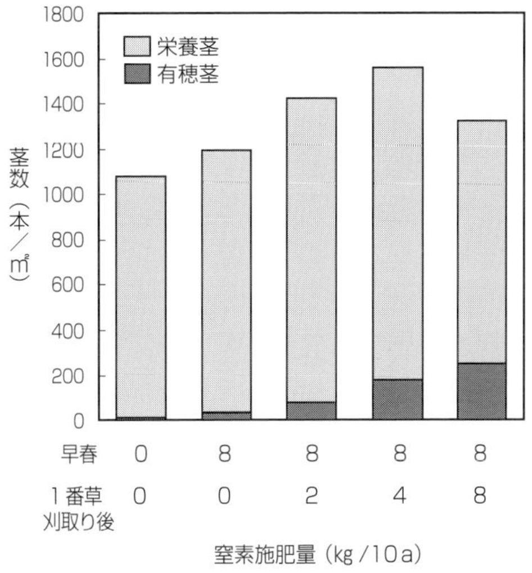

図2-Ⅳ-21
チモシー1番草刈取り後の窒素施肥量と2番草の全茎数（松中，1987を一部改変）
リンとカリウムの施肥量は共通で，P_2O_5：K_2O として早春は6：15kg /10a，1番草刈取り後は4：10kg /10a

部から発生してくるため，既存分げつのように刈取り後ただちに再成長しないで（本章Ⅰ-4項図2-Ⅰ-8参照），発生までに7～10日間程度の時間が必要であり，養分吸収もそのころから旺盛になる。

チモシーのように，刈取り後の再成長を新分げつを中心にしておこなう草種では，刈取り10日後くらいに窒素を施肥するほうが多収になる（図2-Ⅳ-20）。なお，多収になるのは，施肥によって1茎重が増えるためで，再生茎数や有穂茎数には影響しない。

⑥チモシーに1番草刈取り後の窒素施肥は不可欠

すでに述べたように，チモシーは1番草刈取り後に新旧分げつの完全な世代交代をする。したがって，1番草刈取り後に発生する分げつが，2番草と翌春1番草を構成する分げつになる。つまり，チモシーの茎数密度を維持するには，1番草刈取り後の新分げつを十分に発生させる必要がある。

そのためには1番草刈取り後の窒素施肥が不可欠で，窒素施肥をしないと2番草の全茎数は明らかに少なくなる（図2-Ⅳ-21）。このときの窒素の無施肥をくり返すと，経年的に加速して茎数（分げつ密度）が減り，チモシーが衰退して雑草の侵入を許すことになる。

1番草刈取り後の窒素施肥量は多くても4kg /10a程度までで，8kg /10aも与えると，2番草で多収になっても過繁茂になって，かえって茎数が減少してしまう。

2 最適施肥量と施肥効率

草地でも一般作物と同じように，窒素以外の肥料成分の最適施肥量は，土壌診断をおこなって土壌からの養分供給量を把握し，その結果から目標

表２-Ⅳ-３
窒素（N）施肥量と各番草の乾物収量
（川田，1999）

N施肥量 (g N/m²)	番草	番草別乾物収量 (g/m²)	
		OG	TY
0	1	262	517
	2	155	124
	3	38	−
4	1	420	851
	2	324	263
	3	190	−
8	1	520	1043
	2	431	361
	3	231	−
12	1	566	1266
	2	437	387
	3	260	−

注）g/㎡はkg/10aと同じである
OG：オーチャードグラス，TY：チモシー
供試草地は，各草種の各番草ごとに用意した。これは，試験する番草に対して前の番草の施肥処理の影響をなくすためである。試験に供試する番草以外の番草の窒素施肥量は，草種と番草にかかわらず6g N/㎡である

とする収量を得るために必要な量として決定される（第３章Ⅱ-３項参照）。しかし，窒素施肥適量は，すでに述べたように土壌診断結果ではなく，マメ科牧草の割合（マメ科率）によって決定される。

ただし，これらは年間の施肥量で示され，それを各番草にどのように配分するかは必ずしも明確でない。以下この点について，とくに基幹草種であるイネ科牧草にもっとも重要な窒素を中心に述べる。

①施肥効率という考え方

●施肥効率とは

採草地の各番草に窒素を同量施肥し乾物収量を比較すると，施肥量にかかわらず，オーチャードグラス，チモシーともつねに１番草＞２番草＞３番草の順になる（表２-Ⅳ-３）。これは，窒素施肥による増収効果は施肥量が同じであっても，番草によってちがうことを意味している。

窒素施肥による増収効果とは，乾物収量が窒素を与えないとき（無窒素での収量）よりどれだけ増えたかということで，式（１）で示される。

増収効果＝窒素施肥での収量－無窒素での収量‥‥（１）

この増収効果を窒素施肥量で割ると，単位窒素施肥量当たりの増収効果になる。これを窒素施肥効率（N_e）といい，式（２）で計算できる。

窒素施肥効率＝増収効果÷窒素施肥量‥‥（２）

したがって，増収効果は式（３）のようにあらわすことができる。

増収効果＝窒素施肥効率×窒素施肥量‥‥（３）

●施肥効率を左右する２つの要因

窒素施肥による増収効果は，施肥した窒素が牧草に吸収されることが前提であり，そのうえで吸収された窒素が乾物生産にどれほど効果があったのかという２つの要因に分けて考えることができる。前者は施肥窒素の吸収利用率（N_{ab}），後者は吸収窒素の乾物生産効率（N_{dm}）という。しかし，式（３）からだけでは，増収効果に対してどちらの要因のほうが大きな影響を与えているのか判断できない。

N_{ab}とN_{dm}は，図２-Ⅳ-22の式（b）と（c）であらわすことができるので，窒素施肥効率（N_e）は次式のように導くことができる。

$$N_e = N_{ab} \times N_{dm}$$

この式から，窒素施肥効率（N_e）の大小は，施肥窒素が効率よく吸収されたため（N_{ab}の大小）なのか，吸収された窒素が乾物生産に効果があったため（N_{dm}の大小）なのかに分けて理解することができる。

②番草によって施肥効率がちがう

窒素施肥効率を各番草間で比較すると，オーチャードグラスでは，１番草と２番草でほぼ等しく，３番草で大きく低下する（図２-Ⅳ-23）。つまり，窒素施肥による増収効果は，１番草と２番草は同程度期待できるが，３番

草では1・2番草より明らかに劣ることがわかる。

チモシーの窒素施肥効率は，1番草が2番草の2倍以上になり，窒素施肥の増収効果は1番草のほうが2番草より2倍以上に大きい。チモシーへの春の窒素施肥は，越冬してきた茎を有穂茎にして1茎重を増やす効果があり，これが1番草の窒素施肥効率を大きく高める要因である。したがって，チモシーは1番草に窒素を重点的に施肥するほうが，2番草に施肥するよりはるかに大きな増収効果が期待できる。

③施肥効率を左右する要因は草種でちがう

窒素施肥効率に番草間で差がでる要因は草種によってちがう。

図2-Ⅳ-23をみると，オーチャードグラスの3番草は，1・2番草より吸収された窒素の乾物生産効率（N_{dm}）の低下が大きく，これが窒素施肥効率（N_e）を低下させた要因である。オーチャードグラスの3番草では，施肥された窒素の吸収利用率が悪くなかったにもかかわらず，吸収された窒素が効率よく乾物生産に利用されなかったことになる。

これに対して，チモシーの2番草の窒素施肥効率（N_e）が1番草より低いのは，明らかに窒素の吸収利用率（N_{ab}）の低さによる。

このように，番草間だけでなく草種間でも施肥効率がち

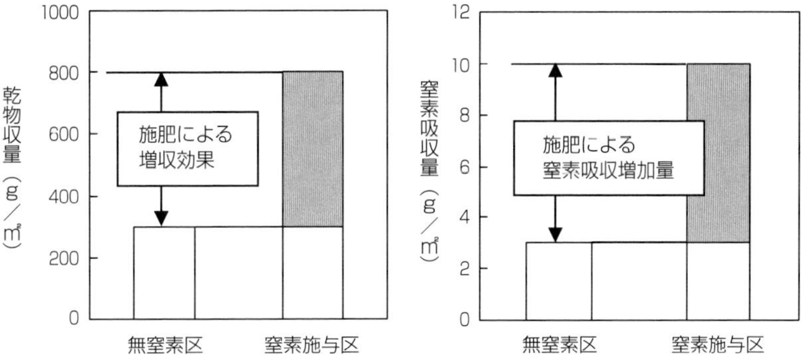

$$\text{窒素施肥効率}(N_e) = \frac{\text{施肥による増収効果}}{\text{窒素施肥量}} \cdots \text{(a)}$$

$$\text{施肥窒素の吸収利用率}(N_{ab}) = \frac{\text{施肥による窒素吸収増加量}}{\text{窒素施肥量}} \cdots \text{(b)}$$

$$\text{吸収窒素の乾物生産効率}(N_{dm}) = \frac{\text{施肥による増収効果}}{\text{施肥による窒素吸収増加量}} \cdots \text{(c)}$$

$$\text{窒素施肥効率}(N_e) = \frac{\text{施肥による増収効果}}{\text{窒素施肥量}}$$

これは上記の式（a）である。これに「施肥による窒素吸収増加量」を加えて考えると次の式に変形できる

$$= \frac{\text{施肥による窒素吸収増加量}}{\text{窒素施肥量}} \times \frac{\text{施肥による増収効果}}{\text{施肥による窒素吸収増加量}}$$

$$= \text{(b)} \times \text{(c)}$$

$$= N_{ab} \times N_{dm}$$

図2-Ⅳ-22　窒素施肥効率（N_e），施肥窒素の吸収利用率（N_{ab}），吸収窒素の乾物生産効率（N_{dm}）の相互関係

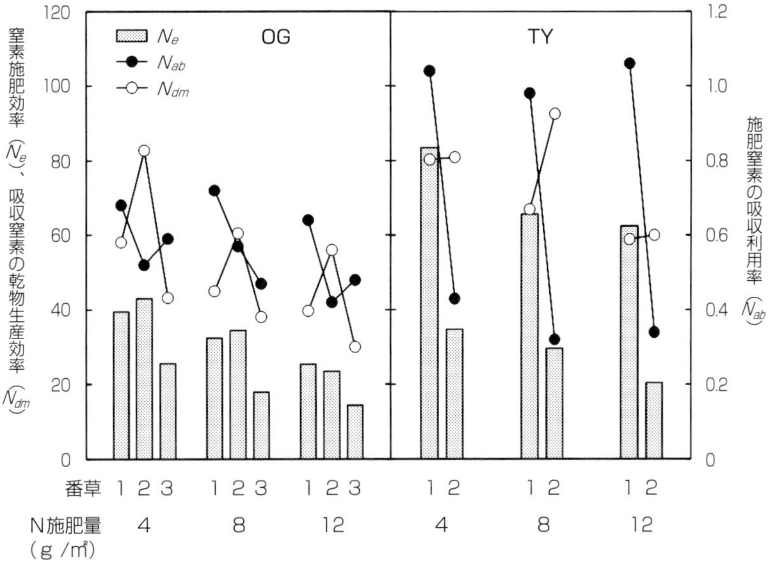

図2-Ⅳ-23
窒素（N）施肥と窒素施肥効率（N_e），施肥窒素の吸収利用率（N_{ab}），吸収窒素の乾物生産効率（N_{dm}）の番草間差異（川田，1999）
N_e：乾物重 g/ 施肥 Ng，N_{ab}：吸収 N 量 g/ 施肥 Ng，N_{dm}：乾物重 g/ 吸収 N 量 g
単位の g/㎡はkg /10a と同じ。供試草地は表2-Ⅳ-3と同じ
OG：オーチャードグラス，TY：チモシー

がうのであるから，同じ施肥量を各番草に均等に与えるのではなく，草種の特徴に合わせて各番草に配分しなければ効率的な施肥とはいえない。

3 オーチャードグラス基幹草地の施肥

①施肥効率からみた年間の最適施肥配分

１番草の窒素施肥効率をN_{e1}，同様に２番草，３番草をN_{e2}, N_{e3}とすると，オーチャードグラス草地では，$N_{e1} \fallingdotseq N_{e2} > N_{e3}$の関係が成立する（図２-Ⅳ-23参照）。このため，現在の推奨施肥配分である１番草：２番草：３番草＝１：１：１は適切でない。

N_{e1}とN_{e2}はほぼ等しいので，１番草と２番草は１：１と等量で窒素を施肥するのは，窒素施肥による増収効果がほぼ等しく期待できるので妥当である。しかし，N_{e3}はN_{e1}やN_{e2}より小さいので，３番草に１番草や２番草と同量の窒素を施肥しても，それにふさわしい増収効果は期待できない。現在の推奨施肥配分を改め，３番草への配分を少なくして，その分１・２番草に多く施肥するほうが年間収量は多収となるはずである。

②効率的な施肥回数と施肥配分

オーチャードグラスは３番草刈取り後の秋に窒素が施肥されると，翌春１番草の有穂茎数が増加して多収になる。そのため，現在の推奨施肥配分でも３番草への施肥を，２番草刈取り後に施肥する分と３番草刈取り後に施肥する秋施肥に分け，それぞれ0.7：0.3に分けることになっている。

秋施肥分の0.3は翌年の１番草への施肥になるので，１番草への施肥配分を多くすることと同じである。しかも，３番草への施肥配分が少なくなるので，均等配分より効率よく多収を実現できる。したがって，年間の施肥回数を４回として，以下のように配分するのがもっとも効率的といえる。

早春：１番草刈取り後：２番草刈取り後：３番草刈取り後（秋施肥分）
＝1：1：0.7：0.3

ただし，２番草刈取り後と３番草刈取り後の秋に0.7：0.3に分割する理論的根拠は現時点では明らかでない。いわば経験的な配分比である。

③オーチャードグラス基幹混播草地の課題

なお，オーチャードグラス単播草地の秋施肥窒素量は，土壌の窒素肥沃度が特別に良好な場合を除き，４kg /10a程度までなら翌春の１番草の増収効果がある。もちろんそれだけでなく，翌年の茎数（分げつ密度）を維持するという重要な効果もある。しかし，オーチャードグラスを基幹とする混播草地への効果的な秋施肥窒素量は，現時点では明らかになっていない。マメ科率ごとに明らかにする必要がある。

オーチャードグラス基幹採草地の維持管理は刈取り回数が通常３回，施肥は年間，早春と各番草刈取り後の合計４回も実施する必要がある。そのため，オーチャードグラス基幹採草地の適切な維持管理には，かなりの労力を必要になる。

4 チモシー基幹草地の施肥

①重点は1番草収量をねらった早春の施肥

チモシー草地では，1番草と2番草の窒素施肥効率の関係が，$N_{e1} \gg N_{e2}$である（図2-Ⅳ-23）。そのため，現在の推奨施肥配分である1番草：2番草＝2：1は，1番草に重点的に施肥することで大きな増収効果を期待しており，適切な配分である。しかし，この配分比が2：1である理論的根拠はなく，経験的配分比である。

チモシーは，N_{e1}がN_{e2}よりはるかに大きいのであるから，1番草に多く施肥するのが効率的である。窒素施肥量を，早春：1番草刈取り後＝2：1の配分にこだわることなく，まず1番草収量をもっとも多収にするのに必要な窒素を早春に施肥し，残りを1番草刈取り後に与えるという配分がもっとも効率的である。

②1番草刈取り後の施肥も欠かせない

上述のように，1番草刈取り後の窒素施肥による増収効果は小さいので，この時期の窒素施肥量はわずかでよい。しかし，この時期の窒素施肥を省略してはならない。1番草刈取り後の窒素施肥は，新分げつ発生を旺盛にして分げつの新旧世代交代を確実にし，2番草と翌年1番草の茎数を維持するために欠かせない，きわめて重要な施肥だからである。

もちろん，2番草刈取り後の秋施肥は不要である。この1番草への重点的な窒素施肥配分は，チモシーを基幹とする混播草地にも適用できる。

〈注13〉
植物の乾物生産を光合成の場としての葉の面積と，その葉の光合成能力とに分けて解析する方法。

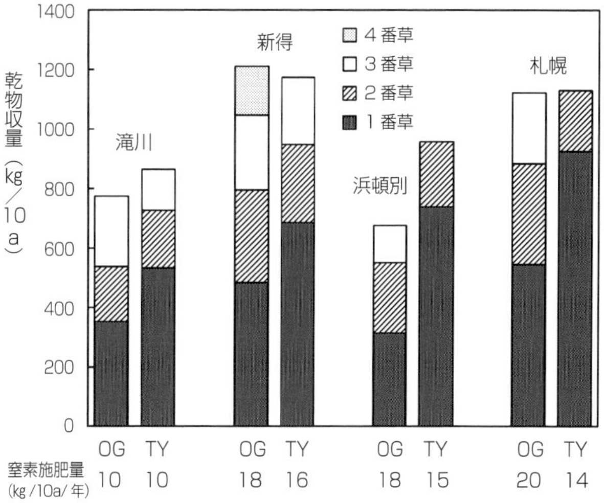

図2-Ⅳ-24
気象と土壌条件が同じオーチャードグラス（OG）草地とチモシー（TY）草地の乾物収量
滝川：マメ科牧草との混播草地。リン（P_2O_5）：カリウム（K_2O）の年間施肥量はOG，TYとも9：19kg/10a（「採草型作況平年値」北農，77，86～87，2010）
新得：単播草地。P_2O_5：K_2Oの年間施肥量はOG，TYとも8：22kg/10a（上と同じデータ）
浜頓別：マメ科率が低い混播草地。P_2O_5：K_2Oの年間施肥量は，OG10：18kg/10a，TY10：15kg/10a（1989～1991の平均値）
札幌：単播草地。P_2O_5：K_2O：マグネシウム（MgO）の年間施肥量は，OG15:24:3kg/10a，TY10:16:2kg/10a（川田，1999）

5 草種・品種による乾物生産のちがい

①オーチャードグラスとチモシーの乾物生産力のちがい ―個体群成長速度で解析

オーチャードグラスとチモシーは，わが国の採草地の代表的基幹草種である。オーチャードグラス草地とチモシー草地の乾物収量を比較すると，オーチャードグラス草地への年間窒素施肥量がチモシー草地と同じかそれ以上であっても，年間収量はチモシー草地と同じかそれ以下である（図2-Ⅳ-24）。この理由が成長解析（注13）によって検討されている。

牧草にかぎらず，植物の乾物生産は葉の光合成（炭酸同化作用）によっておこなわれる。草地は牧草個体が集まった群落なので，単位土地面積当たりの乾物生産は，光合成がおこなわれる場である葉の量と，葉の乾物生産能力の2つによって左右される。

〈注 14〉
Leaf Area Index から LAI と略される。単位のつかない無名数である。単位土地面積にある全ての葉の面積（㎡）の合計を，その土地面積（㎡）で割った値であるので㎡/㎡と理解しておけばよい。

〈注 15〉
Net Assimilation Rate から NAR と略される。単位は g/㎡/日。ここでの面積単位㎡は葉面積である。なお，NAR＝光合成速度－呼吸速度である。

〈注 16〉
Crop Growth Rate から CGR と略される。単位は g/㎡/日。ここの面積単位㎡は土地面積である。

葉の量は，一定の土地面積，たとえば1㎡の草地に育っている全ての牧草の葉の合計面積の割合で示し，これを葉面積指数（LAI）(注 14) という。葉の乾物生産力は，一定の葉面積で1日にどの程度の乾物が増えるのかという乾物増加速度で，純同化率（NAR）(注 15) という。したがって，土地面積1㎡当たり1日にどれくらい乾物重が増えるのかという個体群成長速度（CGR）(注 16) は，LAI と NAR の積で，次式のようにあらわす。

個体群成長速度（CGR）＝ LAI × NAR

②チモシーの高い収量の要因Ⅰ—1番草の生育期間が長い

同一条件の圃場で，オーチャードグラスとチモシーの単播草地の成長解析をおこなったのが図2-Ⅳ-25である。両草種とも1番草は6月の旺盛な CGR に支えられて乾物重が急速に増えている。この旺盛な CGR は，大きな LAI によって決定づけられている。

ところが，オーチャードグラスの1番草の出穂はチモシーより早く，刈取り適期も10日ほど早い。オーチャードグラスの1番草が刈取られた時期（図2-Ⅳ-25のⅤの時期）の LAI は，同じ時期に1番草としてもっとも旺盛に生育しているチモシーの LAI の1/7程度しかない。しかも，この時期の両草種の NAR はほとんど同じなので，チモシーの CGR はオーチャードグラスより約7倍大きい。

そのため，チモシーの1番草はこの10日間だけで，オーチャードグラスの3番草の収量にほぼ匹敵する乾物生産をおこなってしまう。

チモシーはオーチャードグラスより長い1番草生育期間をもつことによって，オーチャードグラスの1番草収量をはるかに上回るのである。

もちろん，上記の草種間差は以下で述べるように両草種の有穂茎割合のちがいが影響している。

チモシーは，1番草で茎数のほとんどが節間伸

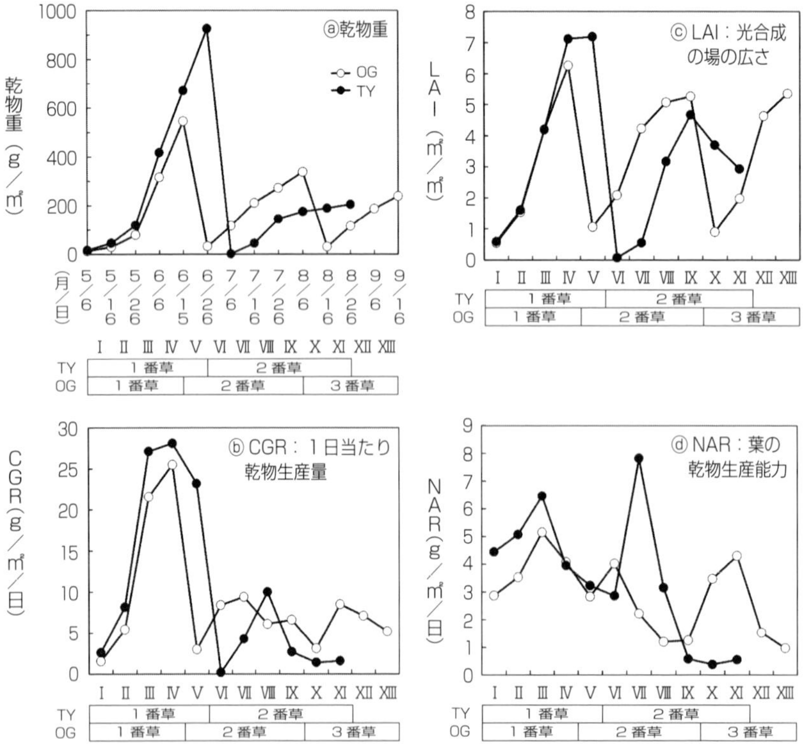

図2-Ⅳ-25
オーチャードグラス（OG），チモシー（TY）の生育と乾物重，個体群成長速度（CGR），葉面積指数（LAI），純同化率（NAR）の推移（川田，1999から作図）
オーチャードグラスは早春，1番草刈取り後，2番草刈取り後に，窒素を 8-6-6g/㎡（年間合計 20g/㎡），チモシーは早春と1番草刈取り後に，窒素を8-6g/㎡（年間合計 14g/㎡）施肥。リン（P_2O_5）：カリウム（K_2O）：マグネシウム（MgO）は共通で番草ごとに5：8：1g/㎡施肥
供試圃場は淡色黒ボク土で隣接。調査日はⓐの横軸に示し，ローマ数字はその期間

長して有穂茎になる。これに対してオーチャードグラスは，１番草で有穂茎になるのは全茎数の50%程度でしかない。この有穂茎割合のちがいがCGRのちがいに反映している。

③チモシーの高い収量の要因Ⅱ
―オーチャードグラス１番草の減収分は３番草で取りもどせない

オーチャードグラスは１番草の期間が短い分，チモシーにはない３番草を収穫できる。しかし，３番草の生育期である９月上中旬の日射量と日照時間は，１番草の生育期である５～６月の70～80%程度に低下し，光合成に不利である。それだけでなく，３番草では草高が低くなるため，LAI拡大期（図２-Ⅳ-25のⅫ～XIIIの時期）には葉の相互遮蔽（しゃへい）（注17）が強くなってNARが低下し，CGRが高まらない。そのため，オーチャードグラスの３番草のCGRは，１番草の１／３程度にすぎない。

こうした要因の影響で，オーチャードグラスの３番草の窒素施肥効率は１・２番草より低く，この時期に窒素を多く施肥しても増収効果は小さい。オーチャードグラスが３番草として９月まで生育期間を延長しても，１番草生育期間がチモシーより短いことによる１番草収量の減少分を，３番草で取りもどすことができない。

つまり，オーチャードグラス草地がチモシー草地より年間の牧草収量を多くすることができない（図２-Ⅳ-24）のは，１番草生育期間がチモシーより短いため，年間収量の中心である１番草収量がチモシーより決定的に少ないためでる。

④品種間の比較

１番草の生育期間が長いほど年間収量が多収になるのであれば，同じ草種でも出穂期の遅い品種（晩生種）のほうが，年間収量が多収となると考えられる。事実，この現象はチモシーの品種間で認められており，その傾向は窒素施肥量が多いほどより明確になる。

これまでのチモシーの晩生種‘ホクシュウ’は倒伏しやすい欠点があった。これを改良した新しい晩生種‘なつさかり’は多収をねらえる有望品種である。

⑤酪農場での草種・品種選択の考え方

オーチャードグラスを基幹とする採草地で高品質で多収を期待するには，３回の適期刈取り作業と４回の施肥が求められる。しかし，チモシー基幹の採草地ではいずれも２回でよい。しかも，窒素施肥量が同じであれば，年間収量はオーチャードグラス草地と同程度かそれ以上であり，どちらが採草地に有利であるかはいうまでもない。

しかし，オーチャードグラスが採草地で重要な草種であることにかわりはない。それは草地の収穫適期を延ばすためである。酪農場にある多くの採草地で適期に牧草を刈取るには，草種や品種の早晩性を利用して収穫適期を延長する必要がある。多収をめざして全ての採草地をチモシー晩生種にすることは，収穫適期が集中してよくない。

採草地の基幹イネ科牧草の草種や品種の選択は，採草地全体の刈取り計画から決定すべきことである。

〈注17〉
葉が重なりあって日陰をつくり，光合成に不利に働く現象。

6 放牧草地での施肥の考え方

1 季節生産性平準化のための1回の施肥量と回数

①季節生産性平準化と省力を両立したい

放牧草地では，施肥管理でも牧草の季節生産性の平準化を重視する。そのためには，1回当たりの施肥量をできるだけ少なくし，施肥回数を増やすのがよい。しかし，施肥回数が多くなることは，放牧管理の大きな魅力である省力に反する。したがって，施肥回数を減らすには，季節生産性平準化を前提に，1回にどの程度まで施肥できるか，とりわけ，牧草の生育に大きな影響を与える窒素の施肥量を明らかにすることが重要である。

しかも，窒素施肥は，第3章Ⅱ項で指摘するように放牧草の品質，とくに乳牛の硝酸中毒の原因になる硝酸態窒素（NO_3-N）含量に大きく影響するため，施肥量には十分な配慮が必要である。硝酸態窒素含量が乾物当たり0.2%をこえると，乳牛が硝酸中毒を発症する危険性が高くなる。

②1回3kg/10aで年1～3回施肥が目安

図2-Ⅳ-26に示したように，ペレニアルライグラス主体の放牧草地で，放牧草中の硝酸態窒素含量を乾物当たり0.2%以下におさえるには，1回当たりの窒素施肥量を3kg/10aとし，施肥後20日以上経過してから放牧するとよい。また，より長い草丈で放牧するチモシー草地では，1回当たりの窒素施肥量3kg/10a以内，施肥後2週間程度の経過後の放牧がすすめられている。したがって，放牧草地の1回当たりの窒素施肥量の上限は3kg/10a程度である。

さらに，ペレニアルライグラスとシロクローバ混播放牧草地で，年間3kg/10aの窒素をスプリングフラッシュ終了後の6月中下旬に全量施肥すると，シロクローバの維持と季節生産性の平準化を両立できることも確認されている。したがって，年間窒素施肥量3kg/10a以内であれば，年1回施肥で十分である。

第3章Ⅱ-2項表3-Ⅱ-7で後述するように，養分循環にもとづいて求められた北海道の放牧草地への年間窒素施肥量は，マメ科牧草の多い草地（マメ科率が15～50%）で4±2kg/10a，少ない草地（マメ科率が15%未満）で8±2kg/10aである。1回当たり3kg/10a以内の窒素施肥量でこれらを満足させるとすれば，施肥回数の範囲は1～3回である。

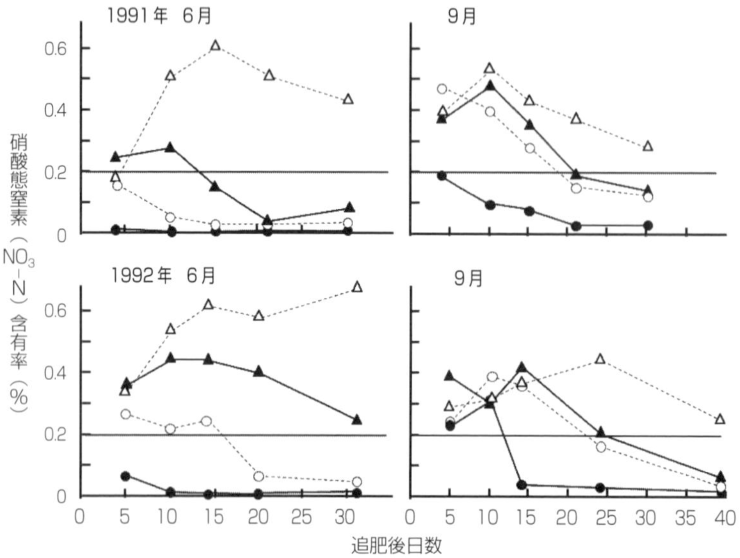

図2-Ⅳ-26
ペレニアルライグラスの硝酸態窒素濃度（NO_3-N）の推移（西田ら，1993）
1回当たり窒素施肥量は，
●：無窒素，○：3kg/10a，▲：6kg/10a，△：12kg/10a

2 季節生産性平準化のための施肥時期

①年1回施肥の場合

放牧草地への施肥時期，とくに窒素の施肥時期は，牧草の季節生産性に大きな影響を与える。1-②項で述べたように，年間1回施肥の場合，スプリングフラッシュ終了後の6月中下旬の施肥が季節生産性平準化によい。

②年2～3回施肥の場合

北海道の放牧草地で年間2回施肥，3回施肥の場合，候補となる施肥時期には，春の早期放牧開始を確保する5月上旬などの早春施肥，スプリングフラッシュを回避する6月中下旬施肥，秋の草量確保と越冬対策としての8月下旬施肥などがある。

これらの時期を目安に，チモシーとシロクローバ混播放牧草地でおこなわれた試験を図2-Ⅳ-27に示した。これによると，年間窒素施肥量8kg/10aならA区の5月上旬，6月下旬，8月下旬の3回分施がもっとも望ましい。これらの時期に窒素を分施することで，1回当たりの窒素施肥量が3kg/10a以内になり，同時に番草間の収量変動がもっとも小さくなって季節生産性が平準化し，良好な年間収量を確保できる。

これを2回施肥にすると，5月上旬，7月下旬施肥（C区）では早春の窒素施肥量が3回施肥よりも多いため，スプリングフラッシュの抑制が不十分になり，収量変動が大きくなる。また，6月下旬，8月下旬施肥（D区）では早春が無施肥になり，年間の牧草生産量が抑制される。これらのデメリットは，年間施肥量が少なく，1回当たりの窒素施肥量が少なくなるほど小さくなる。

2回施肥の場合，輪換放牧であれば，放牧開始時期の早い牧区に前者（C区）施肥管理をおこなって早春の牧草成長をうながし，放牧開始時期の遅い牧区には後者（D区）の施肥管理をおこなって放牧開始までの草の伸びすぎを防ぐことで，放牧草地全体の季節生産性の制御が期待できる。

③ 10月下旬施肥の考え方

なお，B区の10月下旬施肥は，次年度の早春（5月）施肥の代替であり，施肥効率にちがいがなければ，C区と同様の牧草生育になるはずである。しかし，越冬後の融雪で養分が損失するため，早春の牧草生育はB区のほうが抑制される。これは，秋の窒素施肥を必ずしも必要としないチモシーの生育特性によるためで，チモシー主体の放牧草地に秋の窒素施肥をすすめることはできない。しかし，オーチャードグラスは翌年の分げつ確保に秋の窒素が必要なため，オーチャードグラス主体の放牧草地では秋の窒素施肥の効果も考えられる。

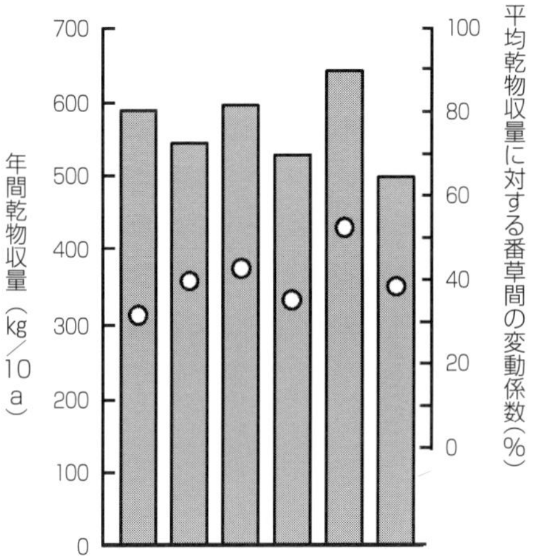

処理区	A	B	C	D	E	F
施肥時期（月旬）	5上	－	5上	－	5上	－
	6下	7下	7下	6下	－	7下
	8下	10下	－	8下	－	－
	3回均等分施	2回均等分施			1回施肥	

図2-Ⅳ-27
チモシー，シロクローバ混播の多回刈り草地の施肥時期，施肥回数が各番草の乾物収量とその変動におよぼす影響（酒井ら，2004から作図）
▒：年間乾物収量，○：乾物収量の番草間の変動係数
3回施肥区が草丈30cmに到達した時点で刈り高10cmで収穫，1998年は7回，1999～2001年は8回刈り
年間施肥量は窒素，リン，カリウムを$N:P_2O_5:K_2O$として8：8：12kg/10a
変動係数は，各番草の乾物収量のばらつきが平均値の何%に相当するかを示している

3 年間の窒素施肥適量は草種，地域にかかわらず同じ

放牧草地の利用管理は，基幹になるイネ科牧草の種類で大きくちがう。そこで，その施肥量について，北海道の各地の

基幹イネ科草種ごとに検討された。ところが，基幹イネ科牧草によって生育特性や利用管理が大きくちがうにもかかわらず，年間の施肥適量には差がなかった。

放牧草地への年間の窒素施肥量は，輪換放牧でシロクローバ混生割合の維持に配慮する場合，北海道北部のペレニアルライグラス基幹放牧草地では 3 kg /10a，東部のチモシー基幹放牧草地とメドゥフェスク基幹放牧草地ではどちらも 4 kg /10a が適量であった。また，北海道中央部のケンタッキーブルーグラス・シロクローバ混播草地の連続放牧では，7.2kg /10a では放牧草に硝酸態窒素が蓄積するため適切とはいえず，1/3 の 2.4 kg /10a に減肥することで改善された。

したがって，シロクローバとの混播放牧草地の年間窒素施肥量は，北海道内の地域や基幹草種にかかわらず，3 ～ 4 kg /10a が適量である。

このように，地域や土壌条件や基幹草種がちがっても，放牧草地の施肥適量に大差がないのは，次の 4 項で述べる放牧草地の養分循環が強く影響している。

4 放牧草地の養分循環を考慮した施肥量の決め方

①放牧草地での養分の循環量を維持する

放牧草地では，牛が牧草を食べ，ふん尿が放牧草地に排泄され，土－草－牛のあいだで養分循環がおこなわれる（図 2 - Ⅳ - 28）。しかし，この過程で，一部の養分は生乳などの生産物として循環系の外に持ち出される。排泄されたふん尿の養分も，全部が牧草に再利用されるのではなく，損失や土壌への蓄積などすぐに利用されない養分を除いた部分が利用される。

こうして，牛を放牧するたびに，草地から肥料として有効な養分（肥料換算養分）が減っていく。放牧草地の生産性を持続するには，この減少分と同じ量の

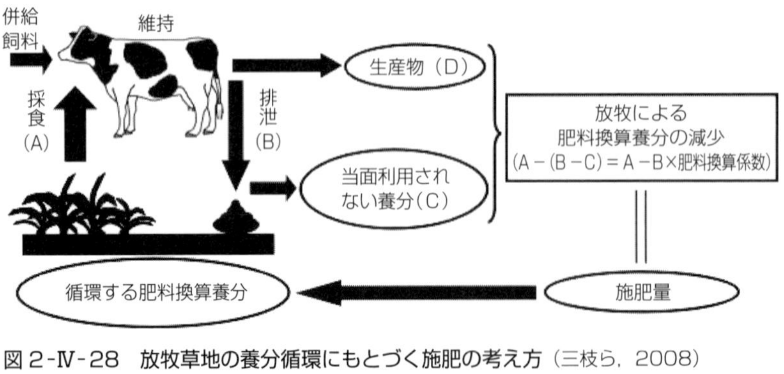

図 2 - Ⅳ - 28　放牧草地の養分循環にもとづく施肥の考え方（三枝ら，2008）

表 2 - Ⅳ - 4　北海道における放牧草地の採食量，被食量，養分還元量および肥料換算養分の減少量（三枝ら，2014）

	採食量（平均）	被食量（年間計）	年間養分摂取量 (A)			推定年間還元量 全量			推定年間還元量 肥料換算値（B）			肥料換算養分の減少量（年間）(A － B)		
			N	P_2O_5	K_2O	N	P_2O_5	K_2O	N	P_2O_5	K_2O	N	P_2O_5	K_2O
	kg / 頭 / 日	kg /10a	……kg /10a ……			……kg /10a ……			……kg /10a……			……kg /10a……		
平均	10	452	13	3.5	16	11	2.6	13	5.4	0.79	11	7.5	2.7	5.2
標準偏差	3	90	3.2	1.0	3.5	2.8	0.7	2.8	1.4	0.2	2.3	2.4	0.8	1.4
比*			(100)	(100)	(100)	(83)	(76)	(83)	(42)	(23)	(67)	(58)	(77)	(33)

調査圃場数：延べ 48 牧区
原著では g/㎡で表示されているが，ここでは kg /10a で表示した。いずれで表示しても数値は等しくなる
＊：年間養分摂取量を 100 としたときの比

肥料を施用すればよいことになる。

②要素ごとの養分循環量と放牧による減少量

この考え方から，ペレニアルライグラス，チモシー，メドウフェスク，オーチャードグラスを基幹とする搾乳牛用の放牧草地延べ48事例について，放牧による肥料換算養分の減少量を調査したのが表2-Ⅳ-4である。

●窒素の循環量と減少量

表2-Ⅳ-4の平均値によると，10a当たり年間452kgの牧草（乾物）を採食する放牧条件（注18）では，放牧牛が年間13kg/10aの窒素を食べ（養分摂取量）（注19），その83%に相当する11kg/10aの窒素がふん尿として放牧草地に還元される。このうち，肥料として牧草に吸収されるのは42%に当たる5.4kg/10a（肥料換算養分）である。

結局，肥料としては，差し引き7.5kg/10a（摂取量の58%），約8kg/10aの窒素が1年間の放牧によって利用できなくなり，放牧草地の循環量から減ることになる。放牧草地の牧草の生産性を維持するには，この減った量の窒素を補給すればよい。

●リン，カリウムの循環量と減少量

リン（P_2O_5）は，土壌に吸着されて牧草に利用されにくくなりやすいので，肥料換算養分の減少量は摂取量の77%と高い割合になり，これを補給する必要がある。しかし，放牧牛のリンの摂取量は少ないので，補給量としては約3kg/10aでよい。

カリウム（K_2O）の放牧牛による摂取量は16kg/10aで，三要素中最大である。しかし，土壌中での形態変化が少なく水に溶けやすいため，67%が放牧草地内で循環し，補給は摂取量の33%に相当する約5kg/10aでよい。

なお，いずれの養分も摂取量の約8割が草地に還元されるのに，減少量が養分によって差があるのは，ふん尿で排泄された各養分の肥料効果がちがうためである。

③被食量が養分循環量と減少量を左右

上記の放牧草地の養分循環は，地域や基幹草種のちがいなどを無視した平均値である。それを地域と基幹草種ごとに分けて検討すると，放牧牛の養分摂取量，肥料換算養分の還元量と減少量に差が認められるものの，同一地域内での草種間差，あるいは同一草種での地域間差はほとんどなかっ

〈注18〉
表2-Ⅳ-4では，牧草（乾物）の採食量が10kg/日/頭と示されている。搾乳牛は最大で1日1頭当たり乾物で約13kgの放牧草を採食するので（本章Ⅲ項表2-Ⅲ-4c参照），本調査の放牧牛は，最大採食量の77%（10÷13=0.77）とおおむね満度に近い放牧草を採食していたことがわかる。

〈注19〉
このときの放牧草の養分含有率は，年間の養分摂取量を年間の被食量で割って求めた平均値で示すと，窒素（N）2.9%，リン（P_2O_5）0.7%，カリウム（K_2O）3.5%である。

表2-Ⅳ-5　北海道の放牧による肥料換算養分減少量の地域・草種間差（三枝ら，2014）

系列名		延べ牧区数	放牧（調査）期間	牧区ごと延べ放牧日数	被食量	養分摂取量(A)			肥料換算養分の推定還元量(B)			肥料換算養分の減少量(A－B)		
						N	P_2O_5	K_2O	N	P_2O_5	K_2O	N	P_2O_5	K_2O
地域	基幹草種	牧区	日	日	g/㎡	……g/㎡……			……g/㎡……			……g/㎡……		
道東	チモシー	5	151	10	459	11.7	3.5	13.5[a]	5.7	0.8	8.9[a]	6.0[ab]	2.7[ab]	4.6[a]
	メドウフェスク	16	135	10	460	14.5	3.9	17.0[ab]	5.6	0.9	11.3[ab]	8.8[b]	3.0[b]	5.7[a]
道央	メドウフェスク	10	120	9	499	13.3	3.2	15.5[ab]	5.8	0.8	10.6[ab]	7.4[ab]	2.4[ab]	4.9[a]
	ペレニアルライグラス	10	118	8	422	10.9	2.8	13.9[a]	5.2	0.7	9.4[ab]	5.7[a]	2.1[a]	4.5[a]
道北	ペレニアルライグラス	4	134	13	371	11.5	3.3	15.0[ab]	4.1	0.8	9.9[ab]	7.3[ab]	2.5[ab]	5.1[a]
	オーチャードグラス	3	141	17	467	13.5	4.5	21.4[b]	3.8	0.9	13.4[b]	9.7[ab]	3.6[b]	8.0[b]
	有意差判定				*ns*	*ns*	*ns*	$P<0.05$	*ns*	*ns*	$P<0.05$	$P<0.05$	$P<0.05$	$P<0.05$

異種文字間に有意差あり（$P<0.05$，Tukey-Kramer）

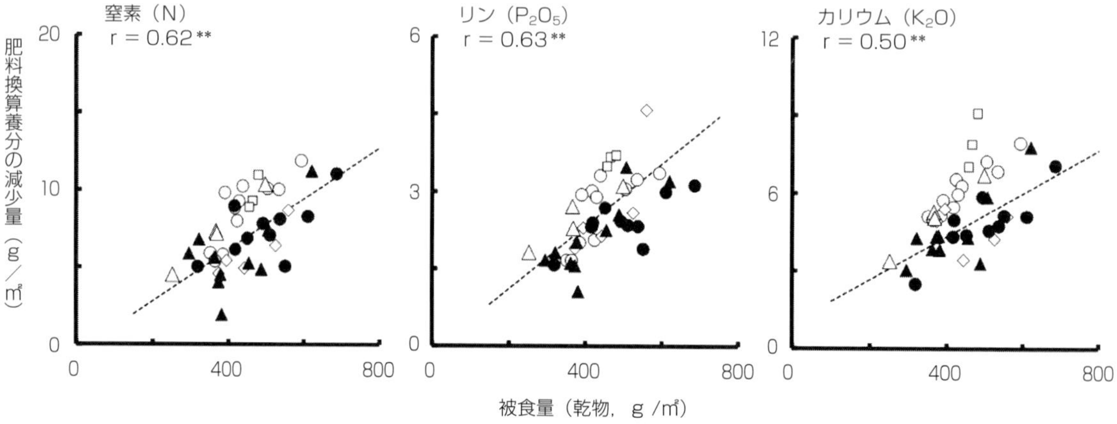

図 2-Ⅳ-29　放牧による年間の被食量と肥料換算養分減少量（放牧草地へ補給すべき養分量）（三枝ら，2014）
○：道東メドウフェスク，●：道央メドウフェスク，△：道北ペレニアルライグラス，▲：道央ペレニアルライグラス，
◇：道東チモシー，□：道北オーチャードグラス
**：P<0.01，------：各系列共通の傾きの方向

た（表2-Ⅳ-5）。ところが，図2-Ⅳ-29に示すように，年間の放牧草の被食量が多くなるにしたがって減少量が増えている。

放牧による放牧草地からの肥料換算養分の減少量，すなわち放牧草地に補給すべき施肥量を左右しているのは，地域や基幹草種のちがいではなく被食量なのである。

放牧草の成長は，採草地と同じように，地域，土壌，草種構成，季節などのちがいによって変化する。しかし，牧草の成長量が同じでも，放牧頭数，放牧時間，併給粗飼料の量など，飼養条件によって被食量がかわる。とくに搾乳牛の放牧方法は酪農場ごとに多様であり，それによって被食量が大きく左右される。したがって，採草地のような地域，土壌，基幹草種による肥料換算養分の標準的な減少量を設定することはできない。

④放牧草地での施肥量の決め方

このような場合には，まず放牧牛の被食量の標準的な範囲を設定し，地域や基幹草種を考慮せず，その被食量で放牧されている牧区の平均的な肥料換算養分減少量，すなわち補給すべき養分量を一律に決めるほうが合理的である。この放牧草地の養分循環を考慮したうえで，放牧草地への施肥標準量が決められている。その詳細は第3章Ⅱ項で説明する。

以上の放牧草地での施肥の基本的な考え方は，牧区内で採食とふん尿排泄が均一におこなわれることを前提にしている。しかし本来，放牧草地は放牧牛が牧草を採食した被食部と，採食していない不食部が不均一に分布する。さらに，放牧牛の排泄ふん尿による土壌養分の分布も不均一である。こうした放牧草地内での牧草や土壌の不均一性も考慮した施肥法の開発は，今後の課題である。

V 草地更新

1 草地更新とは—完全更新と簡易更新

草地が新しく造成されると，畑地のように毎年耕起されることなく牧草が栽培・利用されつづける。ところが，草種構成に対応した適切な管理がおこなわれないと，利用年数の経過とともに基幹イネ科牧草の密度やマメ科牧草混生割合の低下と，地下茎型イネ科草（本章Ⅱ-１項注１参照）の増加などを特徴とする草種構成の悪化がすすみ，草地の牧草生産性がしだいに低下していく。

草種構成が悪化して牧草生産性が低下したら，耕起・反転し，土壌の酸性改良や，リン質資材などの施与による土壌改良をおこない，利用目的に適した草種と品種を播種し，新しい草地につくりかえる。これが草地更新である。

草地更新は２種類に大別される（図２-Ⅴ-１）。１つが完全更新である。これは既存草地を耕起・反転して更新する方法である。もう１つは簡易更新である。これは既存草地を耕起・反転することなく，表層を撹拌したり（表層撹拌法），溝を切ったり（作溝法（さくみぞほう）），そのほかの方法で土壌面を露出させたのち，施肥とともに牧草種子を追い播きする方法である。

完全更新（プラウ耕起）

簡易更新（表層撹拌法）

簡易更新（作溝法）

図２-Ⅴ-１　代表的な草地更新工法の施工風景

2 草地の更新指標

1 理想は更新しなくてもよい草地

「草地は何年くらいで更新すべきか」ということがしばしば話題になる。この発想は，草種構成の悪化はさけることのできない現象であって，草種構成は草地の利用年数の経過とともに「自動的に」悪化するという考え方による。しかし，利用年数が何年であろうと，草種構成が良好に維持されていれば，草地更新は不要である。したがって，草地が経年化しても草種構成が悪化しないよう，維持管理することがもっとも重要である。

そのための理論や具体的な方法を解説するのが，本書全体を通しての目的である。めざすのは，あくまでも更新しなくてもよい草地である。草地を何年間利用するのかを問うのではなく，ひとたび草地を造成あるいは更新したら，それ以降は更新しなくてもいいように適正に維持管理することが重要である。

2 北海道の更新指標

とはいえ，実際には不適切な維持管理のために草地の経年化による草種構成の悪化がすすみ，それによって牧草生産力が低下することが多い。この場合，対象となる草地を更新するかどうかを判断する指標が必要である。これが草地の更新指標である。北海道では更新指標として，草地の土壌別に２つ提示されている（表２-Ⅴ-１）。

①低地や台地の土壌に立地する草地の更新指標

その１つは，低地や台地の土壌に立地する草地を対象にした更新指標である。低地や台地の土壌には，細粒質で物理的性質が劣るうえ，酸性化しやすい土壌が多い。そこで，草地の生産性を改善するために，草地を耕起しないかぎり改変できない要因として，土壌の固相率（注１）とかたさ（硬度）をとりあげ，さらに土壌のpHや草種構成割合を含めた４項目からなる更新指標を仮に定め，その適否が実際の草地で確認された。

〈注 1〉
一定の容積の土壌にしめる土壌粒子と有機物の体積割合。

その結果から，表２-Ⅴ-１（１）に示すように，最終的に硬度を固相率に含め，３項目からなる更新指標が設定されている。この指標では，更新指標の３項目のうち，どれか１項目でも要更新値にあてはまるか，２項目で準更新値にあてはまれば，更新対象としている。

表２-Ⅴ-１　草地の更新指標（北海道農政部，2015）

（1）低地土・台地土（北海道立天北農試，1980）

項目＊	Ⅰ 基準値	Ⅱ 許容値	Ⅲ 準更新値	Ⅳ 要更新値
pH（H_2O）	5.5～6.5	5.0～5.5	4.7～5.0	～4.7
固相率（%）	36～40	40～45		45～
主要草種割合（%）	80～	60～80	40～60	～40

＊：3つの項目のうち，どれか１つがⅣ（更新値）にあてはまるか，どれか２つがⅢ（準更新値）にあてはまれば，更新対象とする。各項目の範囲を示す数字のうち，下限値はその値以上を，上限値はその値未満を意味している

（2）火山性土＊1（北海道立根釧農試，1983）

項目	Ⅰ 更新する必要はない	Ⅱ 更新をするかどうか，他の要因を含めて検討する	Ⅲ 更新することが望ましい
不良草種・裸地割合＊2（%）	～10	10～30	30～

＊1：北海道の農牧地土壌分類第２次案にもとづく土壌の名称で，全国的な農耕地土壌分類第３次案によれば，黒ボク土と火山放出物未熟土からなる土壌を意味する
＊2：１番草刈取り時のケンタッキーブルーグラス，レッドトップなど地下茎型イネ科草，広葉雑草の冠部被度と裸地割合の合計値。原著では植生不良率と記されているが，草地の草種構成を「植生」と表現するのは不適当なので改変した。項目の範囲を示す数字の意味は，（1）低地土・台地土と同じ

②火山性土に立地する草地の更新指標

もう１つは，火山性土に立地する草地を対象にした指標である（表２-Ⅴ-１（２））。この更新指標は，すでに本章Ⅱ-１項で詳しく述べた考え方によって設定されている。

火山性土は，低地や台地の土壌のように，硬度や固相率という物理的性質が草種構成の悪化

につながるほど悪くはない。むしろ，土壌の pH の低下（酸性化）や養分含量が土壌診断基準値より大きく低下することが，草種構成の悪化をもたらしていた（本章Ⅱ-2-1項で詳述）。そのため，最終的な更新指標は草地の草種構成と裸地割合で設定されており，不良草種・裸地割合 30％以上が更新対象である。

3 草地更新に雑草対策は不可欠

1 かわる草地雑草の様相

草地更新は草地の草種構成が損なわれたときに必要になるので，草地更新それ自体が草地の雑草対策といえる。しかし，現在の草地更新には，それだけでなく，もっと積極的な雑草対策が必要になっている。

図2-Ⅴ-2は，約30年を隔てて実施された，採草地の実態調査の結果を比較したものである。1979年に実施された実態調査では，更新後の年数が経過するとととともに地下茎型イネ科草が増えるものの，10年経過した草地でも優占草種は依然としてチモシーであった。ところが，2009年調査では，チモシーは更新5年をこえると衰退し，地下茎型イネ科草が優占するようになっていた。このちがいは，地下茎型イネ科草の種類にあると考えられている。

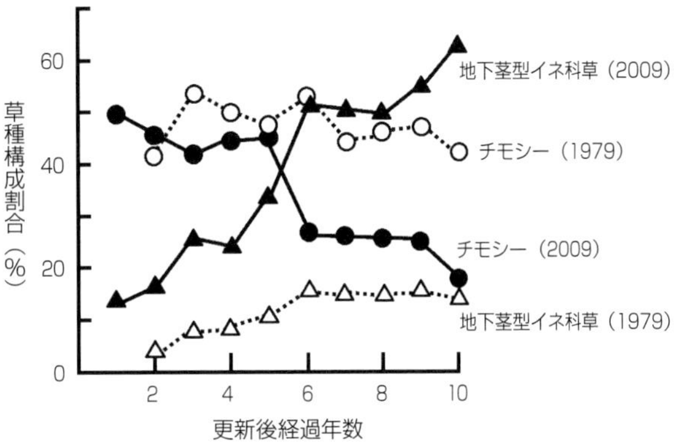

図2-Ⅴ-2　更新後経過年数の異なる採草地での草種構成の実態（道総研根釧農試，2012）
1979年は農用地開発事業推進協議会・根釧農試（1982）の実態調査結果による

2 地下茎型イネ科草の種類の変化

①主体がリードカナリーグラスとシバムギに

図2-Ⅴ-3は寒地型の代表的な地下茎型イネ科草である。かつて，地下茎型イネ科草の主体はケンタッキーブルーグラスとレッドトップであった。両種は，草地開発の初期に低コスト放牧草地の適草種として推奨された経緯がある。その後，導入が推奨されていないシバムギや，湿地に限定的に導入されていたリードカナリーグラスが侵入した。シバムギの地下茎拡大能力はきわめて高く，リードカナリーグラスの地上部生育量は他草種を圧倒する。両草種がわずかでもチモシー草地に侵入すれば，強い競争力で被度を拡大し，2009年の調査結果になったことは容易に想像できる。

②更新時の反転耕起では排除できない

地下茎型イネ科草は，集約的な管理が困難な草地での省力的な畜産には有用である。しかし，これらは施肥反応や栄養価が劣るので，集約的に管理する草地（注2）からは排除したい草種である。

地下茎型イネ科草は，地下茎と根が密集したいわゆるルートマットとよばれる層を草地表層に厚くつくる。草地更新時の耕起は，ルートマットの反転・埋設による，地下茎型イネ科草の抑圧を目的とする作業である。し

〈注2〉
目標にする牧草の生産性が高水準で，生産される牧草も高栄養であることが求められ，高い泌乳能力をもつ搾乳牛用の飼料を生産するための草地である。したがって，肥培管理などを中心に維持管理作業を十分におこなう必要がある。

ケンタッキーブルーグラス（*Poa pratensis* L.）

シバムギ（*Agropyron repens*（L.）P. Beauv.）

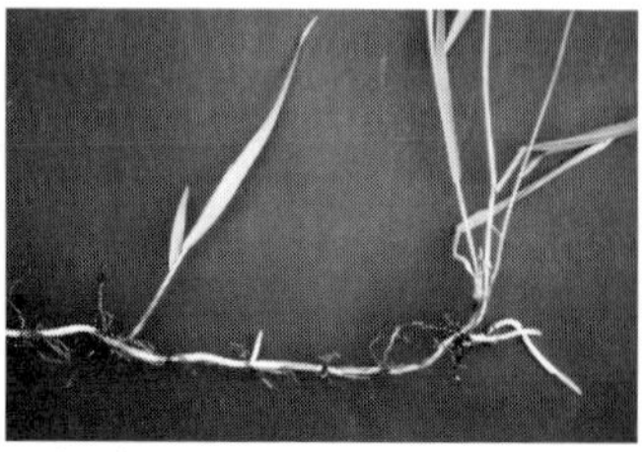

シバムギの地下茎

レッドトップ（*Agrostis alba* L.）

リードカナリーグラス（*Phalaris arundinacea* L.）

図2-V-3　寒地型草地の代表的な地下茎型イネ科草（写真提供：雪印種苗（株））

かし，実際には反転が不十分な部分が残り，砕かれたルートマットの破片が地下茎型イネ科草の新たな生育拠点になる。さらに，シバムギでは，十分に反転・埋設された地下茎からの再生も確認されている。

近年，その強い競争力で地下茎型イネ科草の主体になったシバムギやリードカナリーグラスを，草地更新時の反転耕起だけで排除することは，きわめて困難である。

3 埋土種子として年々蓄積されるギシギシ類

多年生の広葉草本も，草地に裸地ができると侵入して増殖する。とくに，エゾノギシギシに代表されるギシギシ類は，近年，草地更新時の播種床から大量に出芽し（図2-V-4），更新失敗の原因になっている。ギシギシ

図2-V-4
ギシギシが埋土種子から一斉に出芽した播種床

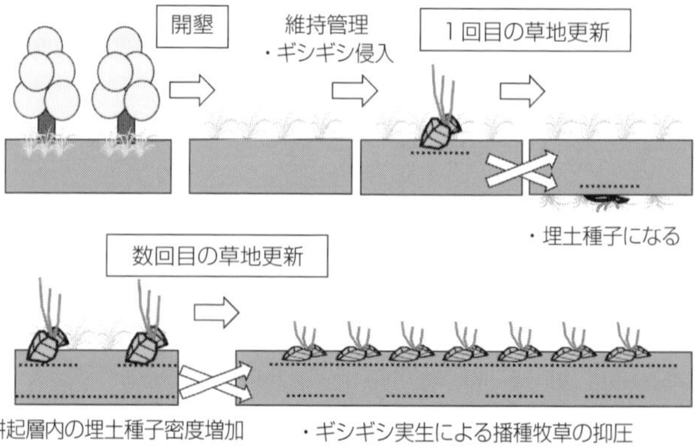

図2-V-5　ギシギシ埋土種子の増加過程（概念図）

類の種子は光発芽性で，光を感じないと発芽しない。草地更新時に耕起されて土に埋まった種子は，次の更新で再び地表にあらわれるまで，休眠して生きのびる埋土種子になる。

多年生であるギシギシ類は，草地に侵入・定着すると毎年大量の種子を生産し，草地更新のたびにそれらの多くが埋土種子として蓄積される（図２-Ⅴ-５）。ある日突然出現した図２-Ⅴ-４の光景は，長い年月をかけた埋土種子蓄積の結果である。

4 過去の経験にはない徹底した雑草対策が必要

このように，近年の草地更新は，開墾後数十年の歳月と数度の草地更新を経て，地下茎や埋土種子が十分に蓄積された作土を対象にしており，現在の酪農場が管理する草地の状況は開墾当時と大きくちがう。こうした作土では，草地更新して普通のチモシー草地をつくる場合であっても，徹底した雑草対策が必要である。これは先代，先々代の経営者では経験しなかった，現代の草地更新に特徴的な対策である。草地更新時の雑草対策の方法は第３章Ⅰ-１-１項で説明する。

4 完全更新と簡易更新のちがい

すでに述べたように，草地更新の方法は完全更新と簡易更新に大別される。大きなちがいは，完全更新はプラウで耕起する作業をともなうが，簡易更新はプラウ耕をともなわない点である（表２-Ⅴ-２）。それぞれの代表的な施工手順を図２-Ⅴ-６に示した。

完全更新法は，良好な草地への更新をもっとも安定的に実現する。しか

表２-Ⅴ-２　草地更新方法の種類（草地生産技術の確立・向上プロジェクト，2005）

更新方法		おもな作業機例
完全更新法	全面耕起して播種する方法	プラウ
簡易更新法	全面耕起しないで播種する方法	
表層撹拌法	表層を撹拌して播種する方法	ディスクハロ，ロータリハロ
作溝法	作溝して播種する方法	オーバーシーダ，ハーバーマット，シードマチック，パスチャードリル，グレートプレイン
穿孔法	地表に穴をあけて播種する方法	グランドホッグ
部分耕耘法	部分的に耕耘して播種する方法	ニプロ
不耕起法	機械処理をしないで播種する方法	蹄耕法，マクロシードペレット

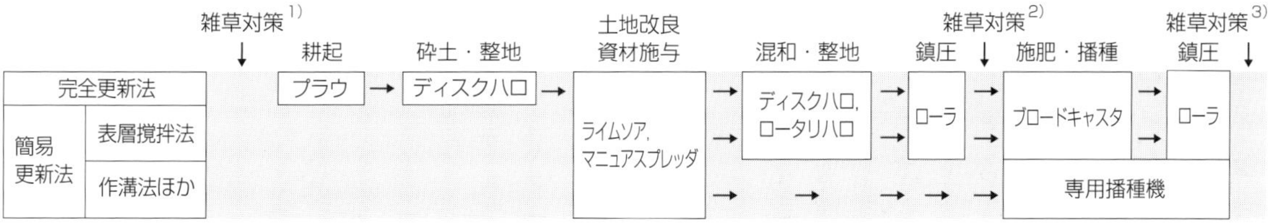

図２-Ⅴ-６　草地更新の代表的な施工法と施工手順
1)：既存の地下茎型イネ科草の抑圧，2)：実生雑草の抑圧，3)：生き残った雑草の維持管理時の抑圧（第３章Ⅰ-4項参照）

し施工工程が多く，機械作業の困難な土地条件では適用しにくい。

簡易更新の表層撹拌法は，ディスクハロやロータリハロで直接草地表層を撹拌して土壌を表面に露出させるので，完全更新法にもっとも近い仕上がりになる。しかし，表層撹拌後の工程は完全更新法と共通なので，施工コストの大幅な低減は期待できない。全面的に土壌を表面に露出させるので，播種後所定の草量になるまでの期間，草地利用が制限される。

このほかの簡易更新工法である作溝法（さくみぞほう），部分耕耘法（ぶぶんこううんほう），穿孔法（せんこうほう）などは，既存草地の表層に専用機械で溝を切ったり穴をあけたりして，そこに施肥・播種するだけなので，作業が早く安価にできる。また，草地を利用しながら導入草種の構成割合を増やすことができる。ただし，土壌を撹拌しないので，酸性矯正などの土壌改良は草地表層に限定される。

完全更新法と簡易更新法のいずれの工法をどのように選択するかについては後述する。

5 草地更新を成功させるための留意点

草地更新は粗飼料の生産基盤への投資であり，失敗するとその後の粗飼料生産への影響が大きい。以下，草地更新を成功させるために留意すべき点をまとめた。

1 改良する草地の選択

①利用目的の検討も必要

草地の土地条件や草種構成が劣悪にみえても，利用目的によっては，必ずしも改良を必要としない。

たとえば，地下茎型イネ科草が優占し，機械作業が困難な傾斜地でも，牛が歩いていける距離にあれば，育成牛や乾乳牛の放牧草地として利用できる（注3）。前述のとおり，地下茎型イネ科草が優占した草地は安定した草種構成になっており，高い乳生産をささえることは困難でも，放牧牛の増体には十分な栄養を提供できる。

〈注3〉
このような利用目的の草地を省力的に管理する草地という。この草地は，注2で述べた集約的に管理する草地ほどには維持管理のための労力をかけず，多くの場合，地下茎型イネ科草が優占する。

②改良がむずかしい草地もある

泥炭土には，機械力による土地改良では解決できない問題がある。もちろん，泥炭土に立地する草地（泥炭草地と略）を排水改良すれば，生産性の高い草地に更新できる。しかし，排水による乾燥は泥炭の分解と収縮を促進し，ほどなく草地全体が地盤沈下をおこす（図2-V-7）。地盤沈下は均一ではなく，排水の効いた部分や客土の厚い部分ほど沈下量が大きく，草地全体をみれば不等沈下になり，

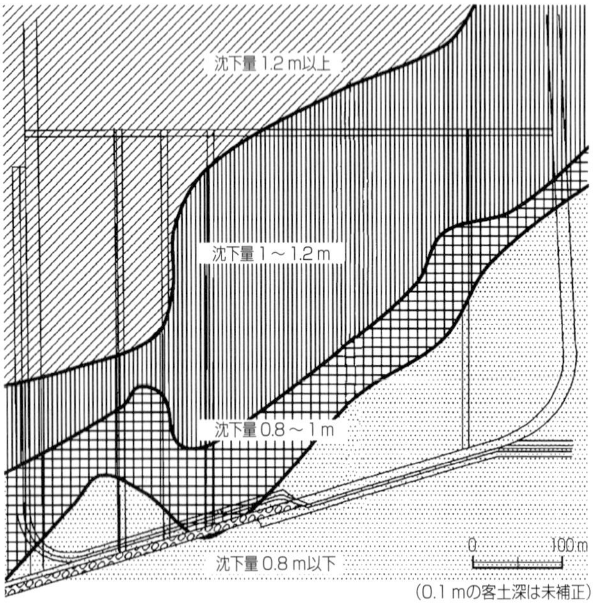

図2-V-7　泥炭草地での造成後の地盤沈下量の分布
（石渡，2006）

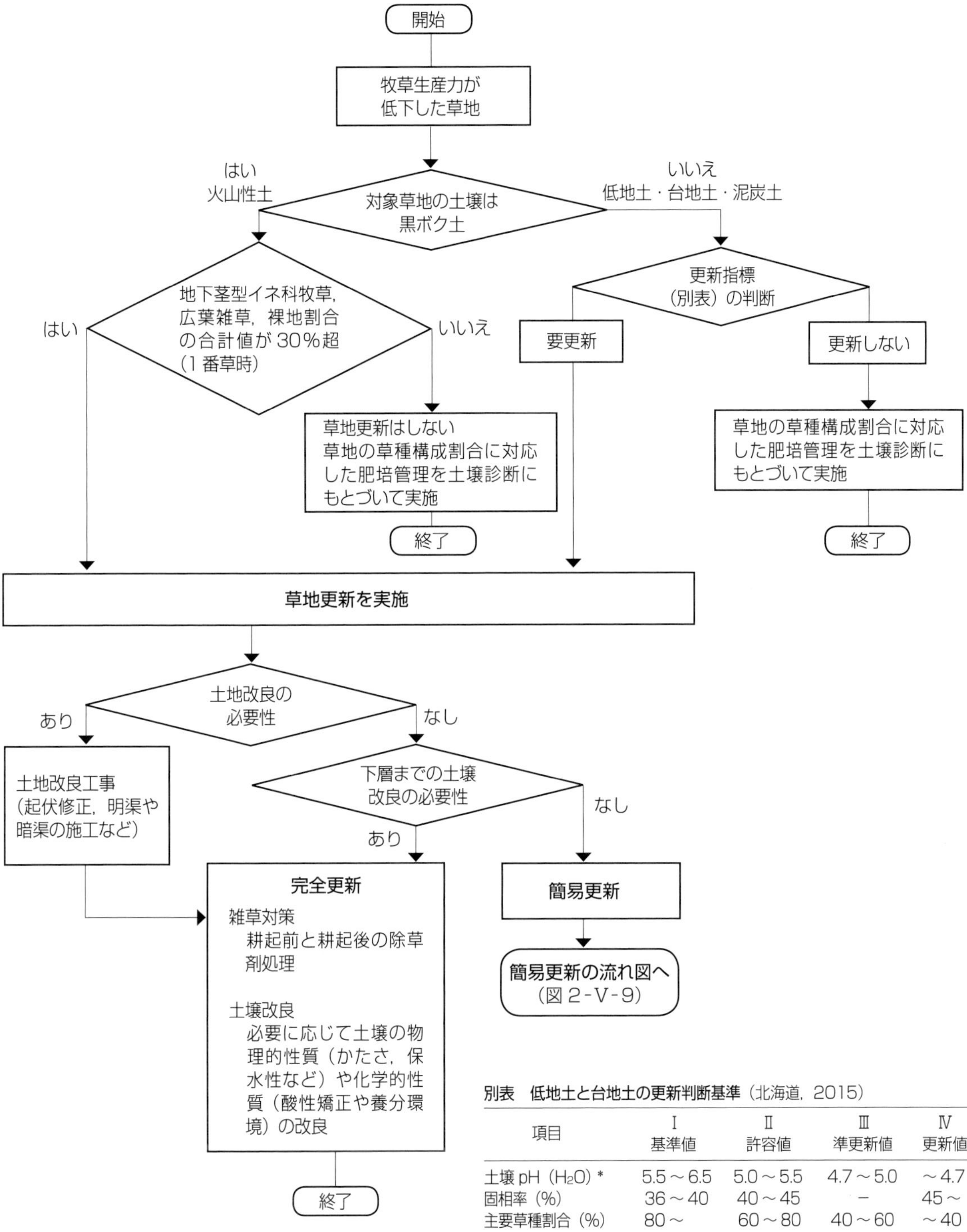

別表　低地土と台地土の更新判断基準（北海道，2015）

項目	I 基準値	II 許容値	III 準更新値	IV 更新値
土壌 pH（H_2O）*	5.5 ～ 6.5	5.0 ～ 5.5	4.7 ～ 5.0	～ 4.7
固相率（%）	36 ～ 40	40 ～ 45	−	45 ～
主要草種割合（%）	80 ～	60 ～ 80	40 ～ 60	～ 40

次の 1）または 2）の条件にあてはまる草地では更新する
1）上の 3 項目のうち，いずれか 1 つがⅣに該当する
2）上の 3 項目のうち，いずれか 2 つがⅢに該当する
＊：0～5㎝

図 2-V-8　簡易更新の工法選択のための流れ図（北海道の草地更新基準にもとづき作図）

〈注4〉
TMRを構成員に供給する組織。TMRは混合飼料（Total Mixed Ration）の略で，家畜の要求する飼料成分に合わせて粗飼料と濃厚飼料を適切に配合した飼料のこと。

〈注5〉
牧草など農産物の収穫，作物栽培や肥培管理などの農作業を請け負う組織。

敷設した暗渠の寿命も短くなる。そのため，生産性を維持するには数年ごとに基盤整備をくり返す必要がある。

こうした地盤沈下と基盤整備をくり返す泥炭草地では，集約的な利用を選択する前に，泥炭土以外の土壌に粗飼料生産の中心を移すことを検討すべきである。近年増えているTMRセンター（注4）やコントラクタ（注5）など大規模化に向けた新たな組織は，このような地域の土地利用の見直しにも有効だと考えられる。

③更新草地は総合的判断でおこなう

このように，土地条件や草種構成だけをみれば，草地更新の優占度が高いと判断される草地でも，経営内の利用法や地域全体の土地利用などを考慮すると，優先的に更新すべき草地になるとはかぎらない。集約的に管理する草地と省力的に管理する草地は，地域や経営のなかで計画的に検討・配置されなければならない。

2 工法の選択 —完全更新か簡易更新か

①簡易更新の適用は限定される

更新する草地が決まれば，更新を必要とした問題点の改良に有効な工法，すなわち完全更新か簡易更新かを選択する。北海道での更新指標にもとづくと，前ページ図2-V-8の流れ図にしたがって選択できる。また，表2-V-3には，草地更新の工法別に改良できる項目を整理した。

草種構成の悪化に対する抜本的な改善対策は，起伏修正や明暗渠排水に代表される土地改良工事によるところが大きい。いずれも大規模な工事をともなうので，現状では補助事業に依存することが多く，そのときの更新工法は完全更新法となる。このため，簡易更新が適用できるのは，更新対象草地の土壌の物理的性質や化学的性質には大きな問題がなく，新たに草種を導入するだけで解決できる場合にかぎられる。

簡易更新で可能な草地土壌の改良は，混和層や表層などに限定されており，土地条件を改良することは不可能だからである。

②まず草種構成悪化の要因を取り除く

圃場全体の排水不良，複雑な地形のなかの部分的な滞水，下層土までの強い酸性化などが原因で牧草が消えてしまった圃場に，同じ草種を作溝機で播種しても定着しない。そのような圃場には，まず，起伏修正，排水改

表2-V-3　草地更新工法と改良可能項目

施工法		改良項目			
		土地条件[1]	土壌条件		草種構成
			物理的性質[2]	化学的性質[3]	
完全更新（土地改良含む）		可能	可能	可能	可能
簡易更新	表層攪拌法	不可能	不可能	混和層のみ可能	可能
	作溝法等[4]	不可能	不可能	表層のみ可能	可能

1）地形，圃場の形状，配置など
2）土壌のかたさ，水分の保持や排水など
3）土壌酸性（pH），有機物含量，養分含量など
4）部分耕耘法，穿孔法など専用の播種機を用いる工法を含む

良といった土地改良や，酸性矯正といった土壌改良が必要なのであって，草種の導入はそのあとである。

利用したい草種がなぜ衰退してしまったのか，あるいは導入したい草種の定着を阻害する要因があるのか，それを明らかにして取り除くことが改良の最優先事項である。

上記の土地改良，土壌改良，雑草対策などの施工には多額の投資を要する。それをきらって草種構成の悪化要因を放置すれば，簡易更新はもとより，完全更新によっても高い生産性を長期に維持することはできない。それにもかかわらず，生産現場では施工当年の経済性を重視するあまり，簡易更新に過大な期待をよせることがある。

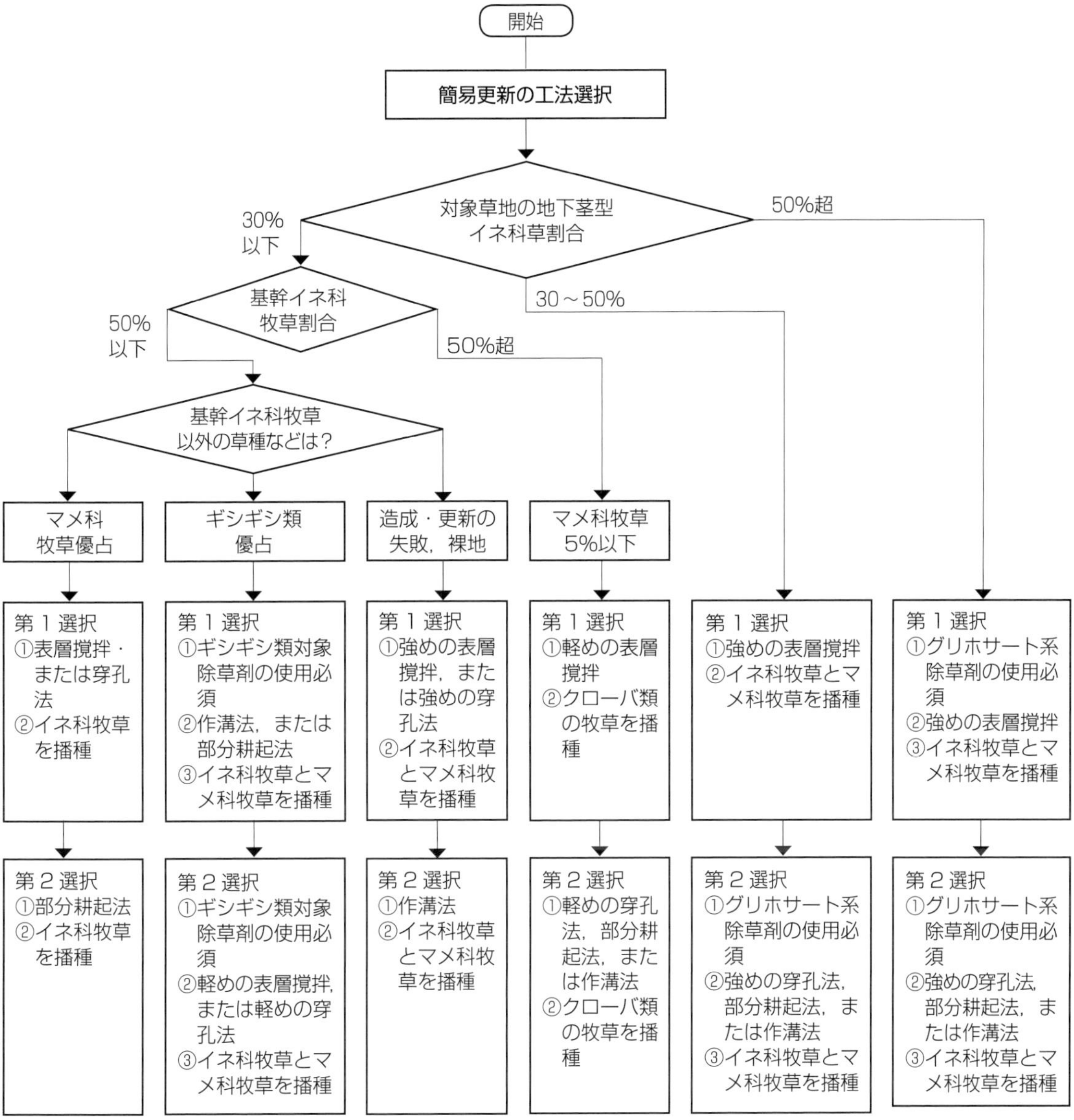

図2-V-9　採草地での簡易更新の工法選択のための流れ図
（草地生産技術の確立・向上プロジェクト，2005にもとづき作図）

しかし，前項5-1-③で述べた総合的な判断の結果，集約的に管理すると位置づけられた草地で草種構成の悪化要因がみつかった場合には，施工当年のみの経済性にとらわれることなく，十分な手当を施すべきであることを強く認識しなければならない。その投資が，維持年限の確保を可能にすることで，最終的には低コストの草地管理に結びつく。

草地更新の前後で草地が生まれかわると考えるなら，その草地に土地改良を加えるチャンスは，更新時の１回だけなのである。

③気象条件はかえられない

土地改良工事をして草地を更新しても，気象条件はかえられない。冬枯れ常習地帯に越冬性の劣る草種を導入しても，永続性は期待できない。草種・品種にはそれぞれ適応地帯が明示されており，これを守ることが重要なことは，完全更新も簡易更新もかわらない。

簡易更新は手軽なので導入草種が消えたらまた播けばよいと，リスクの高い草種・品種を選ぶ場合がある。しかしこれは，種子のむだ使いに終わる危険性を十分に承知しておくべきである。

④簡易更新工法の選択

新たな草種を導入するだけで，目的の草地改良が可能な場合は，簡易更新が有効である。なお，簡易更新は利用形態，導入草種，圃場条件などによって適切な施工法がちがうので，事前の草地調査が重要である。

採草地での簡易更新の工法の選択手順は図２-Ⅴ-９のように設定されている。対象草地の地下茎型イネ科草とギシギシ類の被度によって適切な工法がちがい，地下茎型イネ科草が優占している場合は，グリホサート系除草剤による既存草種の完全枯殺が前提条件である。放牧草地では，ペレニアルライグラス，メドウフェスク，オーチャードグラスなど，初期生育が旺盛な草種を導入する場合にかぎり，放牧によって地下茎型イネ科草の草量を抑制しながら，作溝法など専用播種機による更新が可能である。

以上のように，草地更新工法選択は，土地条件，草種，利用法の組み合わせによって判断することが必要なので，それらを適切に把握しておこなうことが草地更新を成功に導くポイントである。

3 完全更新法の作業上の注意

①雑草対策を確実におこなう

更新する草地を決め工法を選択したら，その工法の実施過程での失敗をなくすことが必要になる。まず，完全更新法の作業上の注意点を述べる。

図２-Ⅴ-６に手順例を示したように，この更新法では２種類の雑草対策を組み込む必要がある。１回目の雑草対策は，既存草地を優占している地下茎型イネ科草を駆除するため，プラウ耕起前におこなう。２回目は埋土種子から出芽した雑草（実生（みしょう）雑草という）対策である。具体的な雑草対策の方法は第３章Ⅰ-１項で述べる。いずれもグリホサート系除草剤の使用が中心である。

図２-Ⅴ-10に示した実態調査でも，更新時の雑草対策の重要性が指摘されている。除草剤処理をおこなわなかった採草地では，更新後５年以内

に60％以上がチモシー優占とはいえない草種構成になった。これに対し，除草剤処理をおこなった草地では40％程度であり，さらに排水改良も含め草地更新を問題なく実施できた草地では30％におさえることができた。

必要な雑草対策をおこなわず草地更新し，「草地を更新しても３年で元の草種構成にもどる」となげくのは，「安物買いの銭失い」のことわざそのものである。必要な投資をしたうえで良好な草種構成に更新すべきである。

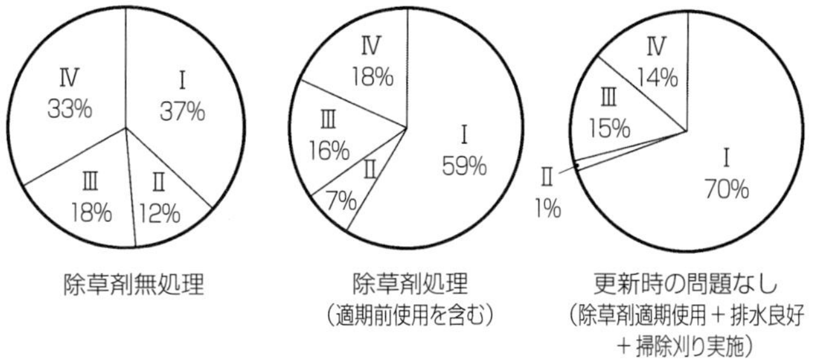

図２-Ⅴ-10
草地更新時の雑草対策と採草地の草種構成（道総研根釧農試，2012）
更新１～５年目の草地の実態調査
Ⅰ：TY優占，Ⅱ：地下茎型イネ科草優占，Ⅲ：広葉草優占，Ⅳ：優先草なし。Ⅰ～Ⅲは該当する草種が50%以上，Ⅳはいずれの草種も50%以上にならない草種構成

②石灰資材，堆肥，リン資材の施与と混和方法の注意点

●石灰資材は播種床（0～15cm）に均一に混和する

完全更新では，土壌改良資材の混和方法が不適切になりやすい。

土壌の酸性矯正用の石灰資材は，土壌改良の目安になる0～15cmの播種床に均一に混和するのが原則である。

酪農場自身がおこなう更新では，作業能率と快適性を重視して，耕起前の草地表面に資材を施与し，その後プラウですき込むことがある。この場合，耕起深が15cmであれば問題ない。しかし，耕起深が30cmの場合，施与された資材の大半は地下30cmに埋め込まれ，播種床に混和される量はわずかになる。その結果，土壌の酸性改良が不十分になり，マメ科牧草の定着が阻害される。

かつて，施与機と混和機の性能が低かったころ，大量の石灰資材を施与する場合，半量を耕起前，残り半量を耕起後に施与する方法が推奨された。しかし，現在の装備では耕起後にも問題なく作業できることが多いので，播種床の酸性矯正のための土壌深度（15cm）を注意深く維持する必要がある。

●堆肥も播種床に均一に混和する

このことは，堆肥を施与する場合も同様である。マニュアスプレッダはライムソアやブロードキャスタより機動性が劣るので，悪路での作業の困難性は高い。マニュアスプレッダやトラクタの性能の許すかぎり，耕起後に堆肥を施与し，ディスクハロやロータリハロで播種床になる土壌と混和することが望ましい。

●リン資材は土壌に混和しない

リン資材は，必要と算定された量を播種時に種子と同時に表面施与するもので，土壌と混和してはならない。石灰資材と同様に土壌に混和してしまうと，播種牧草の初期生育が十分に確保できない。

●施与量は土壌診断で決める

なお，土壌改良資材やリン施与量の算定は土壌診断によって決定する。この場合，診断用の土壌を採取する深さは，維持管理時の土壌診断のための採土の深さ（0～5cm）と大きくちがうので，注意が必要である。詳細は，第3章Ⅱ-3-2項で説明する。

4 簡易更新法の作業上の注意

①表層撹拌法の注意点

表層撹拌法は，既存の草種を利用するか枯殺するかで留意点がちがう。既存草種を枯殺する場合は，完全更新法と同様の雑草対策をおこなう。とくに本法はいわゆるルートマットを表層約15cmに混和するだけで，地下に埋設しないので，不完全な枯殺では地下茎型イネ科草の復活が容易である。したがって，完全更新法以上に徹底した雑草抑圧対策が必要である。なお，本法では耕起深と改良深が一致するので，石灰質資材や堆肥は耕起前の草地に施与し，ディスクハロやロータリハロで直接耕起・混和できる。

既存の草種を利用する場合は，施工時の草量が多いと土壌の撹拌・混和作業が不十分になりやすいので，作業機の性能にあわせた草量の管理が重要である。草量が多くて所有する機械では施工が困難な場合は，事前にディスクモアなどで地上部を刈払い，必要に応じて刈払った地上部を搬出して，草量を減らしてから施工する。

施工後は，表層撹拌作業によって膨軟になった土壌表面が落ち着き，播種牧草が定着する期間として，2カ月程度の休牧期間が必要である。早すぎる入牧は，更新後の草地の泥濘化を招く。

②作溝法など専用機を用いる方法の注意点

この工法でも既存草種を利用する場合と枯殺する場合があり，後者の雑草対策の重要性は表層撹拌法と同じである。

既存草種を利用する場合，草量調節は表層撹拌法より重要性で，草量の調節が作溝法の成否を決める。施工前は施工機に草がからまないよう，また施工後の播種牧草の定着をはかるため，終始できるだけ強く放牧し，既存草種の草勢を抑制する必要がある。

この工法は草地表層を撹拌しないので，播種牧草の定着が，施工時の草量，地下茎型イネ科草の密度，裸地の割合，施工後の管理など，施工前後の草地の状態によって影響を受けやすく，失敗のリスクが比較的高い。

6 草地更新時の堆肥施与の意義

1 堆肥による物理性改良の効果はあるのか

草地への堆肥の施与は，維持管理段階の草地には表面散布しかできない。この場合の堆肥に期待できる効果は，おもに養分的効果である。堆肥の施与による土壌の物理的性質の改良効果は，土壌と混和されることであらわれるからである。

したがって，草地への堆肥施与で土壌の物理的性質の改良効果が期待できるのは，堆肥を土壌と混和できる更新時だけである。これは，毎年堆肥を施与して土壌と混和できる畑地や水田とはちがう特殊な条件である。問題は，この一度だけの機会を利用して，堆肥の施与や土壌の物理性改良のための工事をすることで物理的性質が改善され，牧草の収量を増やすことができるかどうかである。

2 土壌混和でも表面施与でも収量はかわらない

重粘土の典型である灰色台地土は細粒質なので，ち密でかたく，排水がやや悪いうえ有効水分量が小さく，土壌の物理的性質が悪い。この灰色台地土の草地で，更新時に堆肥の全量を土壌と混和した草地と，土壌とは混和せずに5年間に分けて草地表面に毎年施与した草地の5年間の牧草生産量が比較された。

堆肥の施与量にかかわらず，土壌と混和した場合と表面施与をくり返した場合で，5年間の平均牧草生産量には大差がない（図2-V-11）。

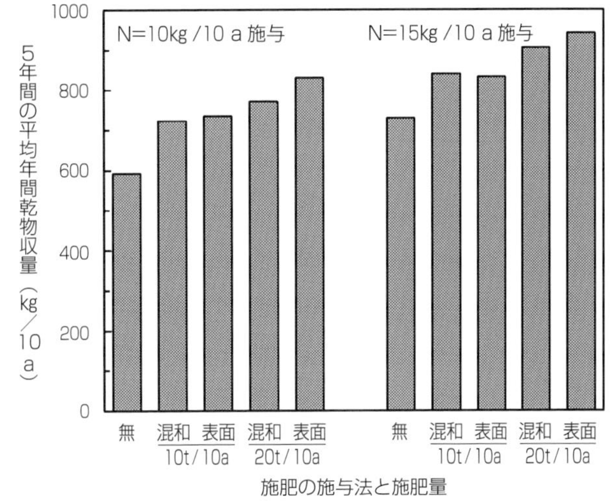

図2-V-11
物理的性質が不良な土壌（灰色台地土）の草地への堆肥の施与法，施与量と牧草生産（三木，1993）
混和：堆肥の全量を草地更新時に施与し土壌と混和，表面：堆肥の1/5の量を毎年草地表面に5年間施与
堆肥中の窒素（N）含有率が各年でちがうため，厳密には混和と表面では堆肥からのN供給量がちがい，堆肥の施与量が10t/10aの場合は混和と表面は88と82㎏ N/10a，20t/10aの場合はその2倍量である

このことは，少なくとも20t/10aまでの堆肥なら，更新時に堆肥と土壌を混和しても，表面施与された場合にはあらわれない特別な収量改善効果がないことを示している。すなわち，更新時に堆肥と土壌を混和することで期待した土壌の物理性改良効果は明らかではない。この結果は，排水のよい台地の土壌である，褐色森林土でも同じである。

3 超多量堆肥の土壌混和と土地改良の効果

①土壌の物理性改良の効果は確認できない

上述の結果から，混和される堆肥の施与量をさらに多くすれば，それによって土壌の物理的性質が改善されて，更新後の多収がもたらされるのではないかと考えられた。

そこで，同じ灰色台地土に立地する経年草地で，堆肥を20～80t/10aと超多量に施与して土壌と混和するとともに，可能なかぎり土壌の物理性改善のための土地改良（暗渠，心土破砕，深耕）を実施して更新した草地（以下，施工区）と，上記の土地改良を全くおこなわず堆肥も施与せず，普通プラウによる深さ30㎝の耕起だけで更新した草地（以下対照区）の，牧草生産が8年間にわたって比較されている。

その結果が図2-V-12である。更新後2～8年目の牧草収量は，施工区では堆肥施与量が多いほど，また2年目以降の維持管理段階での施肥量が多いほど経年的な収量低下が小さく安定している。しかし，対照区でも収量の経年変化の傾向は施工区と全く同じで，維持管理段階での施肥量が多いほど経年的な収量低下傾向が小さくなる。

更新後2～8年目の7年間の平均収量で比較すると，施工区の堆肥無施与区の収量は，維持管理段階での施肥量が同じであれば対照区とほぼ同じ

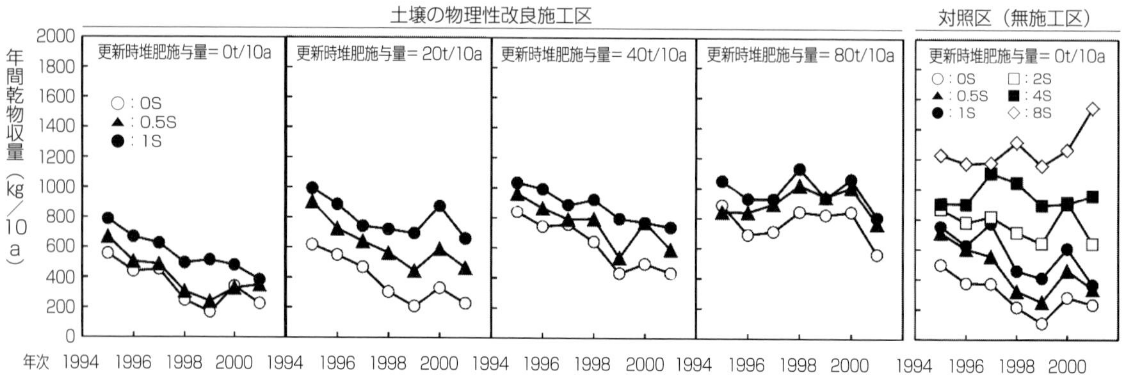

図2-V-12　草地更新時の堆肥の多量施与と土壌の物理的性質改良を施工した草地の乾物収量の経年変化（松中ら，投稿中）
試験草地：オーチャードグラス，シロクローバ混播，年3回利用，細粒質の灰色台地土
土壌の物理性改良施工区：①暗渠（深さ80cm），②心土破砕（深さ60cm，間隔90cm），③堆肥の半量を普通プラウで30cmに耕起して混和，④残りの半量の堆肥を施与し，深耕プラウで60cmに耕起して混和。その後，酸度矯正して播種。堆肥の養分含有率はN：P_2O_5：K_2O＝0.42：0.20：0.30%（原物中）
対照区：普通プラウによる30cm耕起のみで播種（物理性改良は施工せず，堆肥施与なし）
S：化学肥料の北海道施肥標準量（N：P_2O_5：K_2O＝6：8：15kg/10a）を維持管理段階（1995〜2001年）で毎年施与，0S：無施与，0.5S：半量施与，1〜8S：それぞれの倍率で施与

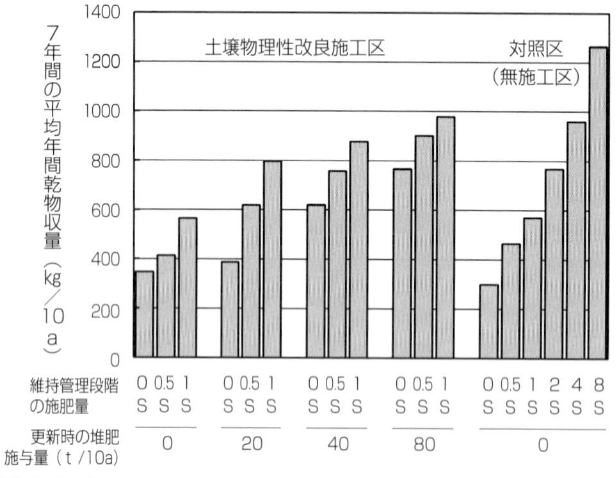

図2-V-13
草地更新時の堆肥の多量施与と土壌の物理的性質改良を施工した草地での7年間の平均乾物収量（松中ら，投稿中）
土壌条件や供試した草地，さらに処理の内容などは図2-V-12と同じ

である（図2-V-13）。このことは，土壌の物理性改良のためにさまざまな工事をしても，それだけでは特別な増収効果がないことを示している。

②堆肥の養分的効果

したがって，更新時に堆肥が施与された施工区で，2年目から無肥料で維持管理された草地の収量は，土地改良の効果というより，おもに堆肥による効果である。

そこで，施与した堆肥の養分効果を推定するために，堆肥20，40，80t施与の各無肥料区の平均収量を，対照区の各施肥処理区と比較した。

その結果，平均収量は，堆肥20t施与の無肥料区は対照区の半量施肥（0.5S）と，40t施与の無肥料区は対照区の標準量施肥（1S）と，さらに80t施与の無肥料区は対照区の倍量施肥（2S）とほぼ同程度であることがわかった（図2-V-13）。つまり，この試験では，更新時に土壌に混和された堆肥は，10a当たり20tの施与量で施肥標準量の半量相当の肥料的効果があったと判断できる。

ということは，施工区で維持管理段階に施肥された区には，更新時に土壌と混和した堆肥による養分が加算されていることになる。この堆肥施与量に応じた肥料換算量を加えた量が各施工区に施肥されたと仮定し，施肥量と7年間の平均乾物収量の関係をみると，対照区の結果を含めても，施肥水準と平均収量の関係は1つの回帰式で表現できる（図2-V-14）。

③堆肥には物理性改良より養分効果を期待すべき

かりに，更新時に堆肥を土壌と混和しそれに土地改良を併用することが化学肥料の養分効果では説明できない効果，たとえば土壌の物理性が改良されて増収につながる効果があるなら，維持管理段階での施肥量が同じでも施工区のほうが対照区より多収になるはずである。

しかし，施肥量の増加とそれによる増収効果の関係を示す図2-Ⅴ-14は，対照区，施工区とも施肥量の増加による増収効果が1つの回帰式で表現されることを示している。したがって，施工区に期待された，化学肥料の増収効果以上の効果は認められないことになる。

少なくとも草地では，土壌の物理的性質が良好でない灰色台地でさえ，草地更新時1回かぎりの堆肥の土壌への混和や，土壌の物理性改良のための各種工事をしても，土壌の物理的性質が改良された結果としての増収は期待できないと指摘できる。むしろ，更新時に施与され草地土壌と混和された堆肥には，長期にわたる養分的効果を期待すべきである。

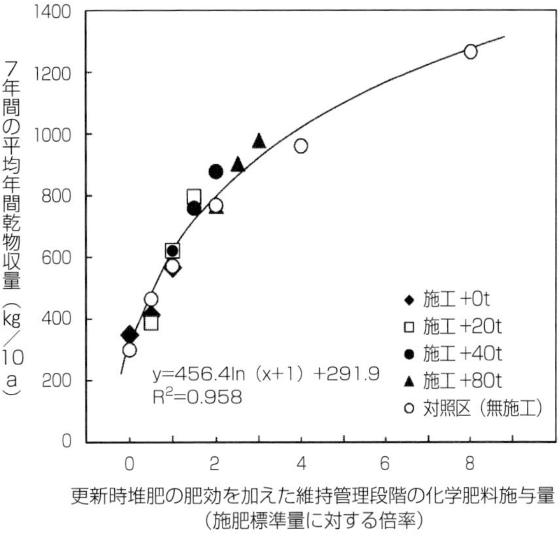

図2-Ⅴ-14
更新時に施与された堆肥の肥効を加えた維持管理段階の化学肥料施肥量と乾物収量（松中ら，投稿中）
凡例の施工は，更新時に土壌改良工法（暗渠，心土破砕，深耕）を施工。それにつづく数字は更新時に施与した堆肥の10a当たり施与量。対照区は改良工法をせず，堆肥も無施与
横軸はオーチャードグラス，シロクローバ混播草地の施肥標準量（N:P_2O_5:K_2O =6:8:15 kg/10a）に対する倍率。施工区の維持管理段階の施肥量には，更新時に施与された堆肥の肥効を，20t/10aで施肥標準量の半量（0.5S）として化学肥料換算し加えている

Ⅵ 草地管理と環境汚染

1 草地の養分循環と環境汚染

1 草地の肥培管理の原則は養分循環

酪農場を「土－草（自給飼料）－牛」の養分循環系とみると，飼料生産圃場の土壌に含まれていた植物養分のほとんどは土－草－牛とめぐり，ふん尿によって土にもどされ，酪農場の系外へでていくのは，生産物である生乳と個体販売の牛に移行した養分だけである（図2-Ⅵ-1の①）。

酪農場では，乳牛が毎日排泄するふん尿から自給肥料（注1）が自動的につくられる。この自給肥料を確実に利用して，養分循環させることが草地（飼料生産圃場）の肥培管理の原則である。この原則が守られているかぎり，草地の肥培管理による環境汚染，とりわけ自給肥料による汚染は発

〈注1〉
堆肥，尿貯留槽の液肥である尿液肥，ふん尿混合物であるスラリーなどを一括して表現する場合に用いる。

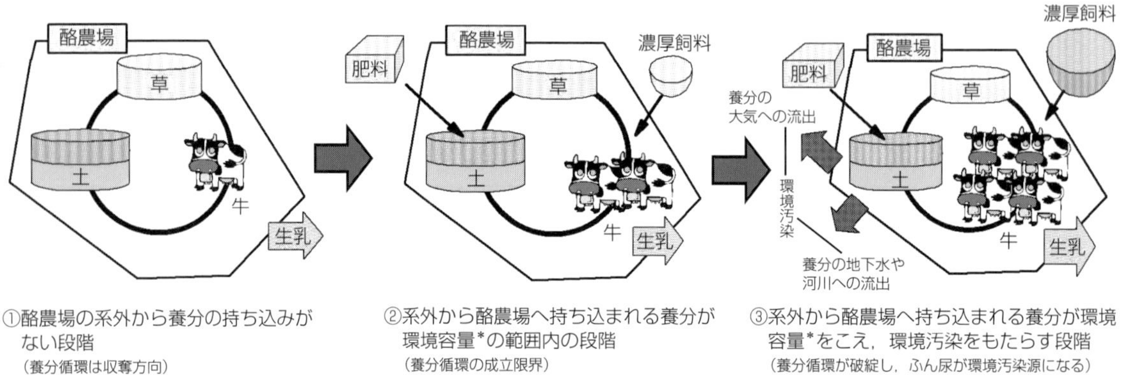

酪農場
草
土
牛
生乳
肥料
濃厚飼料
養分の
大気への流出
環境汚染
養分の地下水や
河川への流出
①酪農場の系外から養分の持ち込みがない段階
（養分循環は収奪方向）
②系外から酪農場へ持ち込まれる養分が環境容量*の範囲内の段階
（養分循環の成立限界）
③系外から酪農場へ持ち込まれる養分が環境容量*をこえ，環境汚染をもたらす段階
（養分循環が破綻し，ふん尿が環境汚染源になる）

図2-Ⅵ-1　酪農場での飼養頭数の増加による養分循環の変化

＊：環境容量とは環境による汚染物質の収容力のことで，自然の自浄力が十分に働いて環境への悪影響が発生しない範囲の汚染物質許容量のこと

生しない。ところが，以下に述べるように飼養乳牛頭数が増えると，養分循環を成立させることがむずかしくなる（図2-Ⅵ-1の③）。

2 乳量は自給飼料と無関係に増加した

①自給飼料生産より乳量の向上が目標に

酪農は乳牛を飼養して生乳を生産し，それを加工して牛乳やバター，チーズなどを生産する農業である。したがって，乳牛がどれだけ生乳を生産するか，いいかえると経産牛1頭当たりの乳量（個体乳量）の多少が酪農経営の収益を大きく左右する。畑作農家では，畑作物の生産量それ自体が収益に直結するのに対して，酪農場では牧草や飼料用トウモロコシの生産量が増えても，生乳生産につながらなければ収益に結びつかない。

このため，わが国の酪農場では自給飼料生産より，より収益に直結する個体乳量への関心が強く，一貫して個体乳量の向上が目標にされてきた。これを反映して，北海道での経産牛1頭当たり乳量は，1960年にはわずかに3,690kgであったのが，50年後の2010年には2.2倍の7,980kgにもなっている（図2-Ⅵ-2）。とくに，1975年以降に急速に増えている。

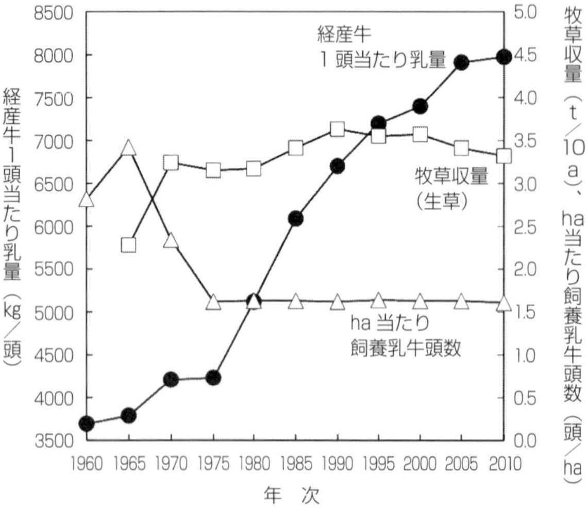

図2-Ⅵ-2
北海道での経産牛1頭当たり乳量，牧草収量（生草），単位面積当たり飼養乳牛頭数の推移（北海道農林統計）

②個体乳量が増えるほど飼料自給率が低下

ところが不思議なことに，同じ時期の単位草地面積（ha）当たりの飼養乳牛頭数と牧草収量はほとんど変化していない（図2-Ⅵ-2）。これは，1頭当たりに給与可能な牧草生産量に大きな変化がなかったということである。こうした個体乳量と牧草生産の状況は，自給飼料の生産基盤にめぐまれた北海道でさえ，個体乳量の増加が自給飼料の給与量と関係なくすすんだことを示している。しかも，飼料自給率が低下するほど個体乳量が増えている（図2-Ⅵ-3）。

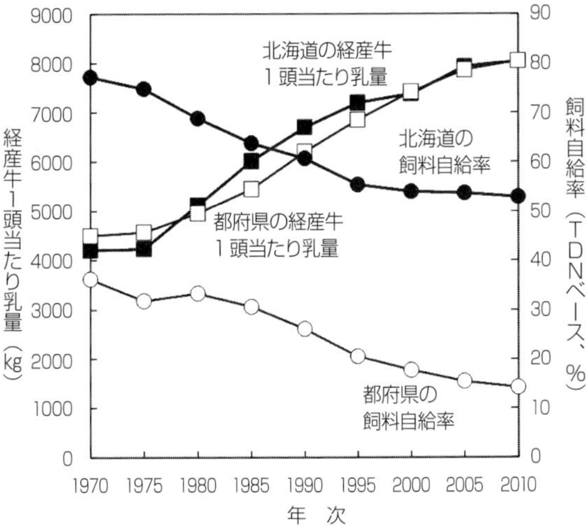

図 2-Ⅵ-3
北海道と都府県の飼料自給率と経産牛 1 頭当たり乳量の比較
（畜産統計，牛乳乳製品統計調査から作図）

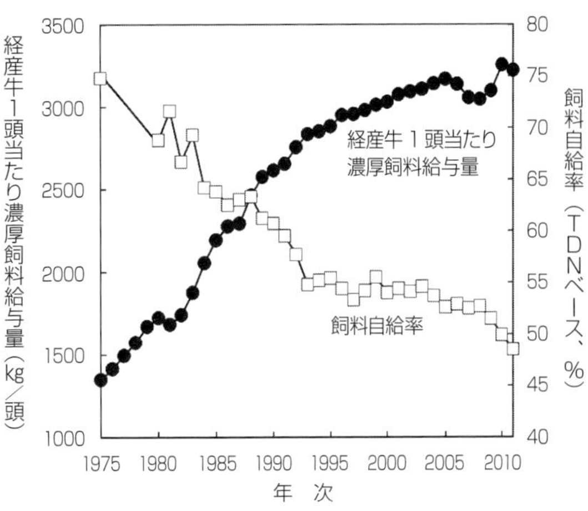

図 2-Ⅵ-4
北海道の経産牛 1 頭当たり濃厚飼料給与量と飼料自給率
（乳用牛群能力検定成績，農水省畜産部のデータから作図）

また，北海道と都府県の個体乳量はほぼ同じであるにもかかわらず，都府県の飼料自給率は北海道より約 40 ポイントも低い。

このように，わが国では個体乳量の増加が自給飼料に依存することなく達成されていることと，自給飼料への依存度は北海道よりも都府県で低いことがわかる。

3 土地と乳生産の関係を断ち切る購入濃厚飼料

①濃厚飼料に依存して個体乳量を増やす

北海道で 1975 年以降個体乳量が急に増えたのは，いうまでもなく購入飼料，なかでも濃厚飼料に依存して達成されたものである（図 2 - Ⅵ - 4 ）。乳牛の乾物摂取量（飽食量）には限界があるため，その範囲で可能なかぎり高濃度の栄養分を摂取させて高泌乳につなげるには，可消化養分総量（TDN：total digestible nutrients）含有率の高い飼料，つまり濃厚飼料を給与するほうが有利だからである。

事実，北海道の搾乳牛 1 頭当たりの濃厚飼料給与量は，2011 年には 1975 年の 2.4 倍になる 3,220kgにまで増えている。しかも，濃厚飼料給与量の増加と個体乳量の増加はみごとに対応している。購入濃厚飼料に依存して乳量を増やしたため，飼料自給率が低下しつづけたのである。

もちろん，個体乳量の増加は，単純に給与された飼料だけによるのではなく，乳牛の遺伝的改良も深くかかわっている。しかし，重要なことは，わが国の乳牛の遺伝的改良が，給与した濃厚飼料からの産乳効果を高めるように推進されてきたことである。

②濃厚飼料依存体質をつくった濃厚飼料の輸入自由化と高乳脂率

こうしたわが国酪農の濃厚飼料依存体質は，1964 年にアメリカの要求に応じて，飼料用穀物であるグレインソルガムの部分輸入自由化に踏み切ったことから始まった。1972 年には濃厚飼料（配合飼料）の輸入が自由化され，さらに濃厚飼料の給与量が増えていった。

こうして生乳が増産されたにもかかわらず，1981～1986年には牛乳消費が停滞し，生乳の生産調整が実施された。このとき，消費拡大の切り札とされたのが「濃い牛乳＝乳脂肪率の高い牛乳」であった。それを確実にするため，1987年に生乳取引の基準乳脂肪率が3.2％から3.5％に引き上げられた。この乳脂肪率の引き上げが濃厚飼料のさらなる多給へと導き，濃厚飼料依存体制を強固なものにした。粗飼料である自給飼料を多給しても，乳脂肪率を高めるのがむずかしいからである。こうした一連の動きは，アメリカの余剰穀物輸出戦略に連携したものであった。

③濃厚飼料依存が飼養密度を高める

濃厚飼料に依存すれば，極端にいえば自給粗飼料は不要になる。濃厚飼料だけでなく粗飼料も購入して酪農場に持ち込めるかぎり，飼料にこまることなく乳牛を飼養でき，しかも個体乳量を高く維持することが可能である。安価な濃厚飼料で高乳量が確保できれば，酪農経営として特段の問題はない。こうして濃厚飼料は，酪農場がそれまでに築いてきた自前の土地での飼料生産と，それにもとづく乳生産という関係を断ち切る役割をはたした。それはまた，単位面積当たりの乳牛飼養頭数（これを飼養密度という）の歯止めをはずしてしまうことにもなった。都府県の酪農場のような高飼養密度での乳生産は，飼料を購入することを前提として成立している。

④土地と断ち切られた不安定な酪農

ところで，濃厚飼料が常に安価で安定して供給されるという保証はない。為替相場の変動による価格の不安定さに加えて，たとえば2006年秋に始まり2008年11月に最高になった濃厚飼料価格の暴騰は，新興国での動物性タンパク質摂取量増加による飼料用穀物需要の増大，バイオエタノール原料向け需要の増加，さらには商品市場への投機資金の流入など，世界経済の影響を受けた結果であった。

それに敏感に反応して，北海道でも濃厚飼料給与量は一時的に減った（図2-Ⅵ-4）。しかし，濃厚飼料依存体質から完全に抜け出すことはできず，濃厚飼料価格が高止まりしているにもかかわらず，2010年には濃厚飼料給与量が2005年水準に回復している。

濃厚飼料依存型の酪農は，つねに外部の経済状況に影響を受ける不安定な飼料基盤によって成り立っており，しかも土地と乳生産の関係が断ち切られている。しかし，問題はそれだけではない。

4 養分循環の破綻（はたん）と環境汚染の発生

濃厚飼料依存型酪農のもう1つの問題は，酪農場での土－草－牛をめぐる養分循環が破綻することである。酪農場という循環系に，系外から購入濃厚飼料として次々と持ち込まれる植物養分は，例外なく家畜のふん尿になって酪農場に残っていく。このとき，系外から持ち込まれる養分量が，自然の自浄力によって浄化される範囲内であれば，持ち込まれた養分による環境への悪影響，すなわち環境汚染は発生しない（図2-Ⅵ-1の②）。自然の自浄力が作用することによって環境に悪影響を与えないからであ

表 2-Ⅵ-1　草地に施与されたふん尿による窒素の環境への悪影響 *

汚染対象	窒素の形態	発生の仕組み	環境への悪影響
大気環境	アンモニアガス（NH_3）	家畜のふん尿による自給肥料（堆肥，尿液肥，スラリーなど）が草地表面に施与されると，自給肥料に含まれていたアンモニア態窒素（NH_4-N）が空気に触れてアンモニアガス態窒素（NH_3-N）となって大気中に放出される。これをアンモニア揮散という。自給肥料と空気が触れあう面積が大きいほど揮散量が多い。そのため，その面積が少なくなるような方法（たとえば，スラリーを帯状に表面施与する方法や，草地土壌に浅い溝を切り，そこにスラリーを注入する方法など）で施与すると揮散を抑制できる。化学肥料からのアンモニア揮散は少ない	①大気中の酸性物質（窒素酸化物や硫黄酸化物）と結びついて，より酸性の強い酸性雨をつくる ②降下したアンモニア態窒素は窒素肥料成分として働き，通常施肥されない森林では，逆に，それによって生育がかく乱されて森林の衰退がもたらされる ③地面に降下したのち，土壌中の微生物作用を受けて硝酸態窒素に変化し（硝酸化成作用），土の酸性化を助長するとともに，養分のバランスをくずす
	一酸化二窒素（亜酸化窒素，N_2O）	農地に与えられたアンモニア態窒素が硝酸態窒素に変化するとき（硝酸化成作用）や，土壌水分がやや多いとき，すなわち土壌中の全孔隙に対して水分が満たされている孔隙の割合（水分飽和度，WFPS：water filled pore space）が 60 ～ 70%程度のとき，硝酸態窒素が還元されて発生する	一酸化二窒素は温室効果ガスとしてきわめて強力で，温室効果は二酸化炭素（CO_2）の 298 倍にもなる
水環境	硝酸態窒素（NO_3-N）	硝酸態窒素は土壌中でマイナスイオン（NO_3^-）として存在している。土壌は通常マイナスに荷電しており，両者は反発しあうため，硝酸態窒素は土壌に保持されにくい。そのため，硝酸態窒素は地下水に流出しやすく，河川や湖沼にはいり込んで水質を悪化させる	①余剰のリンとともに河川や湖沼に硝酸態窒素がはいり込むと，その水の栄養分濃度が高まり，アオコや植物プランクトンなどが異常繁殖して水を緑色に変色させるほどその水質を悪化させる。これを富栄養化現象という。 ②硝酸態窒素濃度が高い飲用水（NO_3-N として 10 ㎎/ℓ 以上）を飲むことで，血液の酸素運搬能力が低下し，それによって，とくに幼児が窒息するといったことへの懸念がある。ただし，最近の報告では，単に硝酸態窒素濃度が高いことが人に危険であるというのは過大評価だとする批判もある

＊：この悪影響はふん尿による窒素だけによって発生するものではない。化学肥料であっても，施与量が草地の牧草要求量より多く過剰になった場合，土壌に残った肥料による窒素でも同様な悪影響が発生する

る。この汚染物質の許容量，いいかえると環境による汚染物質の収容力のことを環境容量という。

ところが，土地による飼養頭数の歯止めを失った濃厚飼料依存型の酪農では，適正な飼養密度以上に乳牛を飼養することが可能である。その結果，乳牛のふん尿による養分が酪農場に蓄積し，蓄積量がその土地の環境容量以上になると，周辺環境へあふれでていく（図2-Ⅵ-1の③）。こうして，もともと土壌の肥沃度を維持するはずのふん尿が，逆に環境汚染物質になってしまう。都府県の畜産の現状はまさにその状況にあり，家畜ふん尿による地下水汚濁がすでに現実の問題になっている地域もある。土地基盤に恵まれた北海道でもこの問題が危惧されている。

2　草地への自給肥料施与による環境への悪影響

1　悪影響は大気環境と水環境に大別

草地に施与された自給肥料による環境への悪影響は，それに含まれている窒素（N）によってもたらされることが多い。悪影響は，大気環境と水環境に対するものの2つに大別できる。

表２-Ⅵ-２　メタン発酵消化液と化学肥料による窒素（N）施与量に対する牧草によるみかけの窒素吸収割合と環境への流出割合－３年間のライシメータ *1 試験結果（Matsunaka ら，2006）

	消化液の施与時期と施与量				化学肥料区 *4
	秋標準量区	秋多量区	春標準量区	春多量区	
全窒素（T-N）施与量 *2 (g/㎡/３年)	68	138	62	123	48
NH_4-N 施与量（g/㎡/３年）	32	64	32	64	48
T-N 施与量に対する割合 *3 (%)					
a) 牧草による吸収	18.1	17.5	29.7	24.8	63.8
b) NO_3-N として地下浸透水へ溶脱	7.9	10.1	6.0	12.3	11.5
c) NH_3-N として揮散	13.1	13.6	13.2	12.7	ND
d) N_2O-N として排出	0.1	0.1	0.0	0.1	0.1
環境へ流出 (b+c+d)	21.2	23.8	19.2	25.0	11.6

NH_4-N：アンモニア態窒素，NO_3-N：硝酸態窒素，NH_3-N：アンモニアガス態窒素，N_2O-N：一酸化二窒素態窒素
＊１：ライシメータとは，実際の農耕地（ここでは草地）に近い状態で，土壌と作物の養分収支を明らかにすることを目的として，コンクリート製の有底槽に土壌を詰めたもので，地下浸透水も採取して養分の動きを測定できる特徴をもつ。この試験では，さらにライシメータの草地表面に密閉容器を置き，草地から放出されるアンモニアガス（NH_3）や一酸化二窒素ガス（N_2O）も測定している。環境へ流出する３つの形態の窒素を同じ草地で観測した例は少ない
＊２：N 施与量はいずれも３年間の合計量。アンモニア態窒素（NH_4-N）施与量は T-N 施与量に含まれる
＊３：各処理区の測定値から無処理区の測定値を差し引いたものをみかけの値とし，その T-N 施与量に対する割合。牧草（チモシー）による N 吸収は刈取りによって持ち出された N 量。ND：化学肥料区ではアンモニア揮散がなかった
＊４：チモシー草地への北海道施肥標準にもとづく N 量（16g/㎡/年）を化学肥料で施与

大気環境へのおもな悪影響はアンモニアガス態窒素（NH_3-N）としての揮散（以下，本書ではアンモニア揮散と略す）と一酸化二窒素（亜酸化窒素，N_2O）の排出である。水環境へのおもな悪影響は，硝酸態窒素（NO_3-N）をはじめさまざまな形態の窒素による河川や地下水の水質汚濁と，これにリン（P）が加わることで発生する水質の富栄養化である。

こうした環境への悪影響とその発生の仕組みを前ページ表２-Ⅵ-１にまとめた。具体的な汚染防止対策などは第３章Ⅳ項で述べる。

2 自給肥料による窒素が環境に流出する割合

実際に草地に施与された自給肥料による窒素が，どれくらいの割合で大気や水環境に流出するのかを採草地で測定した１例が表２-Ⅵ-２である。この例では，乳牛のふん尿を主原料とするメタン発酵消化液（注２）（以下，消化液と略）が用いられている。消化液に含まれている全窒素の 20 ～ 30％が牧草に吸収され，大気や地下水など周辺環境に流出したのは 20 ～ 25％程度であった。環境へ流出する最大のものはアンモニア揮散で 13％程度である。硝酸態窒素として地下水に溶脱する割合は６～ 12％であり，もっとも少なかったのは一酸化二窒素としての排出で 0.1％以下であった。

〈注２〉
家畜のふん尿を微生物によって嫌気的に分解し，メタン生成菌がつくるメタンガスを取り出したあとの液状物。肥料成分含有率は原料ふん尿と大差がない。ただし，全窒素含有率は大差がないものの，無機態窒素の割合は原料ふん尿より消化液のほうが高い。

化学肥料の窒素は牧草による吸収割合が高く，アンモニア揮散が認められなかったので，環境へ流出する割合は消化液より明らかに少ない。

3 適正な飼養密度が悪影響を抑制

こうした自給肥料施与による環境への悪影響を抑制するには，自給肥料による養分量を環境容量以下で施与するのに十分な面積の草地や飼料畑があればよい。少ない耕地に乳牛を多頭飼養すれば，面積当たりの自給肥料施与量が多くなり，自給肥料による養分が環境容量をこえてしまう。

表 2-Ⅵ-3　各種の水質にかかわる基準からみた適正な飼養密度（ha 当たりの飼養乳牛頭数）（松中，2002）

対象とする基準	基準値	変動要因	適正飼養密度（頭 /ha）
農業用水基準 *1	全窒素（N）で 1 mg / ℓ 以下 *1	流達率 *2 流域面積に占める草地の割合 河川水量	1.4 ～ 2.0*3
地下浸透水の水質基準 *4	硝酸態窒素 (NO_3-N) で 10 mg / ℓ 以下 *4	窒素残存許容量 *5 作物の窒素吸収量 *6	1.9 ～ 2.3*7
農耕地への許容限界窒素量	ヨーロッパの基準値＝窒素（N）で 170kg /ha 以下		1.6

この表では，乳牛のふん尿による年間排出窒素量を，搾乳牛（体重 660kg）について排泄ふん尿の実測データから 106kg / 頭 で計算している

＊ 1：農水省が提示したイネの正常生育に望ましい灌漑用水の指標として用いられている基準

＊ 2：単位面積に投入された窒素のうち，自然浄化を受けたのちに河川へ到達する割合で，6 ～ 9%程度である

＊ 3：北海道東部草地酪農地帯の 5 町（浜中，標茶，別海，中標津，標津）を対象に試算した値

＊ 4：環境省の地下水の水質汚濁にかかわる環境基準による

＊ 5：土層内に存在する硝酸態窒素（NO_3-N）が余剰水（降水量から作物による蒸発散量を差し引いた水量）に全て溶けて地下浸透水となっても，そのときの NO_3-N 濃度を 10mg / ℓ 以下に維持しうる量

＊ 6：北海道では「通常の収量を上げるうる作物の窒素吸収量」と「硝酸態窒素残存許容量」を合計した窒素量を窒素環境容量と定義している

＊ 7：北海道東部の根室，釧路，十勝，網走地方を対象に試算した結果

酪農場として単位耕地面積当たりにどのくらいの乳牛を飼養できるか，すなわち，適正な飼養密度の範囲内の頭数で飼養することが環境への悪影響をさけるための要点となる。

3　環境に悪影響を与えない適正飼養密度

1　適正飼養密度は 2 頭 /ha 以下

現状では，アンモニア揮散や一酸化二窒素の放出など大気環境への汚染についての具体的な規制値はない。しかし，水環境への影響には 3 つの具体的な水質基準がある。窒素濃度について河川の農業用水基準（全窒素（N）濃度で 1 mg / ℓ 以下），地下水の水質基準（硝酸性窒素（NO_3-N）濃度で 10mg / ℓ 以下），農耕地への許容限界窒素量の 3 つである。草地に乳牛のふん尿による自給肥料が施与されても，水環境への影響が上記の基準以内であれば，環境への悪影響の少ない酪農経営が維持できるはずである。そこで，それぞれの基準を満たすことができる飼養密度が試算された。

河川の農業用水基準を満たすための適正な飼養密度は，北海道東部の草地酪農地帯の 5 町を対象にした試算では 1.4 ～ 2.0 頭 /ha であった（表 2-Ⅵ-3）。地下浸透水の水質基準を満たすには，北海道の主要な酪農地帯での試算で 1.9 ～ 2.3 頭 /ha の範囲だった。さらに，農耕地へのふん尿による許容限界窒素量をヨーロッパ各国の基準である 170kg /ha とすると 1.6 頭 /ha になる。

これらの 3 種類の試算結果を総括すると，ふん尿による窒素で環境に悪影響を与えない乳牛の適正な飼養密度は，およそ 2 頭 /ha である。ただし，上記の試算には大気環境への悪影響が考慮されていないため，それを考慮すれば適正な乳牛飼養密度は 2 頭 /ha よりさらに小さくなる。

表 2-Ⅵ-4　GS と CS の給与比率を1：1で通年給与したときの乳牛の飼料摂取量，乳量，それに必要な土地面積と飼養密度の試算結果（中辻，2010 から一部抜粋，加筆）

	濃厚飼料給与レベル（原物，乳量比，%）			
	15	20	25	30
●乾物摂取量（年間 1 頭当たり，kg）				
GS	2427	2330	2206	2050
CS	2427	2330	2206	2050
粗飼料（GS + CS）	4853	4661	4413	4100
濃厚飼料 *1	1015	1518	2154	2962
計	5868	6178	6567	7061
●摂取量に対する粗飼料摂取割合（飼料自給率，%）				
乾物	82.7	75.4	67.2	58.1
TDN	78.5	70.0	60.9	51.3
●乳量（年間 1 頭当たり，kg）				
総量	7941	8892	10086	11604
粗飼料由来	6230	6228	6146	5955
●年間必要土地面積 *2（a/ 頭）				
採草地（GS）	37.2	35.7	33.8	31.4
トウモロコシ畑（CS）	20.7	19.9	18.8	17.5
計	57.9	55.6	52.6	48.9
●飼養密度（頭 /ha）				
採草地＋トウモロコシ畑	1.73	1.80	1.90	2.05

＊1：濃厚飼料は，粗タンパク質（CP）20%，TDN75%（いずれも原物中の含有率）である乳牛用配合飼料（乾物率 85%）
＊2：粗飼料生産に必要な土地面積は，『北海道農業生産技術体系第３版（2005）』の数値にもとづき，10a 当たりの GS，CS の生産量を下の式で計算し，その値で乾物摂取量を除して求めた
GS の 10a 当たり乾物生産量＝牧草乾物収量（783kg /10a）× 0.833（サイレージ調製の乾物回収率）＝ 653kg /10a
CS の 10a 当たり乾物生産量＝飼料用トウモロコシ乾物収量（1361kg /10a）× 0.862（サイレージ調製の乾物回収率）＝ 1173 kg /10a
GS：中水分牧草サイレージ，CS：トウモロコシサイレージ，TDN：可消化養分総量

2 高い飼料自給率と乳量の両立は可能

適正飼養密度である２頭 /ha を満たして，環境への悪影響を最大限抑制しても，以下のような飼養条件であれば，高い飼料自給率を維持しながら現在の経産牛１頭当たり乳量水準を十分に維持できる。牧草サイレージ（以下 GS と略）とトウモロコシサイレージ（以下 CS と略）の給与比率を１：１，濃厚飼料を乳量の 20%相当で給与すれば，適正飼養密度（２頭 / ha）以下で，かつ飼料の TDN（可消化養分総量）自給率 70%以上という２つの条件を満たし，年間１頭当たり 8,892kgの乳生産が可能である（表 2-Ⅵ-4）。濃厚飼料の給与水準を 25%まで増やすと，乳量がさらに増え，飼養密度も２頭 /ha より小さい。しかし，TDN 自給率が 70%を下回るため，高い飼料自給率を維持するという面から推奨できない。

濃厚飼料給与量が乳量の 20%であっても，GS と CS の比率を１：２にするほうが１：１より乳生産量が多いという試算もある。しかし，この比率を満たそうとすると，トウモロコシ畑の面積が増え，それに必要な労働力が多くなり，トウモロコシ栽培のための生産費も増加するなど，収益を減らす要因が増える。そのため，GS と CS の比率を１：２にすることは，乳生産量が多くなるとはいえ現実的ではない。GS と CS の給与比率は，栄養摂取量だけでなく，労働力や経済性を含む総合的な判断によって決め

る必要がある。

3 草地の利用方法と環境への悪影響
—利用方法の変更では抑制できない

①採草地と放牧草地でちがう窒素の流出先

酪農場の飼養密度が適正範囲（２頭 /ha 以下）であるということは，環境に大きな悪影響を与えず自給肥料を施与できる圃場がその酪農場にあることを意味する。しかし，これは酪農場の耕地全体に均一に自給肥料が施与された場合であって，実際には個々の採草地や放牧草地で自給肥料の施与量がちがうことが多い。草地にはいる窒素は，自給肥料だけではなく化学肥料もあるし，マメ科牧草に共生する根粒菌が固定した窒素もある。こうした草地に流入する養分の動きは採草地と放牧草地でちがい，結果的に環境への影響も両者でちがう。

北海道根室地方の採草地と放牧草地の窒素収支を比較すると，草地に流入する窒素は採草地のほうが多い。しかし，周辺環境へ流出して環境に悪影響を与える窒素は，いずれも年間 30kg /ha 程度とほぼ等しい（図２-Ⅵ-５）。ただし，それぞれの流出先は両者で大きくちがう。自給肥料がスラリー（ふん尿混合物）主体の場合は，採草地から流出する窒素の約２/ ３はアンモニア揮散で，大気汚染の原因になる。これに対して，放牧草地から流出する窒素の約 90% は地下浸透と表面流去で，水質汚濁の原因になる。

②自給肥料は全面散布，ふん尿は部分的な排泄

採草地でアンモニア揮散による大気汚染が多くなるのは，自給肥料が機械によって草地表面にほぼ均一に広く散布されるため，散布された自給肥料と空気の接触面積が大きくなってアンモニア揮散が促進されるからである。フリーストール牛舎からでるスラリー（ふん尿混合物）が草地表面に散布されると，そのアンモニア揮散率はスラリーの施与量によってちがうものの，施与されたアンモニア態窒素（NH_4-N）の 37％程度である。

放牧草地では個々の乳牛のふん尿排泄地点は小面積であり，そこに多量の窒素が排出されることになる。そのため排泄ふん尿と空気との接触面積が小さく，アンモニア揮散は抑制される。しかし，草地の傾斜角や斜面形状，水飲み場，給塩場，さらに牧柵や庇(ひ)

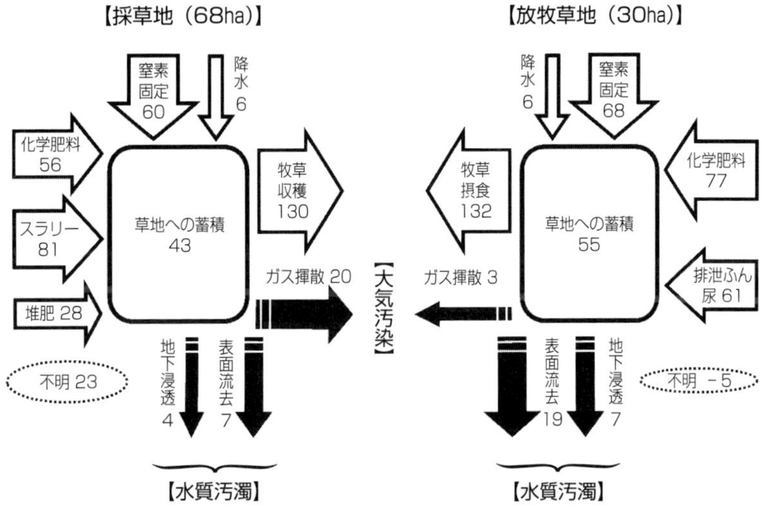

図２-Ⅵ-５
北海道根釧農試の乳牛飼養環境を１つの酪農場とみなして定量・試算された採草地と放牧草地の窒素の流れ（三枝，2003 北海道立根釧農試，1999 から作図）
図中の数字の単位：kg N/ha / 年，1995 ～ 1997 年の３年間の平均値

表２-Ⅵ-５　酪農場における乳牛の飼養形態のちがいが環境へ与える影響の比較

	乳牛の飼養形態	
	放牧	舎飼い
牧草の飼料としての形態	放牧草	サイレージ，乾草
利用草地	放牧草地	採草地
牛舎のふん尿処理作業	少ない	多い
購入濃厚飼料による流入窒素	少ない	多い
草地でのふん尿の分布	不均一	放牧草地より均一
草地でのふん尿による養分の分布	放牧草地ではふん尿による養分が斑点状に不均一分布し，ふん尿排泄地点では余剰養分が発生	採草地ではふん尿由来による自給肥料＊1 が機械によってほぼ均一に散布される
余剰養分となった窒素の周辺環境への悪影響＊2	放牧草地から流出する窒素は，おもに周辺の水環境に悪影響を与える。地下浸透によって地下水の水質を，あるいは表面流去水によって河川，湖沼の水質を汚濁する	採草地から流出する窒素は，おもに周辺の大気環境に悪影響を与える。その多くは自給肥料が草地表面に施与されたのちのアンモニア揮散である
土壌侵食による被害	起伏に富む急傾斜の放牧草地では，表面流去水による土壌侵食被害を受ける可能性が大きい	放牧草地より起伏や傾斜が緩やかで，表面流去水の発生が少なく，土壌侵食被害を受ける可能性は小さい

＊１：堆肥，スラリー（ふん尿混合物），尿液肥（尿貯留槽の液肥）など
＊２：余剰窒素の周辺環境に対するおもな悪影響である。記載以外の悪影響として，放牧草地でもアンモニア揮散は無視できないし，温室効果ガスの一酸化二窒素の放出もある。また同様に採草地でも，余剰窒素による水質汚濁は生じる

陰(いん)林などの影響によって，放牧牛のふん尿排泄は不均一でかたよりがある。

このため，放牧草地の排泄ふん尿による土壌養分も不均一に分布し，牧草による養分の利用効率が低下する。その結果，ふん尿排泄地点で余剰養分が発生し，それが地下浸透して流出し水質汚濁の原因になる。

③放牧草地では表面流去水による流出が大きい

放牧草地から水環境への窒素流出は，上述した地下浸透よりもむしろ草地の表面を流れ去る水（表面流去水）に溶けて河川や湖沼に流出する環境汚染のほうが大きい（図２-Ⅵ-５）。農業機械の走行が困難な急傾斜や複雑な地形の土地でも，家畜を放牧することができる。これは放牧の大きな利点の１つである。しかし，傾斜した草地に雨が降ると，地下に浸透しきれなかった雨水が表面流去水になって草地表面に沿って下方に流れる。表面流去水によって流出するのは養分だけでなく，土壌侵食も発生する。

草地の放牧利用は，牛舎でのふん尿処理にかかる労力を減らすので，しばしば環境保全に役立つと強調される。しかし，放牧草地では，表面流去水による流出を抑制する環境保全対策が不可欠である。

④飼養形態，利用方法をかえても悪影響は抑制できない

乳牛の飼養形態がおもに放牧である場合と，サイレージや乾草を通年にわたって給与し，乳牛を牛舎やその周辺で飼養する舎飼いでは，環境への影響がちがう（表２-Ⅵ-５）。

しかし，酪農場が飼養密度をかえず，乳牛の飼養形態を通年舎飼いから放牧にかえても，乳牛のふん尿の発生量はかわらない。ふん尿の発生場所が牛舎から放牧草地にかわるだけである。悪影響が，採草地で発生しやすい大気環境から，放牧草地で発生しやすい水環境へ変化するにすぎない。乳牛のふん尿による環境への悪影響を抑制するには，飼養形態や草地の利用方法の変更ではなく，酪農場の飼養密度を低下させる以外に名案はない。

4 家畜ふん尿による環境への悪影響の法規制

農耕地の肥培管理が環境に悪影響を与えていることが注目されるようになったのは，1970年代以降である。この時代にヨーロッパ諸国で，農耕地から流出する硝酸態窒素による地下水の水質汚濁が大きな問題になった。ヨーロッパはわが国とちがい降水量が少ないため，飲用水のほとんどを地下水に依存する。そのため，地下水の水質汚濁は重大な問題なのである。

1 ヨーロッパでの法規制

① 1970年代の法規制

1970年代，ヨーロッパの家族経営農業は規模拡大期をむかえた。もともとヨーロッパでは，農業の生産基盤である土壌肥沃度の維持のためには，ノーフォーク農法に代表されるように，家畜ふん尿を利用した自給肥料の利用を大前提とする伝統があった。「飼料なければ家畜なし，家畜なければ肥料なし，肥料なければ収穫なし」というフランドルの格言（注3）がみごとにそれを物語っている。

そのため，自給肥料確保をめざして，養分源である家畜の飼養頭数が増えた。ところが，飼養頭数の増加に自給肥料の利用管理が十分に対応できず，自給肥料からの窒素が圃場へ過剰に施与されて水質汚濁がすすんだ。

自給肥料からの窒素による水質汚濁を防ぐために，飲用地表水指令（注4）が1975年に合意され，飲用地表水の安全な硝酸（NO_3）濃度基準がはじめて設定された。

設定された硝酸（NO_3）濃度基準の最高濃度は，物理的あるいは化学的処理に消毒を組み合わせた高度な浄化法の場合50mg／ℓ（NO_3-Nとして11.3mg／ℓ）であった。しかし，状況は改善せず，1980年代にはいると地表水だけでなく地下水，さらには地中海や北海などの海水でも水質の富栄養化がすすみ，ブルーベビー症候群（赤血球の酸素運搬機能障害）や魚の大量死などが発生して社会に衝撃を与えた。

② 1990年代の法規制

このため，農業による環境規制の対象が水系の硝酸態窒素濃度にしぼられていった。そして，1991年12月，ヨーロッパ共同体（EC）の閣僚理事会は水質保全のため硝酸塩指令（注5）を公布した。これによって加盟国の農業全体が，環境規制の枠組みに組み入れられることになった。この指令の目的は，農業による硝酸態窒素が原因や誘因になった水質汚濁を軽減し，汚濁の進行を防ぐことにある。

この目的を達成するために，EC加盟国は必要な法律の制定と水質汚濁を抑制するための適正な農業規範（A Code of Good Agricultural Practice）を，1993年12月までに策定することが義務づけられた。こうして，ヨーロッパ各国で法規制が実行されることになり，それぞれ具体的な法規制を策定している。主要5カ国の法規制の概要を表2-Ⅵ-6に示した。

〈注3〉
フランドルとは，オランダ南部，ベルギー西部，フランス北部にかけての地域で，別名のフランダースは英語由来のよび方である。化学肥料がなかった中世の時代，この地域の農業者は家畜のふん尿をとおして，土－草－牛の養分循環が成立すれば，ふん尿が養分移転材料となることに気づいた。この格言は，耕地の土壌肥沃度と作物生産を良好に維持するには，この養分循環を活用することにつきると主張している。

〈注4〉
正式には「Surface Water for Drinking Directive, 75/440/EEC」と表記される指令で，1991年の硝酸塩指令へのいとぐちになった。

〈注5〉
農業による硝酸態窒素に起因する汚染から水系を保護することに関する閣僚理事会指令91/676/EEC = Council Directive 91/676/EEC concerning the protection of waters against pollution caused by nitrates from agricultural resources, "Nitrate Directive"。

表 2-Ⅵ-6　ヨーロッパ主要5カ国の家畜ふん尿による自給肥料の農地利用に関する規制の概略　（松中，2007）

規制項目	対象	イギリス	オランダ	デンマーク	ドイツ	フランス
自給肥料による窒素（N）施与上限量	草地	250kg /ha	170kg /ha*1	140kg /ha*2	170kg /ha*3	170kg /ha*4
	畑地	170kg /ha				
自給肥料 *5 の施与禁止期間（月 / 日）	草地	9/1 ～ 11/1	最長期間で 9/1 ～ 1/31*6	原則として 収穫後～ 2/1*7	11/15 ～ 1/15	スラリー：7/1 ～ 1/15
	畑地	8/1 ～ 11/1				スラリー：11/1 ～ 1/15*8
施与方法	水系との距離	10m 以内禁止	5m 以内禁止	15m 以内禁止	表面流去防止	表面流去防止
貯留槽	容量 *9	禁止期間相当分	6カ月分	6～9カ月分	6カ月分	原則= 4カ月分 *10

＊ 1：所有地の 70%以上が草地の場合，250kg /ha が認められる。リン（P_2O_5）についても上限量が設定されている
＊ 2：牛飼養農場特例= 170kg /ha，テンサイ，牧草，飼料作物作付け割合が 70%以上の農場特例= 230kg /ha
＊ 3：リンとカリウムについては，土壌診断にもとづいて上限量設定
＊ 4：家畜の飼養密度が大きいためすでに窒素過剰となっている地域では，さらにきびしい規制がかけられている
＊ 5：対象となる自給肥料はスラリー（ふん尿混合物）が多く，堆肥は禁止期間が設けられない場合もある
＊ 6：土壌の種類や作付ける作物などによって変化する
＊ 7：自給肥料の種類と作付ける作物によってちがう
＊ 8：春播き作物への堆肥について，7/1 ～ 8/31 の禁止期間あり
＊ 9：施与禁止期間に排泄されるふん尿量を貯留するのに十分な容量
＊ 10：窒素過剰地域などでは，6～9カ月間で排泄されるふん尿量を貯留するのに十分な容量

ここで重要なことは，2002 年 12 月以降，自給肥料による窒素の農地への施与上限量が，おおむね年間 170kg /ha に規制されていることである。これは，搾乳牛 1 頭当たりの年間窒素排出量がおよそ 106kgであることからみて，搾乳牛換算の飼養密度が 1.6 頭 /ha で規制されていることになる。

2 わが国での法規制

①「家畜排せつ物法」とその問題点

わが国の畜産経営から排出される家畜ふん尿に関連した法規制でもっとも重要なものは，「家畜排せつ物の管理の適正化及び利用の促進に関する法律」（以下,「家畜排せつ物法」と略）である。これは 1999 年に施行され，2004 年から罰則を含むすべての規定が適用されている。このほか，「環境基本法」による「水質汚濁防止法」や「悪臭防止法」などもある。

「家畜排せつ物法」のおもな目的は，家畜ふん尿の貯留施設などからの養分流出による環境汚染防止である。牛 10 頭以上，豚 100 頭以上，鶏 2,000 羽以上など一定規模以上の農場を対象に，ふん尿貯留施設などの管理基準（表 2-Ⅵ-7）と罰則規定が設定されている。しかしヨーロッパの場合と本質的にちがうのは，この法律に家畜ふん尿による自給肥料の耕地への施与量が規制されていないことである。

わが国の畜産は集約化が著しくすすみ，単位面積当たりの家畜飼養頭羽数（飼養密度）が増えたため，自給肥料を耕地に適切に施与するというより，なかば投棄的に耕地へ施与

表 2-Ⅵ-7　家畜排せつ物法の各種基準

基　準	内　容
1）ふん尿にかかわる施設の構造に関すること	（1）ふんの処理・保管施設は，床をコンクリートその他の不浸透性材料で築造し，適当な覆いおよび側壁を有するものとすること
	（2）尿やスラリー（ふん尿混合物）の処理・保管施設は，コンクリートその他の不浸透性材料で築造した構造の貯留槽とすること
2）ふん尿の管理方法に関する基準	（1）家畜排せつ物は管理施設で管理すること
	（2）管理施設の定期的点検をおこなうこと
	（3）施設に破損あるときは遅滞なく修繕すること
	（4）送風装置等を設置している場合は，当該装置の維持管理を適切におこなうこと
	（5）家畜排せつ物の年間発生量，処理の方法および方法別の数量を記録すること

される場合も多い。耕地の単位面積当たりの家畜ふん尿による窒素量（これを窒素負荷量という）の全国平均は202kg /haで，ヨーロッパでの規制値170kg /haをすでにこえており，北海道を除く都府県だけの平均では225kg /haである。しかも，ヨーロッパでの特例としての規制値（表2-Ⅵ-6）をこえているのが，47都道府県のうち13県もある。

したがって，わが国の地下水は例外的な県を除き，もはや危機的状況にある。事実，ある県では家畜ふん尿に起因すると思われる地下水の汚濁がすすみ，地下水の硝酸態窒素（NO_3-N）濃度が飲用基準（10㎎ / ℓ）をこえているところが，調査741地点の13%に達していたとの報告もある。

このような現状であっても，上述したように家畜排せつ物法には，耕地への自給肥料の施与上限量の規制が設けられていない。そのため，この法律によって，耕地に施与（投棄）される自給肥料による環境への悪影響を確実に抑制することはむずかしい。わが国もヨーロッパ 諸国のように，自給肥料の施与上限量の規制を検討する必要がある。

②北海道別海町の画期的な条例

2014年4月，北海道東部の別海町で「別海町畜産環境に関する条例」という画期的な条例が施行された。これが画期的なのは，わが国ではじめて乳牛の飼養規模についての規制基準が設けられたことである。具体的には，乳牛の飼養規模を家畜排せつ物が適正に管理および処理できる範囲内にするとし，個々の農場での飼養乳牛頭数が，2産以降の搾乳牛に換算した頭数（注6）で2.13頭 /haをこえないこととした。規制基準違反の対応措置も明記され，2017年4月から適用される。

〈注6〉
2産以降の搾乳牛を1頭とし，初産牛0.78，育成牛（初生から未経産）0.55で換算して，頭数＝搾乳牛頭数（2産以降）＋初産牛頭数× 0.78 ＋育成牛頭数× 0.55で計算。

別海町はわが国の代表的草地酪農地帯であると同時に，海岸部では漁業も盛んである。両者が将来にわたり共存共栄できる社会をつくるために，この条例によって健全な畜産環境を保持し，結果的に良好な水環境を保全することをめざしたのである。

3 環境保全的酪農（畜産）への行政支援の必要性

①とくに高い都府県の飼養密度

別海町の法規制は，わが国の環境保全的な畜産をめざした先進的な取り組みの事例である。しかし，残念ながらわが国の現状では，このような法規制を遵守して環境改善をはかれる地域はきわめて少ない。たとえば，都府県の酪農場の飼養密度（単位飼料作物面積当たりの飼養乳牛頭数）は，2009 ～ 2013年の5年間の平均で7.4頭 /haである。

これは，北海道のおよそ4倍である。もちろん，都府県は北海道よりも気象条件に恵まれ，飼料作物の収量水準も高いので，面積当たりの飼養可能頭数は北海道よりも多くなることは期待できる。しかし，現状の収量水準からみて，多く見積もっても1.3倍にすぎず，北海道の飼養可能頭数2頭 /haが都府県で3頭 /haにはなっても，5頭 /haや7頭 /haになることはとても期待できない。現在，わが国でこのような規制をおこなえば，飼養頭数を大幅に縮小するか，大量の家畜ふん尿を経営外に搬出せざるを得ず，廃業に追い込まれる経営が続出するであろう。

〈注 7〉
耕種農家とは，田や畑を耕して，イネや畑作物を栽培する農家のことである。これに対して乳牛や肉牛，豚などの家畜を飼養する農家を，畜産農家という。この両者の連携が，耕畜連携である。

②物質循環の健全化には行政支援が不可欠

飼養頭数規模の縮小を緩和する１つの方策として，周辺の耕種農家（注 7）に家畜ふん尿を利用してもらう耕畜連携が期待されている。耕種農家の生産物の一部を飼料として利用したり，輪作体系のなかに飼料作物を導入するかわりに，耕種農家圃場へのふん尿還元をすすめるなら，耕種農家の圃場が受け入れられる範囲内で地域的な物質循環が成立する。

しかし，実際の耕畜連携は容易ではない。地域としての飼養頭数の制御，良質な自給肥料の調製と適切な施与，輪作体系の再編成など技術的な課題もある。それ以上に重要なことは，輸入濃厚飼料や生産資材の価格変動に影響されない営農を地域として合意形成する必要がある。

そして，それを支えるのは，農業政策や行政的な支援である。そのためには，政治や行政が，畜産だけではない農業全体として，地域の土地条件を活かした長期的視野に立った土地利用のあり方を，地域の農業者と共有しなければならない。

以上のように，わが国畜産の物質循環を健全化するには，技術開発だけではなく，農業政策や行政的な支援が不可欠である。わが国伝統の稲作，畑作の土地利用に，歴史の浅い畜産的土地利用をどのように組み込むか，そのあり方を考えなおすことはいまからでも遅くない。環境と調和した物質循環の観点から，持続的な食料供給，土地利用政策を検討することを農政関係者に求めたい。

第3章 草地管理の実際

I 栽培・利用法

1 草地更新時の管理

1 雑草対策

第2章で述べたように，近年の草地更新では多くの場合，更新前の草地に優占していた地下茎型イネ科草と，土中で生存していた種子から播種床造成後に発生する雑草（注1）を抑制する対策が不可欠となりつつある。

〈注1〉
このように種子から出芽した幼植物を実生（みしょう）という。

①更新前に優占していた地下茎型イネ科草の抑制対策

●除草剤を利用した防除法

現在，もっとも効果的な対策はグリホサート系除草剤の耕起前処理，すなわち全面枯殺である。グリホサート系除草剤による抑制効果は処理時期によってちがう。寒地での草地更新は，春の融雪後から牧草種子の晩播限界（後出2-③項参照）までの期間におこなわれる。更新のための播種床造成作業は，春から開始する場合と，1番草を収穫してからの場合がある。

1番草収穫後に播種床造成する場合：1番草は年間収量の多くをしめるので，播種する年にも収穫できれば粗飼料の確保に有利である。

北海道の場合，1番草収穫は6月で晩播限界が8月中下旬なので，地下茎型イネ科草を含む既存草種を抑制する除草剤処理は，6～8月のあいだにお

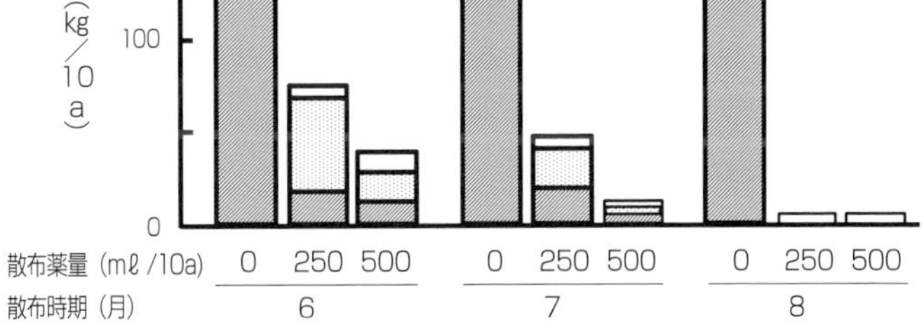

図3-I-1 グリホサート系除草剤の散布時期，薬量と散布2カ月後の既存草種の再生乾物生産量（早川・近藤，1987）

I：LSD（$p < 0.05$）（LSDは最小有意差（least significant difference））。散布時期ごとに棒グラフの高さがIの長さと大きくちがえば，散布薬量間に95%の確率で統計的な差があると判定する

OG：オーチャードグラス，MF：メドウフェスク，WC：シロクローバ，KB：ケンタッキーブルーグラス，RT：レッドトップ

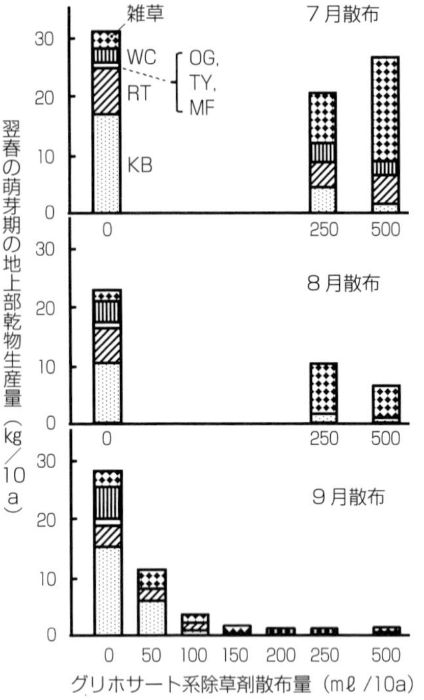

図3-Ⅰ-2
グリホサート系除草剤の散布時期，薬量と翌春の地上部乾物生産量（早川・近藤，1987）
OG：オーチャードグラス，TY：チモシー，MF：メドウフェスク，WC：シロクローバ，KB：ケンタッキーブルーグラス，RT：レッドトップ

こなうことになる。なお，除草剤による抑制効果は，6，7，8月と処理時期が遅くなるほど高い（図3-Ⅰ-1）。抑制確認後に播種床造成をおこない，晩播限界までに播種するには，7～8月の除草剤処理が有効である。

春から播種床造成する場合：前年秋までに除草剤処理ができるので，十分な時間をかけて既存草種を抑制できる。このときも，7，8，9月と処理時期が遅くなるほど抑制効果が高い（図3-Ⅰ-2）。

地下茎型イネ科草の地下茎は，夏から秋にかけて盛んに伸びる。また，植物に取り込まれたグリホサート系除草剤の薬効成分は，光合成産物の転流とともに移行するので，転流が旺盛になる秋遅いほうが地下部に移行しやすい。10月にも高い抑制効果が期待できるが，降雪や降霜で地上部の生育が停止する前に薬効成分を地下部に移行させたいので，処理が遅すぎるのはよくない。

雑草によって除草剤の処理時期をかえる：1番草収穫後から造成する場合と春から造成する場合を比べると，前者は播種年の収量確保に有利であるが，既存草種の抑制効果は劣る。これに対して，秋に除草剤処理をおこなう後者は，播種年の1番草は収穫できないが，より強く抑制できる。したがって，強害な地下茎型イネ科草であるシバムギやリードカナリーグラスが優占する草地を更新する場合は，抑制効果の高い前年秋の除草剤処理を強く推奨したい。

●イタリアンライグラスによる防除

イタリアンライグラスを活用した耕種的防除法も技術化されている。リードカナリーグラス優占草地に，萌芽後にロータリハロで15cmの深さに表層攪拌し，イタリアンライグラス種子を3.5～4.0kg /10a播種して，1番草50日，2番草30日，3番草45日程度の生育日数で，年3回刈取り利用する。

イタリアンライグラスの初期生育はリードカナリーグラスよりも旺盛なので，リードカナリーグラスはどの番草でもイタリアンライグラスに覆われ，十分な光合成をおこなえなくなり，地下茎の貯蔵養分を消耗させる。これを2年間くり返すと（通算，2度の表層攪拌と6回の刈取り利用），リードカナリーグラスの地下茎は，グリホサート系除草剤の耕起前処理とほぼ同じ程度に抑制できる。ロータリハロの施工回数を増やして地下茎を細かく砕くと，防除効果はさらに高まる（図3-Ⅰ-3）。この方法は，シバムギでも効果がある。

しかし，これは再生に必要な貯蔵養分を消耗させる方法なので，実生の雑草を抑制する効果は不十分である。埋土種子による実生の雑草が多いと予想されるときは，後述する播種床処理が有効である。

●飼料用トウモロコシによる防除

草地更新時にほかの飼料作物を作付けることも，地下茎型イネ科草の対策には有効である。飼料作物作付け期間に除草剤を適切に使用することによって，地下茎型イネ科草を徹底して抑制できるからである。

たとえば，北海道の飼料用トウモロコシは，極早生品種の開発や露地栽培法の確立によって，近年，栽培面積が増えている。飼料用トウモロコシを複数年計画的に作付け，除草剤処理をすることによって，地下茎型イネ科草の抑制できると同時に，飼料自給率の向上も期待できる。

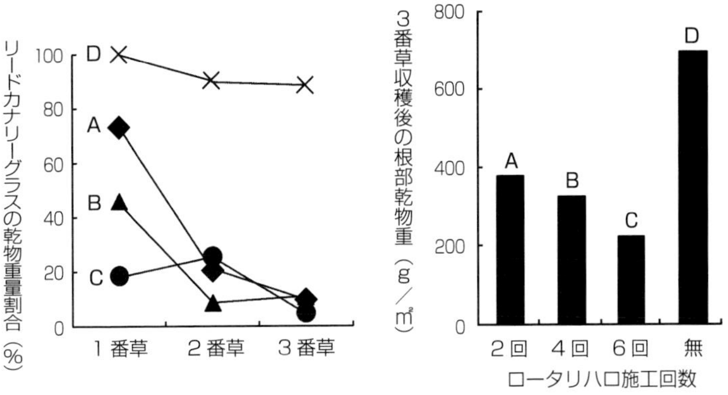

図3-Ⅰ-3　ロータリハロ施工回数とリードカナリーグラスの割合および根重（佐藤ら，2008を改変）

リードカナリーグラス優占の採草地におこなった処理 A：ロータリハロ2回施工，B：同4回施工，C：同6回施工，D：無施工
A～Cはロータリハロ施工後にイタリアンライグラスを播種し，3回収穫。Dはリードカナリーグラス優占草地のまま3回収穫

②播種床造成後に発生する実生の雑草対策

●掃除刈り

播種床造成後，牧草の出芽とともに発生する雑草の対策には，適期の掃除刈りがある。雑草の草丈がディスクモアの刃がかかる20～30㎝になり，播種した牧草をこすようになったら刈り払う。こうすることで，以後は牧草の再生が雑草を上回るようになる。なお，刈り払った草が播種した牧草を覆い隠し，再生を阻害するようであれば搬出する。

この方法はイヌタデ，シロザなど一年生草本の抑制に有効である。しかし，近年問題になっているギシギシ類のような多年生草本には効果はない。

●除草剤による防除

多年生草本を含む実生の雑草全体を防除するには，グリホサート系除草剤の播種床処理が効果的である。この方法は，播種床を造成してからしばらく放置して，実生の雑草を発生させる。雑草がひととおり発生したと確認したら，グリホサート系除草剤を散布し，10日以内に牧草を播種する。すると，雑草が枯死するのと入れ替わりに播種した牧草が出芽して，それを基幹草種にした草地ができる。

グリホサート系除草剤は土壌に接触すると失活するという特徴をたくみに利用した方法で，実生の雑草対策にはきわめて有効である。

雑草の発生は気温や降水量に左右されるので一様ではない。しかし，発生すべき雑草が出そろうまでには30～40日間かかることが多い。とくに，重要な雑草が出芽する前に処理したのでは，その後に繁茂するので雑草を抑制できない。反対に，地面がみえないほど茂ると，除草剤処理によって枯死した雑草が播種牧草の出芽・定着を抑制する。播種床処理の適期をみきわめるには，事前に雑草の種類と特徴を把握することが重要である。

③耕起前処理と播種床処理の組み合わせ

●組み合わせ処理が必要な草地が増えている

近年の草地ではリードカナリーグラスやシバムギなど，チモシーを強く抑圧する地下茎型イネ科草が優占するとともに，ギシギシ類などの埋土種子の蓄積もすすんでいる（第2章Ⅴ項参照）。そのため，地下茎型イネ科草を抑制する耕起前処理と，埋土種子対策である播種床処理の両方を必要とする草地が増えている。

このような草地を生産性の高い草地に更新するには，耕起前処理で地下茎型イネ科草を十分に抑制したあと，実生の雑草を発生させるための播種床放置期間を確保し，牧草種子の晩播限界までに播種床処理と播種を終わらせるという２段階の雑草対策が不可欠である。

●現代の草地更新には徹底した雑草対策が必要

耕起前処理と播種床処理を組み合わせた雑草対策には，１番草を収穫してから草地更新するのでは，晩播限界までの日程に余裕がなくなるとか，２回の除草剤処理には手間と経費がかかるという問題点がある。しかし，埋土種子が蓄積した地下茎型イネ科草優占草地で，組み合わせ処理をしないで草地更新すれば，播種当年のうちにギシギシ類などに優占されるか，すみやかに更新前の地下茎型イネ科草優占草地にもどってしまう。

生産現場で「草地を更新してもすぐにもとにもどる」としばしば語られる現象の多くは，草地更新時におこなうべき雑草対策の不備による「人災」といってよい。現代の草地更新では，先代，先々代の経営者では経験しなかった徹底した雑草対策が必要である。

といっても，２回の処理ではグリホサート系除草剤にかかる経費も無視できない。したがって，対象とする雑草の種類に応じ，最少の処理回数で最大の効果を発揮する体系的な除草剤処理法の確立が望まれる。

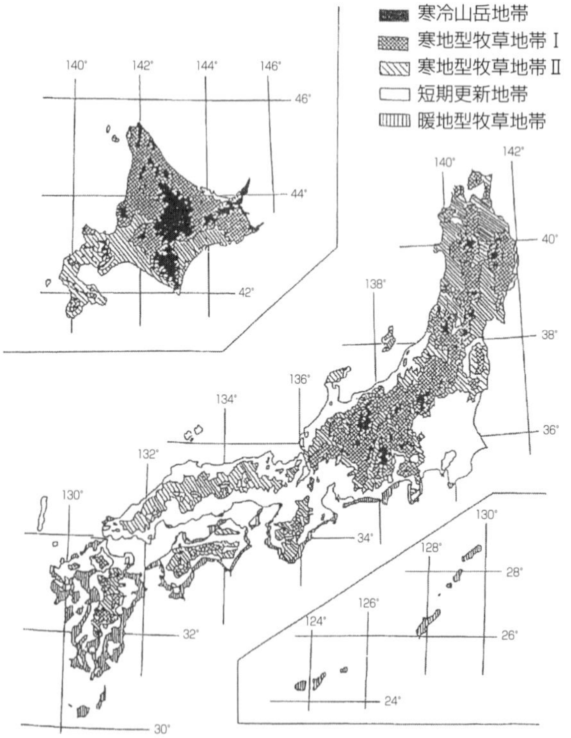

図３-Ⅰ-４　草種選択のための全国の気象地帯区分
（農林水産省生産局，2014）

2 基幹草種の選択と混播組み合わせ

①草種選定のための地帯区分

気象条件と牧草の生育から，草種選定の目安として，わが国は寒冷山岳地帯，寒地型牧草地帯Ⅰ，寒地型牧草地帯Ⅱ，短期更新地帯，暖地型牧草地帯の５つに区分され（図３-Ⅰ-４），基幹草種が示されている（表３-Ⅰ-１）。

寒冷山岳地帯：北海道の山岳地と，東北の標高1,000m，関東，中部の2,000m以上の山岳地帯。寒地型牧草にとってもきびしい気象条件なので，牧草地の分布は少ない。チモシーのように耐寒性の強い草種が適する。

寒地型牧草地帯Ⅰ：年平均気温がおよそ８℃以下で，北海道東部，北部と，東北，関東，中部の高標高地。チモシーを中心にした寒地型牧草の栽培に適し，草地の永続性も高い。

寒地型牧草地帯Ⅱ：年平均気温８～12℃で，北海道南部，東北の低～中標高地，関東，中部，中国，四国，九州の高標高地。オーチャードグラスを中心にした寒地型牧草の栽培に適する。夏枯れに注意が必要である。

表 3-Ⅰ-1　全国の地帯区分別基幹草種　(農林水産省生産局, 2014)

地帯区分（平均気温）	利用目的	基幹草種
寒冷山岳地帯	採草	チモシー，オーチャードグラス，アルファルファ
	放牧	チモシー，オーチャードグラス，メドウフェスク
寒地型牧草地帯Ⅰ（8℃以下）	採草	チモシー，オーチャードグラス，アルファルファ，ペレニアルライグラス
	放牧	オーチャードグラス，ペレニアルライグラス，チモシー，メドウフェスク，センチピートグラス，シバ
寒地型牧草地帯Ⅱ（8～12℃）	採草	オーチャードグラス，トールフェスク，アルファルファ，ペレニアルライグラス，チモシー
	放牧	オーチャードグラス，トールフェスク，ペレニアルライグラス，シバ、センチピートグラス
短期更新地帯（12～16℃）	採草	トールフェスク，イタリアンライグラス
	放牧	トールフェスク，シバ、センチピートグラス
暖地型牧草地帯（16℃以上）	採草	ローズグラス，ギニアグラス，パンゴラグラス（トランスバーラ）*2
	放牧	バヒアグラス*1、ギニアグラス，パンゴラグラス（トランスバーラ）*2，スターグラス*2

＊1：宮古・八重山諸島を除く
＊2：沖縄での栽培に適する

表 3-Ⅰ-2　地域・地帯別採草地の混播組み合わせ例　(農林水産省生産局, 2006 を一部修正)

地域	地帯	基幹草種（品種）	補助草種（品種）	補助草種（品種）
北海道	全道	チモシー（極早生：クンプウなど）	アカクローバ（早生:ナツユウ,リョクユウなど）	シロクローバ（中葉型：マキバシロなど）
		チモシー（早生：なつちから など）	アカクローバ（ナツユウなど）	シロクローバ（中葉型：ソーニヤなど）
		チモシー（中生：キリタップなど）	アカクローバ（ナツユウなど）	シロクローバ（ソーニヤなど）
		チモシー（晩生：なつさかり など）	シロクローバ（小葉型：タホラなど）	
東北	高標高地（根雪 120 日以上）	チモシー（クンプウなど）	アカクローバ（早生：ホクセキなど）	
	高標高地（根雪 120 日未満）および北部太平洋側	チモシー（クンプウなど）	アカクローバ（ホクセキなど）	
		オーチャードグラス（早生：ワセミドリなど）	シロクローバ（マキバシロなど）	
	日本海側および南部太平洋側	オーチャードグラス（極早生：アキミドリⅡなど）		
	南部太平洋側の畑および水田	（冬作）イタリアンライグラス（早生：はたあおば など）		
関東，東海，北陸	高標高寒冷地	チモシー（クンプウなど）	アカクローバ（ホクセキなど）	
		オーチャードグラス（ワセミドリなど）	シロクローバ（マキバシロなど）	
	中標高地	オーチャードグラス（ワセミドリなど）	シロクローバ（マキバシロなど）	
		トールフェスク（極早生：ナンリョウなど）	シロクローバ（マキバシロなど）	
	低標高地	（冬作）イタリアンライグラス（はたあおば など）		
九州	中標高地	オーチャードグラス（アキミドリⅡ）	ペレニアルライグラス（中生：ヤツカゼ）	
		トールフェスク（ナンリョウ）	オーチャードグラス（アキミドリⅡ）	
	低標高地	（冬作）イタリアンライグラス（極早生：さちあおば など）		
		（冬作）イタリアンライグラス（早生：ワセユタカなど）		
		（夏作）ギニアグラス（早生：ナツカゼなど）		
	沿海部および島嶼	ギニアグラス（早生：ナツユタカなど）		

注：本表の品種の組み合わせ例は一例にすぎない。推奨される品種は順次改廃されるので，計画するときはもよりの指導機関に最新の情報を問い合わせる

短期更新地帯，暖地型牧草地帯：前者は年平均気温12～16℃，後者は同16℃以上の地帯で，本書の対象とする寒地型牧草の維持が困難である。

②草種と品種の組み合わせ

いずれの地帯でも，推奨される草種と品種の組み合わせが示されている。表3-Ⅰ-2は，各地域・地帯の採草地を対象にした草種と品種の組み合わせ例である。寒い地域ではチモシーが，暖かくなるほどオーチャードグラスやトールフェスクが基幹草種となるとともに，おおむね2～3草種の混播が基本となっていることがわかる。

③晩播限界を守る

播種時期にも注意が必要である。牧草は出芽してから，越冬に耐えられるように個体を充実させる期間が必要である。その生育期間を確保するための遅播きの限界を晩播限界といい，それぞれの地域で初霜の30～40日前が目安とされる。たとえば，寒地型牧草地帯Ⅰでは7月下旬～8月中旬までに播種することが推奨されている。

晩播限界は草種によって幅がある。たとえば北海道東部の場合，アカクローバやシロクローバは8月中旬までであるが，イネ科牧草だけなら8月末まで播種できる。しかし，出芽後の初期生育が遅いガレガは，比較的気温の高い北海道中央部でも7月下旬までとされている。

晩播限界を決定する要因は気温，降水量，土壌凍結深度など複数あり，

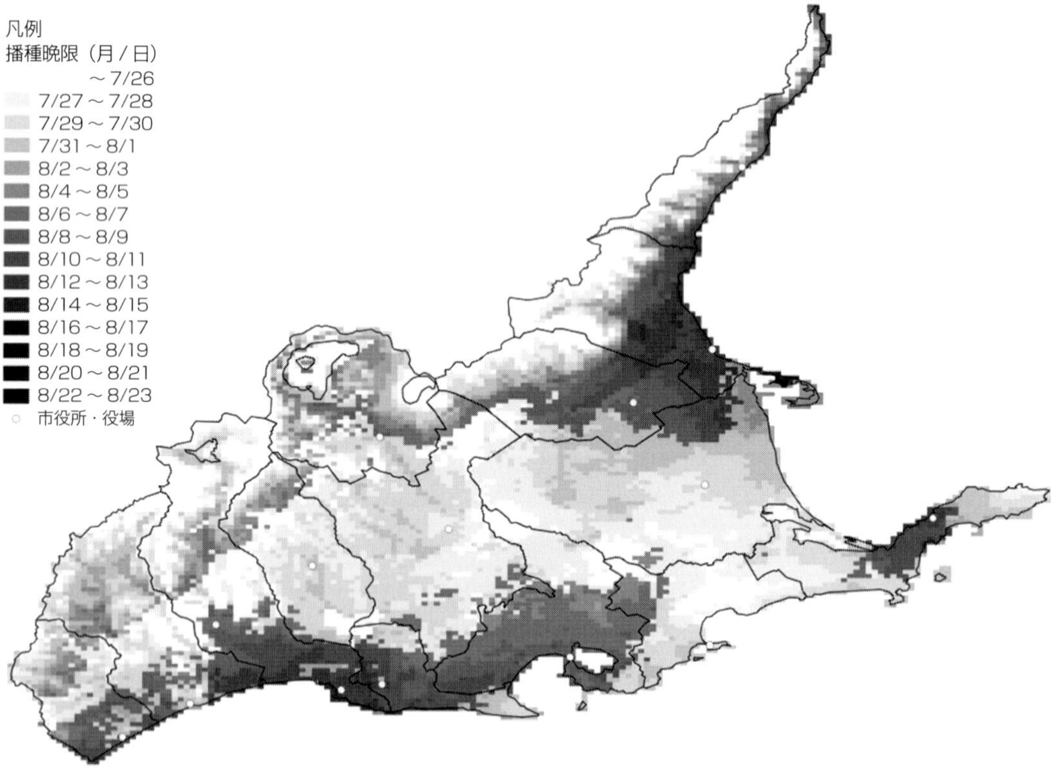

図3-Ⅰ-5　アルファルファ晩播限界マップ（道総研根釧農試，2015）
播種後越冬までの気温と降水量の不足程度，冬の土壌凍結深度を1994～2014年の気象データを用いて評価し，播種翌々年の年間アルファルファ率（乾物）35%の確保が70%の確率で期待できる播種日を1㎞メッシュで表示

これらに対応した晩播限界マップが，越冬条件のきびしい北海道東部根釧地域のアルファルファを対象に2015年に試作されている（図3-Ⅰ-5）。

なお，牧草の出芽後に干ばつがおこると，幼植物が枯死して定着できないので，干ばつの被害を受けやすい地域ではその時期をさけて播種する。

2 採草地の維持管理—基幹草種別の刈取りスケジュール

1 チモシー基幹草地

チモシーの品種は当初早生に集中していた。しかし品種改良の結果，現在では極早生，早生，中生，晩生と，広い熟期に対応している。1番草の出穂期は，北海道の場合，極早生品種で6月上旬，晩生品種で6月下旬～7月上旬と，1カ月近い出穂期の幅を確保できるようになった。北海道の採草利用では，極早生品種は年3回の収穫，早生，中生，晩生品種は年2回収穫が基本である（具体的な品種名は第2章Ⅰ項表2-Ⅰ-1および本章Ⅰ項表3-Ⅰ-2参照）。早生品種は，気象条件によっては3回収穫されることもある。

1番草はチモシーの出穂期に収穫する。高栄養の粗飼料を求めて，出穂始めや穂ばらみ期に収穫する「早刈り」をすると，チモシーの再生が悪くなり，シロクローバや地下茎型イネ科草に抑圧される。なお，1番草を早刈りしたときは，翌年の1番草を出穂期刈りにもどすことで，草種構成の悪化を回避することができる。

2番草の収穫は，1番草収穫後の再生日数を目安にする。年3回刈りでは40日間，2回刈りでは50～60日間再生させて収穫する。ただし，2番草収穫時期に高温，干ばつになると，3番草の再生が劣る。このような場合は3回刈りに固執せず，40日刈りをさけて気象条件の回復を待ち，結果的に2回刈りになることも考えておく。

チモシー基幹草地の刈取りスケジュールの目安を図3-Ⅰ-6，各番草の栄養価を表3-Ⅰ-3に示した。

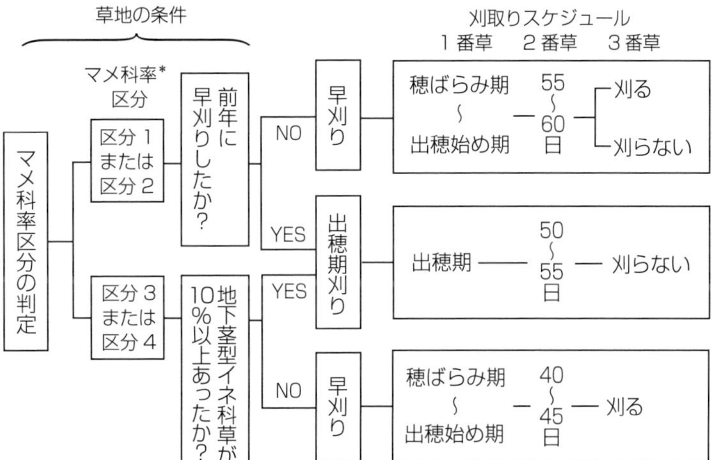

図3-Ⅰ-6
チモシー基幹草地の刈取りスケジュールの目安（三枝ら，1993を改変）
＊：1番草収穫時のマメ科牧草割合で4段階に区分
区分1：30～50%，区分2：15～30%，区分3：5～15%，区分4：5%未満。本章Ⅱ項表3-Ⅱ-3参照

2 オーチャードグラス基幹草地

北海道でのオーチャードグラスの採草利用は，年3回刈りが基本になっている。1番草はオーチャードグラスの出穂始めから出穂期に収穫する。2番草以降は出穂しないので，収量と栄養価を考慮して生育日数を目安に，秋の刈取り危険帯（第2章Ⅲ-2-3項参照）までに2回収穫する。

表３-Ⅰ-３　チモシーの刈取りスケジュール別栄養価（北海道立新得畜試，1996 より抜粋）

刈取りスケジュール			TDN 含量 (%)			年間 TDN
1 番草	2 番草	3 番草	1 番草	2 番草	3 番草	収量 (kg /10a)
早生品種（ノサップ）						
穂ばらみ期 (6/12)	40 日	9 月中旬	71	68	70	496
	50 日	〃		63	74	596
出穂始め期 (6/17)	40 日	10 月中旬	68	67	71	572
	50 日	〃		62	72	678
出穂期 (6/22)	40 日	10 月中旬	65	64	71	628
	50 日	〃		64	73	659
中生品種（キリタップ）						
穂ばらみ期 (6/19)	40 日	10 月中旬	69	67	70	654
	50 日	〃		65	71	673
出穂始め期 (6/28)	40 日	10 月中旬	65	66	71	736
	50 日	〃		61	70	783
出穂期 (7/4)	50 日	収穫しない	64	56	収穫しない	697
	60 日	〃		57	〃	755

刈取りスケジュールは1番草を生育ステージ，2番草を生育日数，3 番草を暦（月 / 旬）で示した
TDN：可消化養分総量

表３-Ⅰ-４　オーチャードグラス基幹草地での２番草の生育期間と栄養価
（北海道立新得畜試，1984 より抜粋，改変）

	1 番草早刈り後の 2 番草乾物消化率＊1			1 番草遅刈り後の 2 番草乾物消化率＊1		
	75%	70%	65%	75%	70%	65%
2 番草刈取り日	—	7 月 7 日	7 月 19 日	—	7 月 21 日	8 月 1 日
生育日数＊2	14 日	27 日	39 日	20 日	31 日	42 日
粗タンパク質含量（%）	—	17.3	13.9	—	17.3	13.5
乾物収量（kg /10a）	—	230	300	—	220	310

早刈り 1 番草は 6 月 10 日収穫，IVDMD73%，CP13.9%，乾物収量 360kg /10a
遅刈り 1 番草は 6 月 20 日収穫，IVDMD68%，CP11.5%，乾物収量 480kg /10a
＊ 1：乾物消化率は実験室での分析値にもとづいて推定された IVDMD
＊ 2：生育日数と乾物消化率の関係式を圃場実験によって求め，乾物消化率 75%，70%，65% になるために必要な生育日数を推定した
IVDMD：in vitro 乾物消化率（in vitro とは培養器などで体内と同じ環境をつくることで，そこでおこなった試験で求められた乾物消化率のこと），CP：粗タンパク質

北海道の慣行では，１番草を出穂期にあたる６月上中旬，２番草を８月上中旬，３番草を刈取り危険帯前の９月下旬に収穫する。また，２番草の生育期間を 40 日間程度と早刈りすることにより，乾物消化率が 65% 程度に高まることも明らかにされている（表３-Ⅰ-４）。

オーチャードグラスは東北，関東，西南暖地でも利用される。地域と品種によって１番草の出穂期がちがい，東北北部で５月中旬～６月上旬，東北南部と関東で５月上～下旬，西南暖地で４月中旬～５月上旬である。

3　アルファルファ基幹草地

アルファルファは刈取りの失敗によって消失しやすい。北海道では，刈取りスケジュールの目安が，造成初期から経過年数ごとに設定されている（図３-Ⅰ-７）。オーチャードグラスと同様，秋に刈取り危険帯があるので

注意する。

春播種で造成当年の収穫が可能な場合でも，株の充実をはかるため，刈取りまでの生育期間を十分とる。具体的には，6月上旬までの播種で生育が良好な場合は，70日以上生育させた8月上旬（着蕾（ちゃくらい）期〜開花始期）と刈取り危険帯後の2回刈取る。生育が不良な場合は80日以上（開花期まで）生育させて刈取り，刈取り危険帯後の収穫はしない。

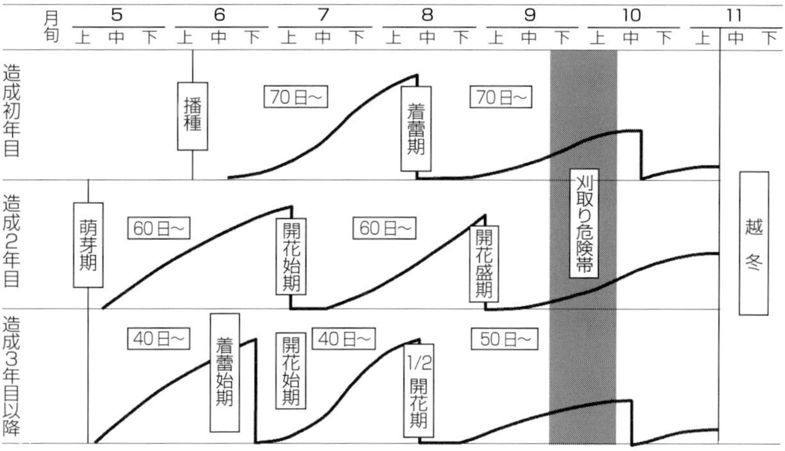

図3-I-7　アルファルファ基幹草地の刈取りスケジュール（北海道立天北農試，1981）
70日〜などとあるのは，70日以上生育させること

2年目も株の充実に配慮し，造成当年と同じ年2回刈取り。3年目以降は株の永続性を維持しながら，栄養価の高い粗飼料生産に主眼をおいた，年3回の刈取りスケジュールを選択する。

刈取りでもっとも重要なことは，平均気温が5〜10℃に下がるまでの生育期間（最終刈取りまで）を50日以上確保することと，刈取り危険帯の収穫をさけることである。

本州以南でもアルファルファは栽培されている。1番草の開花期は，東北北部では6月上中旬，東北南部と関東では5月下旬〜6月上旬，西南暖地では5月上中旬である。

3　放牧草地の維持管理—基幹草種別の放牧利用法

寒地型イネ科牧草を基幹とした放牧草地の利用については，育成牛用放牧草地の生産性増強や放牧期間の延長，搾乳牛用放牧草地の集約放牧利用に関する研究が北海道でおこなわれている。また，耕作放棄地や条件不利な農地の国土保全的利用（注2）を目的とした研究が本州を中心におこなわれており，用途に応じた草種ごとの知見が蓄積されている。各草種の特性を考慮し，地域や用途によって草種を使い分けることが重要である。

1　放牧用イネ科牧草の代表＝オーチャードグラス

オーチャードグラスは，越冬性はやや劣るものの，耐陰性（注3），耐暑性（注4）があり，再生力も優れている。このため，日本全国の寒地型放牧草地で乳用牛や肉用繁殖牛，さらにはそれらの育成牛など，さまざまな家畜の放牧草地用にオーチャードグラスが播種されている。冬季放牧のため秋に立毛状態（注5）で草を備蓄する，備蓄用牧区（ASP，autumn saved pasture）に利用されることもある。

北海道でも，公共牧場をはじめ，放牧用の基幹草種として広く利用され

〈注2〉
生産性は低くても，国土を農地として維持することを重視する土地利用の方法。耕作放棄地や条件不利地で農地の管理が不十分になると，樹木の侵入や土壌侵食などによって，農地として維持できなくなる。これを防ぐため，草地として利用することで土壌保全機能を発揮させるとともに，省力的に食料生産を持続する。

〈注3〉
日陰でもよく育つ性質。

〈注4〉
暑くてもよく育つ性質，寒地型牧草は暑さに弱い草種が多い。

〈注5〉
「たちげ」とか「りつもう」と読み，作物の収穫前の状態をいう。ここでは，放牧草が生育している状態のこと。

ている。しかし，冬の気象条件がきびしい北海道東部（道東）では，しばしば冬枯れの被害にあう。このため，越冬対策と秋の草量確保を兼ねた8月下旬の施肥や，刈取り危険帯の時期をさけた放牧利用法が推奨されている。また，現場では，越冬性にまさるメドウフェスクがオーチャードグラスの随伴イネ科牧草として混播されるようになった。

ところが，1980年代になると，農産物輸入自由化の拡大によって，放牧草地に対してより高い生産性が求められるようになった。また，中山間地帯の過疎問題が深刻化し，耕作放棄地や条件不利地への国土保全的な土地利用の必要性がせまられた。そのため，以下に解説する，いくつかの基幹草種を利用した放牧利用が新しく導入されるようになった。

2 搾乳牛の集約放牧

①ペレニアルライグラス

わが国のペレニアルライグラスを基幹とする草地の集約放牧技術は，1980年代後半に本州で提案・実証されると，1990年代に北海道中央部（道央）と北部（道北）に導入され，搾乳牛を対象に精力的に研究されてきた。北海道内向けに新品種も開発されている。しかし，越冬性はいまだ十分でなく，冬の気象条件のきびしい北海道東部は栽培適地から除外されている。

●ペレニアルライグラスの特徴

ペレニアルライグラスは，栄養価，採食性ともに優れ，茎葉の密度が高く，草丈20cm程度の短草利用に適している。種子からの初期生育がすみやかなので，放牧期間中の追播（ついは(ん)）が可能である。また，採草利用する場合は，チモシーやオーチャードグラスよりも飼料品質がよく，水溶性炭水化物やフラクタン含量が高く，サイレージ発酵にも適している。このように，ペレニアルライグラスは集約放牧にきわめて適している草種である。

●北海道での利用

北海道の場合，ペレニアルライグラスの栽培適地は，道東を除く，道央，道南，道北地域である。それぞれ地域の気象条件に対応して牧草の生産性がちがうため，地域ごとに放牧強度が設定されている。

道北地域では，日乳量20kgの牛群で2.2頭/ha，25kgで1.9頭/ha，道央地域では牧草生産性が高いので，日乳量30kgの牛群で2.0頭/ha程度である。放牧間隔も図3-I-8のように，道北地域のほうが道央地域よりもやや長めに設定されている。

放牧方式は滞牧日数1日の輪換放牧を基本とする。牛の頭数に対して草量が十分あれば，滞牧日数2～3日程度の輪換放牧も可能である。

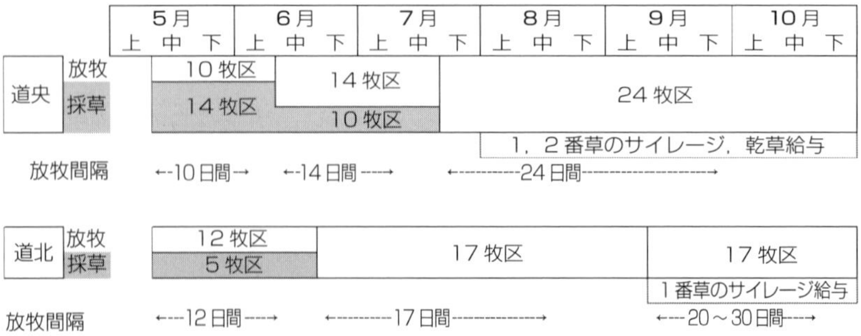

図3-I-8 北海道でのペレニアルライグラスを基幹にした集約放牧草地の地域別放牧スケジュール（集約放牧マニュアル策定委員会，1995）

②チモシー

●放牧利用では衰退に注意

冬季気象条件のきびしい道東地域では，寒冷に弱いペレニアルライグラスを安定して栽培することがむずかしく，オーチャードグラスも前述した越冬対策が必要である。このため，搾乳牛の集約放牧にチモシーが利用されている。

チモシーは越冬性に優れ，北海道の採草地にもっとも多い基幹草種である。しかし，放牧利用では衰退しやすいうえ，種子からの初期生育が遅いので，放牧期間中の追播がむずかしい。したがって，放牧利用では，チモシーが衰退しないように，以下の点に配慮する必要がある。

●品種を選び，草高を高く維持する

チモシーの品種は，放牧専用利用の場合はゆっくり穂を出す晩生が，兼用利用では早生～晩生が適している。極早生品種は雑草の侵入が早いので放牧利用には適さない

組み合わせるマメ科牧草は，チモシーを抑圧しにくい小～中葉型のシロクローバがよい。利用は，草丈30～40cm程度で入牧し，草高15cm程度まで採食させたらすみやかに退牧する。このため，滞牧日数1日の輪換放牧が推奨されている。

放牧後の草高を高く維持する理由は，出穂期前後の分げつ交代をゆっくりおこなわせ（第2章Ⅲ-3-1項参照），再生速度の急激な低下を緩和することと，残葉を多くして放牧直後からすみやかに再生させることにある。こうした管理をすれば，6年程度はチモシーを良好に維持できることが確認されている。

泌乳牛50頭，15時間放牧の場合の必要牧区数と必要面積の計算例を表3-Ⅰ-5の上段に示した。チモシーの再生速度は，6～7月の出穂期を過ぎると大きく低下するので，8～9月には1番草収穫後の兼用草地を加え

表3-Ⅰ-5　チモシーとメドウフェスク放牧草地での牧区数と必要面積の計算例（牧野ら，2007を改変）

基幹草種	時期	利用形態	草種	日生育量 kg DM/ha/日 (A)	休牧日数 日 (B)	牧区数 区 (C＝B+1)	1牧区面積 ha/区 (D)	必要面積 ha (C×D)
チモシー（TY）	6～7月	放牧専用	TY	54	10	11	1.27	14.0
	8～9月	放牧専用	TY	36	15	11	1.27	14.0
		兼用				5		6.3
		計				16		20.3
メドウフェスク（MF）	6～7月	放牧専用	MF	53	10	11	1.27	14.0
＋	8～9月	放牧専用	MF	41	13	11	1.27	14.0
チモシー（TY）兼用		兼用	TY	36		3	1.45	4.3
		計				14		18.3

【前　提】草丈30cm時の現存草量1,300kg/ha，利用率40%として採食可能量520kg/ha
放牧頭数50頭，15時間放牧時の放牧草採食量13.2kg/頭/日，牛群の採食量660kg/日
日生育量は圃場試験による測定値
5月，10月の牧区数，必要面積はそれぞれ6～7月，8～9月に準じ，草量不足分は補助飼料でおぎなう

【計算式】休牧日数（B）＝採食可能量(520kg/ha)÷日生育量
1牧区面積（D）＝牛群の採食量(660kg/日)÷採食可能草量(520kg/ha)＝1.27ha/区
メドウフェスク放牧草地と組み合わせるチモシー兼用草地では，休牧日数をメドウフェスクの日生育量で決めると，次回の放牧までに草量を回復できないので，1牧区面積を1.45haに拡大した

て，放牧面積を1.5～2倍に拡大する必要がある。

③メドウフェスク

●北海道全域で搾乳牛の集約放牧に利用できる

メドウフェスクは，前述のようにオーチャードグラスの随伴草種として，放牧草地に混播されてきた。しかし，新品種の育成と利用法の開発がすすみ，ペレニアルライグラスなみの生産力をもつ，放牧用の基幹イネ科牧草とみられるようになった。

メドウフェスクは，チモシーよりも秋の生産性が優れている。越冬性はチモシーよりやや劣るものの，種子からの初期生育がすみやかなので，密度が低下しても放牧期間中の追播が可能である。生産性の面からみても，道東地域での放牧草地の基幹草種として利用可能である。そのため，搾乳牛の集約放牧に，北海道全域で利用できる最初の基幹イネ科牧草になった。

メドウフェスクを基幹草種にした放牧草地では，草丈20cmで放牧を開始すると，掃除刈りをすることなく利用できる。掃除刈りが必要になった場合は，７月上旬に刈取り高さ10cmで実施するとよい。

●道東地域ではチモシー兼用草地と組み合わせる

メドウフェスクを道東地域で放牧利用する場合，秋の生産性がよいとはいえ，兼用草地が必要になる。ペレニアルライグラスやチモシーとちがい，メドウフェスクの採草利用についての適否の検討例が少なく，必ずしも統一的な結論が得られていない。そこで現状では，放牧専用草地はメドウフェスクを基幹にし，兼用草地はチモシーを基幹にすることが推奨されている。牧区数と必要面積の計算例を表３-Ⅰ-５下段に示した。メドウフェスクは秋の生産性がよいので，チモシーを基幹にした兼用草地の面積は少なくてすむ。

3 国土保全的な土地利用としての省力的放牧

①ケンタッキーブルーグラス

ケンタッキーブルーグラスは，採草地では収量性や施肥反応が劣るため，駆除したい草種である。しかし，放牧草地での永続性はオーチャードグラスよりも優れ，季節生産性も比較的平準化しているので管理しやすい。また，地下茎をもつ牧草のなかでも地下茎の量が多く，傾斜地での土壌流出の抑制が期待できる。

省力的な連続放牧での家畜生産性は，シロクローバとの混播で，体重500kg換算時の延べ放牧頭数（注６）が道央地域で500～600頭日/ha，北東北地方では600頭日/haをこえるほど高い。

もっとも省力的である固定放牧については，シロクローバを混播した道央地域の草地で，乳用種育成牛におこなった例を図３-Ⅰ-９に示した。この例では，秋の季節生産性にあわせて入牧時の合計体重を1,000kg/ha程度とし，スプリングフラッシュを抑制するため早春施肥をおこなわず，入牧時の草丈が10cm未満の早期放牧とした。なお，入牧時に草量不足になったときは，１～２週間程度乾草などを補給した。この方法で，掃除刈りすることなく，連続放牧と同じ程度の日増体量で，延べ放牧頭数448～

〈注６〉
放牧草地の牧養力を評価する尺度で，体重500kgの牛を1haの草地に１日放牧すると１頭日/haで，１CD（カウデー）ともいう。面積当たりの体重換算した延べ放牧実績なので，１haの草地に250kgの牛２頭を１日放牧，250kgの牛１頭を２日放牧，250kgの牛１頭を0.5haに１日放牧しても１頭日/haである。

592頭日 /ha（体重500kg換算）の牧養力が11年間にわたって維持できることが確認されている。

②シバムギ

シバムギはきわめて旺盛に伸びる地下茎をもち，基幹草種を強く抑制するので，高い生産性をめざす採草地では駆除の対象になっている(第2章V-3項参照)。しかし，少回数利用の比較的粗放な放牧であれば安定した草種構成が維持できるため，東北地方の省力的で施肥量の少ない放牧草地では基幹草種として期待されている。ただし，利用頻度が高まるとシバムギの割合が低下するので，とくに夏以降は放牧頭数や放牧面積を調整し，十分な休牧間隔を確保する必要がある。

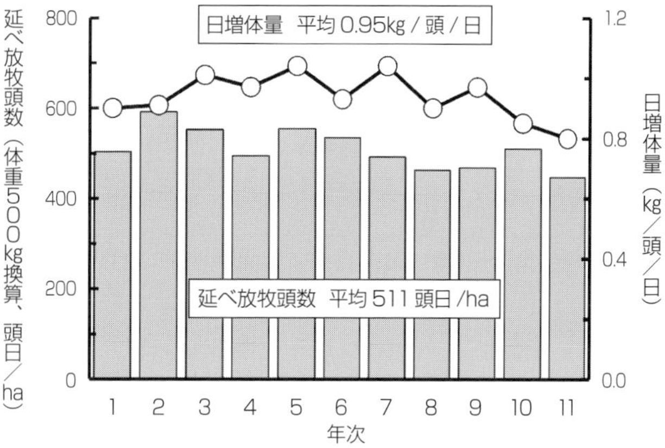

図3-I-9
省力放牧を11年間継続したケンタッキーブルーグラス，シロクローバ混播草地での乳用種育成牛の家畜生産性
(北海道農業研究センター，2012から作図)

③リードカナリーグラス，レッドトップ

リードカナリーグラスとレッドトップも，いったん地下茎を形成すると抑制しにくい地下茎型イネ科草で，生産性の高い採草地では，駆除の対象になる（第2章V-2，3項参照)。

この2種類の特徴は，耐湿性の強さにある。このため，本州の転作水田や耕作放棄された水田に牛を放牧して畜産利用するときの基幹イネ科草種としての活用が期待されている。

リードカナリーグラスはシバムギと同様に，高い放牧圧では混生割合が低下するので，放牧圧の調節には注意が必要である。

4 維持管理時の共通の管理

1 追播による草種導入

①追播による導入の考え方

維持管理時に既存草種を利用しながら新しい草種を導入する，いわゆる追播は，起伏修正や排水改良などの土地改良の必要がなく，適切な管理をすれば導入草種を維持できる場合に限定しておこなう技術である（第2章V-5項図2-V-8，9参照)。

導入する草種は，既存草種との競争に負けないために，ペレニアルライグラス，メドウフェスク，アカクローバなど種子からの初期生育がすみやかな種類が適している。チモシーのように初期生育が緩慢な種類は，既存草種に抑制され定着がむずかしいので適さない。工法は，表層撹拌法と作溝法がある（第2章V-4参照)。

②表層撹拌法による追播

チモシー主体の採草地にアカクローバを追播する場合，作溝法ではチモシーの生育を抑制しきれず，アカクローバの混生割合を高めることができ

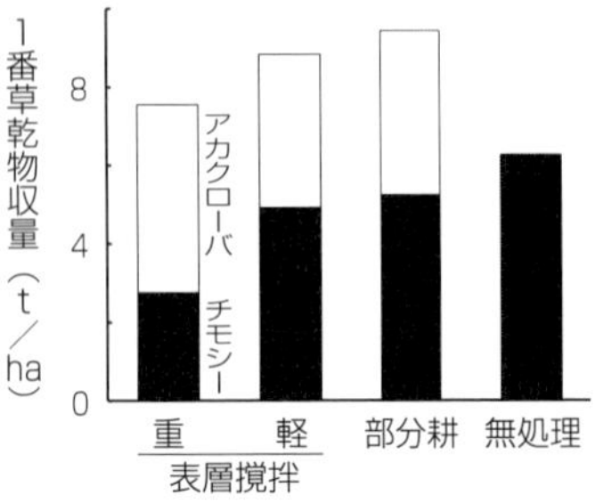

図３-Ⅰ-10
チモシー主体草地へのアカクローバ追播方法と翌年の１番草乾物収量
（竹田，1991 から作図）
表層撹拌重：耕耘ピッチ 2.4㎝，
同軽：同 5.8㎝

ないので，表層撹拌法が有効である。しかし，表層撹拌が強すぎるとチモシーが抑圧されすぎてアカクローバ優占草地になるので，表層撹拌の程度を制御する必要がある（図３-Ⅰ-10）。

③作溝法による追播

一方，放牧草地にペレニアルライグラスやメドウフェスクを導入する場合，表層撹拌法では土壌を膨軟にするため，放牧可能な地耐力に落ち着くまでの期間，休牧が必要になる。これに対し，作溝法であれば休牧する必要がない。むしろ，施工後の集約的な放牧によって既存草種を抑制できるので，導入草種の定着に有利である。

作溝機は機種によって作溝，すなわち播種の条間がちがう。条間の広い機種では，導入草種の定着密度が粗になるので，時間をおいて２回施工するとよい。図３-Ⅰ-11 は，メドウフェスク（品種：ハルサカエ）を地下茎型イネ科草（シバムギ，ケンタッキーブルーグラス）優占草地に作溝機で導入した例である。１回目の施工の翌年，２回目の施工をおこなうことによって，４年目にはメドウフェスクの被度を50% 以上に改善することができた。年間の再生草量（乾物重）は，地下茎型イネ科草が優占している放牧地（無施工）より 30 ～ 80％程度多くなった。

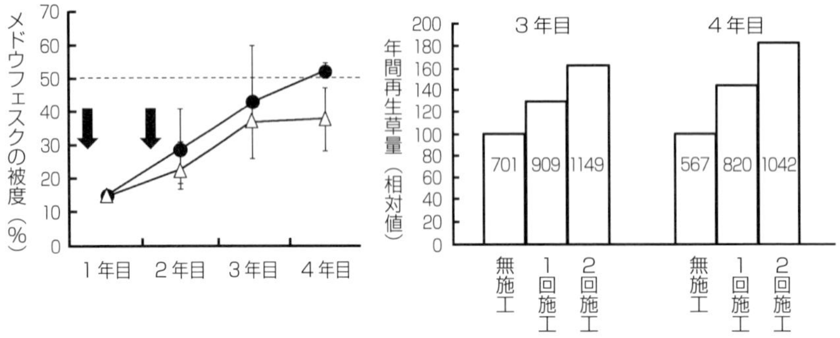

図３-Ⅰ-11　簡易更新（作溝法）を用いたメドウフェスクの導入による放牧草地の草種構成，乾物生産量の改善効果（佐藤ら，2007 を改変）
１回施工（△）：１年目の⬇の時期に１回のみ施工，２回施工（●）：１年目と２年目の⬇の時期に計２回施工，無施工：メドウフェスクが混生していない地下茎型イネ科草優先の放牧草地
左図の値は３試験地（虫類村，標茶町，中標津町）の平均値，Ⅰは標準偏差
右図の年間再生草量は，放牧草地の再生草量を調査して年間合計値（乾物重）を求め，無施工区を 100 とした相対値。図中の数値は収量の実数（kg /10a）。中標津町試験地の３年目と４年目の値

こうした複数回施工は，同じ時期におこなうとルートマットがめくれ上がることがあるため，時間をおいておこなうのがよい。

作溝法の単位面積当たり播種量は，現状では，完全更新や表層撹拌法と同じの量が推奨されている。しかし，機種によって条間がちがうので，溝の長さ当たりの播種量がかわり，出芽密度に大きな差がでる。溝の長さ当たりの播種量として検討されるべきである。

2▌維持管理時の雑草対策

１-１項で，更新時の雑草対策について述べたので，ここでは，維持管理時に必要ないくつかの雑草対策について紹介する。

まず共通して重要なことは，裸地をつくらないことである。それには，前述したそれぞれの基幹草種に適した刈取り・放牧管理をおこない，基幹草種の生育を旺盛に維持する必要がある。また，本章Ⅱ項で後述する適正

な施肥管理で，肥料不足による主要草種の衰退や，多肥による過度な株化を回避することも重要である。そのうえで，以下のような雑草ごとの対策をおこなうとよい。

①ギシギシ類

ギシギシ類は，近年の草地更新失敗の原因になっている強害雑草である（第２章Ⅴ-３-３項参照）。すでに多くの埋土種子が蓄積されている草地では，草地更新時のグリホサート系除草剤による播種床処理が有効である（１-１項参照）。それでもギシギシ類が生き残った場合は，維持管理時の草地管理で抑制する必要がある。

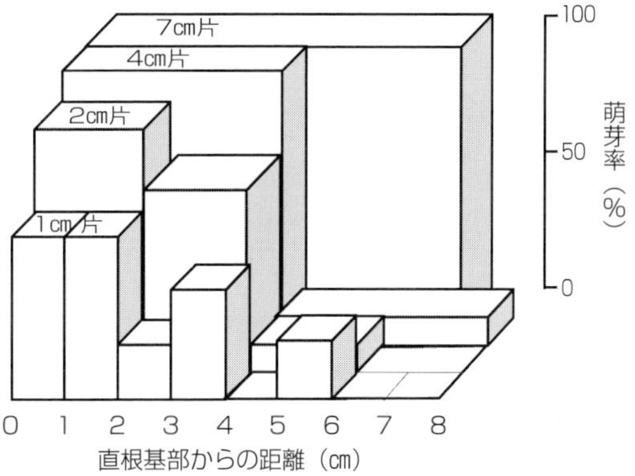

図３-Ⅰ-12
ギシギシの直根切断片の部位，長さ，直根基部からの距離と萌芽率（鈴木ら，1984）

ギシギシ類の個体数が少ない場合，もっとも確実な方法は抜き取りである。北海道のように，冬の積雪や土壌凍結が著しい地域では，融雪後地面が乾燥して締まる前に抜き取るとよい。そのさい，根茎を全部抜き取る必要はない。図３-Ⅰ-12でわかるように，萌芽のほとんどが直根基部から４cmまでの位置であり，それ以下ではほとんど萌芽しないためである。エゾノギシギシで５～7.5cm，ナガハギシギシで４cmまでしか萌芽しないとの報告もあり，実用的には地下10cmまでの根茎を除去すれば，再生をかなり防げる。

抜き取るには個体数が多すぎる場合は，選択性除草剤による茎葉処理が有効である。代表的な薬剤はアシュラムとチフェンスルフロンメチルで，前者は春と秋，後者は夏と秋に処理できる。登録された使用法にしたがって適切に処理する。

②地下茎型イネ科草

現状では，草地に侵入した地下茎型イネ科草を維持管理段階で選択的に駆除する除草剤はない。刈取りや放牧などの利用法で根絶することはきわめてむずかしいので，１-１項で述べた草地更新時の対策でできるかぎり密度を低下させることが第一である。

利用法による対策では，地下茎型イネ科草の侵入初期であれば，侵入速度を抑制することが可能である。方法は草種によってちがい，ケンタッキーブルーグラスやレッドトップでは，基幹草種の生育を旺盛にして，下繁草になる両草種の生育を抑制する。シバムギやリードカナリーグラスは，多回利用することで侵入速度を抑制できる（図３-Ⅰ-13）。ただし，利用回数は基幹草種の維持にもかかわる重要な要因なので，基幹草種の生育を抑制しないことが前提条件である。

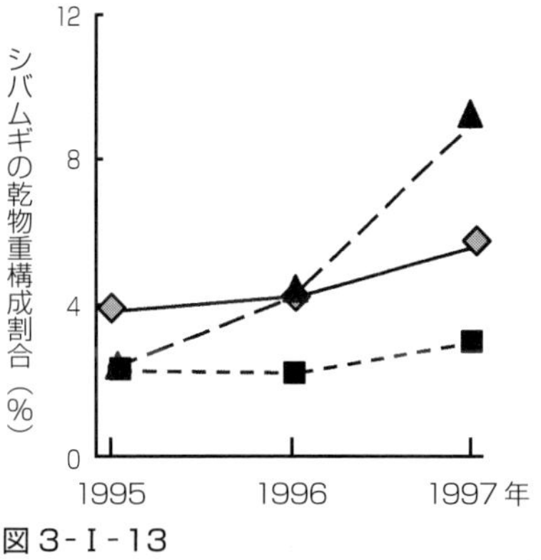

図３-Ⅰ-13
年間刈取り回数とチモシー草地のシバムギ構成割合の推移（手島ら，1999）
▲：２回刈り，◆：３回刈り，■：５回刈り
1994年９月にチモシー単播草地を造成するとき，播種日にシバムギの地下茎を９本/㎡（１本，約10cm）の密度で浅く埋め込み，翌年から刈取り頻度をかえて採草利用した

③メドウフォクステイル

近年，北海道の日高，十勝，根釧地域の太平洋沿岸に立地する採草地で，イネ科草メドウフォクステイル（図３-Ⅰ-14）の優占化が問題になり，表３-Ⅰ-６に示した対策方法が開発された。メドウフォクステイルは種子で増える多年草なので，侵入防止の

表３-Ⅰ-６　メドウフォクステイル優占草地の草種構成改善対策と草地へのメドウフォクステイルの侵入防止対策
（道総研畜産試験場，2014 を改変）

１．メドウフォクステイル優占草地の草種構成改善対策―飼料生産の環境に応じて ABC の順にいずれかを選択する	
A.	飼料用トウモロコシを２年以上作付けし，除草剤ニコスルフロンの茎葉処理をおこなう
B.	草地更新のとき，前年秋にグリホサート系除草剤の耕起前処理をしたうえで，越冬後に播種床をつくり，実生雑草の発生を待って同除草剤による１回目の播種床処理をおこなう。その後，もう一度実生雑草の発生を待って，２回目の播種床処理をしたのち，オーチャードグラス早生品種を播種し，維持管理時には適期収穫をおこなう
C.	草地更新前の直近の２年以上，メドウフォクステイル種子が発芽能力をもつ前に早期刈取りをおこない，グリホサート系除草剤による耕起前処理と播種床処理をしたうえで牧草を播種する
２．メドウフォクステイルの侵入防止対策―日常的に以下の対策に留意する	
D.	メドウフォクステイルが法面や圃場の端に生育しているかどうかを確認し，生育している場合には作業機械などで圃場内部に引き込まないよう注意する。メドウフォクステイルが圃場内部に侵入している場合は，収穫残渣がほかの圃場に持ち込まれないよう，作業機械を清掃する

図３-Ⅰ-14　メドウフォクステイル

抽苔した個体

ロゼット型の個体

図３-Ⅰ-15　アメリカオニアザミ

第一は，日常の機械作業などによって圃場に種子を持ち込まないことにある。

圃場に定着してしまった個体を増やさないためには，メドウフォクステイルの増殖サイクルを遮断する必要がある。メドウフォクステイルは，北海道では５月中旬に出穂始め，下旬に開花始めになるなど，きわめて早熟である。種子は開花から 22 日目，節間伸長開始から約 40 日目以降に発芽能力を獲得する。したがって，開花後 22 日以前か節間伸長開始後 40 日程度で刈取れば，発芽能力をもつ種子の落下を防ぐことができる。この刈取り時期は，オーチャードグラスの早生品種の刈取り適期とほぼ一致する。したがって，草地更新時に十分な雑草対策をおこない，オーチャードグラスの早生品種を播種すると，メドウフォクステイルの増殖を抑制できる。

チモシーを播種する場合は，維持管理時の刈取りによる対策ができないので，草地更新時の防除を徹底する。また，飼料用トウモロコシを２年以上作付け，この期間に除草剤処理をおこなってメドウフォクステイルの密度を可能なかぎり低下させる。

④アザミ類

●アメリカオニアザミ

アメリカオニアザミは８月中下旬に開花の盛期をむかえ，個体当たり約 3,000 の種子を生産する。種子の発芽・定着は裸地で多く，草に覆われると少ない。定着すると牛が採食しないので，放牧草地の強害雑草になる。

アメリカオニアザミは生育環境によって繁殖齢が変化する可変性二年草（注７）である。発芽・定着した個体は，まず，葉を放射状に広げて地面に

〈注７〉
環境条件によって２～数年目に開花・結実・枯死する植物のこと。

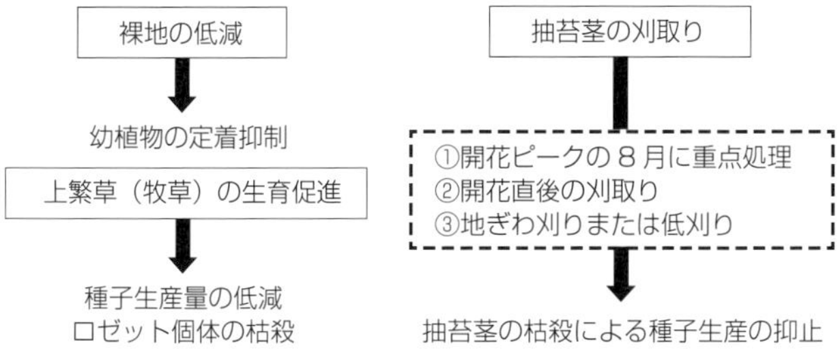

図３-Ⅰ-16　アメリカオニアザミの耕種的防除法（高橋ら，1997）

張り付くように（ロゼット型という）生育する（図３-Ⅰ-15）。このときの環境条件が良好で大きなロゼットになった個体は，越冬後，花芽をつけた茎を伸ばして（抽苔（ちゅうだい）という）開花し，その後枯死する。小さなロゼットの個体は越冬後もロゼット型のまま生存し，次の年に開花して枯死する。このような生育特性を利用して，図３-Ⅰ-16に示す耕種的な防除が可能である。

放牧草地の裸地を少なくするとともに，牧草の生育促進をはかってロゼット個体を抑制する。８月の開花直後に抽苔茎（花のついた茎）を地ぎわ刈りか低刈りすると，種子の生産が抑制されるので，個体密度を減らすことができる。ロゼット個体や伸び始めの抽苔茎を刈っても再生するので，開花を始めた抽苔茎を刈ることが重要である。

耕種的防除が困難な場合は，選択性の除草剤処理が有効である。除草剤は，記載された使用法にしたがい適切に使用する。

●セイヨウトゲアザミ

セイヨウトゲアザミは種子と地下茎で広がる多年草である（図３-Ⅰ-17）。アメリカオニアザミと同じように，定着すると牛が採食しないので，放牧草地の強害雑草になる。多年草なので，アメリカオニアザミのように年１回の刈取りでは防除できない。多回刈りで，地下茎の貯蔵養分を枯渇させる必要がある。しかし，これには労力を要する。

草地更新時にはグリホサート系除草剤，維持管理時には選択性の除草剤処理が有効なので，登録された使用法に従い適切に処理するとよい。

個体

群落

図３-Ⅰ-17　セイヨウトゲアザミ

Ⅱ 肥培管理

1 肥培管理と施肥設計の手順

草地の肥培管理の具体的な計画（以下，施肥設計）は，全国各地の条件に合わせてさまざまである。北海道を例に施肥設計の手順を説明すると，大きく，①各圃場に施与すべき肥料養分量の把握，②それを補給するための堆肥やスラリーなど自給肥料の活用，の２つに分かれる（図３-Ⅱ-１）。

①では，まず，圃場の条件（立地条件，利用形態，草種構成割合）ごとに設定された標準的な施肥量（以下，施肥標準量）を北海道施肥標準の表で調べる。

施肥標準量は，次項で詳しく説明するように，地帯，土壌，草種構成割合などごとに示されている，標準的な土壌養分含量（具体的には土壌診断基準値の範囲内の状態）の草地への年間施肥量である。しかし，実際の土壌養分含量は，圃場ごとにちがうので，土壌診断をおこない，施肥標準量を補正して施与する肥料養分量を求める。

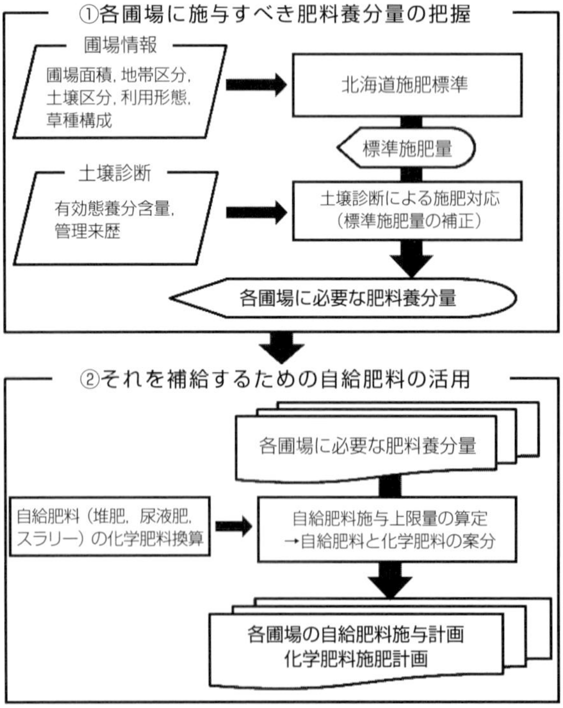

図３-Ⅱ-１　北海道での施肥設計の手順
（北海道農政部，2015から作図）

①で各圃場に施与する肥料養分量を把握したら，②で自給肥料を化学肥料に換算し，自給肥料の施与量の上限を算定するとともに，化学肥料の施与量を計算し，いずれの養分もやりすぎにならないよう施肥の全体計画を立てる。

標準施肥量は，国内各地の実態にあわせ，収量目標や草種構成，利用形態などによって地域ごとに設定されている。しかし，土壌診断を活用して施肥量を決める方法の整備は，全国的に遅れている。草地を対象にした研究がまだ少ないためで，多くの養分の施与量が具体的に算出できるのは，北海道にかぎられている。自給肥料の施与量に対応した化学肥料の減らし方も，地域によって方法のちがいや精度に差がある。これも，具体的で理解しやすく整理されているのは北海道である。

そこで本書では，北海道の肥培管理方法を中心に解説し，必要に応じて他の地域の方法を補足する。なお，自給肥料の活用については本章Ⅲ項で詳しく述べる。

2 施肥標準量

1 施肥標準量の考え方―収量と草種構成

①区分わけと基準収量の設定

牧草にかぎらず，どんな作物でも施肥量を決めるときは，収量目標を決めることから始まる。収量は気候や土壌条件の影響を強く受けるので，北海道施肥標準では北海道内を18地帯21区分し，草地では道央・道南，道北，道東の3地帯にまとめている（図3-Ⅱ-2）。土壌は，火山性土（注1），低地土，台地土，泥炭土の4つに区分する。草種構成は，基幹イネ科草種やマメ科牧草の混生割合に応じた区分になる。区分ごとに基準収量が設定され，これを前提に施肥標準量が決められている。

〈注1〉
「北海道の農牧地土壌分類第2次案」による名称で，火山からの放出物による土壌の総称。「全国の農耕地土壌分類第3次案」による名称では，黒ボク土と火山放出物未熟土からなる土壌に相当する。

②施肥標準量

施肥標準量とは，ある地帯，土壌，草種構成割合での標準的な土壌養分含量の草地で，堆肥などの自給肥料を施与しないで基準収量を得るために必要な，年間の肥料養分量である。

標準的な土壌養分含量とは，土壌に含まれている養分量が土壌診断基準値の範囲内にある状態をいう。基準収量は，前項で述べたように，各区分の目標になる収量であると同時に，主要牧草の混生割合を適正に維持するための収量水準でもある。

高収量を望まないからといって混播草地への施肥量を減らしてしまうと，マメ科牧草が衰退し，草種構成が悪化する。また，高収量をねらって良好なマメ科率の草地に必要以上の窒素を施肥すると，イネ科牧草が旺盛に生育して収量は高まるが，マメ科牧草がイネ科牧草に抑圧され，次年度以降の草種構成が悪化する。

③施肥管理の多様化も必要

草地面積に余裕があり，高品質な粗飼料を少量得たいとき，施肥量を減らし草地全体の収量を下げようとすると草種構成が悪化する。この場合は，チモシーやマメ科牧草の多い草種構成のよい草地を小面積確保し，この草地に十分な施肥管理をおこなって収量を確保する。

それに対して，地下茎型イネ科草が多くなって草種構成が悪くなった草地は，おもいきって施肥量を減らすようにする。こうすると，地下茎型イネ科草の優占草地となる。この草地で生産された草は，搾乳牛のような高栄養牧草の要求は満たしにくい。しかし，育成牛や乾乳牛（注2）用の飼料としてなら利用することができる。

このように，草種構成や利用目的によって，草地の施肥管理を多様に変化させることも検討する必要がある。

〈注2〉
次の分娩前約60日間を乳牛の乾乳期とよび，この期間にはいった乳牛を乾乳牛という。乾乳牛は泌乳を停止し，分娩に備える。

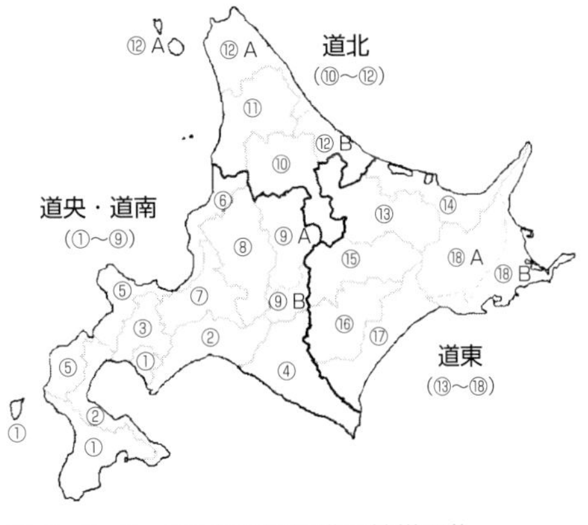

図3-Ⅱ-2　北海道施肥標準の地帯区分
（北海道農政部，2015から作図）

2 草地造成・更新時の施肥標準量

草地造成は未利用地を新しく草地にすることであり，草地更新はすでにある草地を整備・改良することをいう。草地更新は工法によって完全更新と簡易更新がある。

表３-Ⅱ-１　草地造成と完全更新での播種時の標準施肥量（全道共通）（北海道農政部，2015から作表）（kg／10a）

耕地区分	低地土			泥炭土			火山性土			台地土		
	窒素	リン	カリウム	窒素	リン	カリウム	窒素	リン	カリウム	窒素	リン	カリウム
造成	4	20	5	3	25	5	4	25	5	4	25	5
更新	4	20	6	3	20	8	4	20	8	4	20	6

①播種時の施肥量は，牧草種子周囲の養分環境を改善し，牧草の定着をはかることを目的とする。したがって，いずれの養分も播種床表面に施肥し，土壌と混和しない
②リン施肥量は土壌分析値によって補正する
③土壌採取は施工方法に応じて正しくおこなう
④アルファルファの導入は根粒菌の接種を前提とする
⑤土壌の名称は，北海道の農牧地土壌分類第２次案（北海道土壌分類委員会，1979）による。以下の表も同じ
⑥窒素：N，リン：P_2O_5，カリウム：K_2O

①完全更新時の施肥標準量

表３-Ⅱ-１に造成と完全更新での，播種時の標準施肥量を示した。これは，草種や，採草，放牧など草地の利用形態は問わない。

完全更新での播種時の施肥の一番の目的は，牧草種子のまわりの養分環境を改善し，出芽した牧草が多数生き残るようにすることにある。したがって，窒素，リン，カリウムのいずれも播種床表面に施肥し，土壌とは混和しない。なお，アルファルファは，必ず根粒菌を接種した種子を用いる。

泥炭土では窒素の施肥標準量がほかの土壌より少なくてよい。その理由は，排水が改良されると泥炭が分解し，窒素が土壌中に多く放出されることが期待できるからである。

造成時のリンの施肥標準量が更新時よりも多い理由は，リン酸吸収係数が同じでも，未耕地の土壌のほうが既存草地より蓄積している有効態リンが少ないためである。なお，リン施肥量は，後出３-４項で説明する土壌診断による施肥対応によって，造成・更新の区別なく，リン酸吸収係数と土壌中の有効態リン含量から，施肥適量をより正確に計算できる。

造成時のカリウムの施肥標準量が更新時より少ない理由は，未耕地の表層に長い年月をかけて蓄積した植物による有機物からカリウムが供給されているからである。

なお，北海道以外の地域での完全更新時の標準施肥量は，「草地開発整備事業計画設計基準」に概要が示されている。

②簡易更新時の施肥標準量

●表層攪拌法と作溝・部分耕耘法の施肥標準量

簡易更新は，草地の利用形態，草種構成，導入したい草種などにより，大きく２つに分けられる。１つは施工前の草地に生育する既存草種を枯殺する場合であり，もう１つは既存草種を利用する場合で，第２章Ⅴ-４項では双方に用いられるいくつかの工法を紹介した。ここでは主要な工法である表層攪拌法と作溝法，部分耕耘法を取り上げる。

表層攪拌法はプラウ耕を省略し，ディスクハロやロータリハロなどで直接草地の表層を土壌と攪拌する方法である。作溝法，部分耕耘法は専用の機械で草地表層に浅い溝をつくり，そのなかに種子と肥料を落としていく方法である。表層攪拌法と作溝法，部分耕耘法の播種時の施肥標準量を表３-Ⅱ-２に示した。

表３-Ⅱ-２　草地の簡易更新における播種時の標準施肥量（全道共通）（北海道農政部，2015から作表）
（kg/10a）

既存草種	工法	播種草種	窒素	リン	カリウム	施肥位置
枯殺	表層撹拌	全草種	4	20	8	表面
	作溝・部分耕耘	イネ科のみ	3	2.5～5.0	0～3	溝内
		マメ科あり	0			
利用	表層撹拌	全草種	0	20	8	表面
	作溝・部分耕耘	全草種	0	2.5～5.0	0	溝内

①表層撹拌時に施与する20kg/10aのリンは，完全更新時と同じ方法で土壌分析値によって補正する
②窒素：N，リン：P_2O_5，カリウム：K_2O

●三要素の施肥標準量

既存草種を利用する場合は，播種した草種が既存草種との競争に負けないよう，既存草種の生育を抑制するため窒素を施肥しない。また，既存草種を枯殺する場合でも，作溝法や部分耕耘法でマメ科牧草を混播するときは，マメ科牧草の生育を助けるため窒素を施肥しない。

リンとカリウムの施肥標準量は，表層撹拌法と作溝法，部分耕耘法でちがう。作溝法や部分耕耘法では，狭い範囲に肥料と種子が落とされるため，肥料の節約と濃度障害がおきないように，少ない施肥量が設定されている。

なお，表層撹拌法と完全更新法の施肥標準量は同じである。

●あくまでも経験値である

これらの施肥標準量は，同じ工法の更新試験で成功した例で採用されていた施肥量の範囲を示した経験的な値であり，最適かどうかは確かめられていない。作溝法や部分耕耘法では，作業機の作溝の間隔が広がれば，単位面積当たりの施肥量が同じでも，長さ１m当たりの溝に落ちる肥料の量は多くなり，濃度障害の危険性が高まる。したがって，作溝法や部分耕耘法での単位面積当たりの施肥標準量は，作溝の間隔によって変わる可能性があり，最適施肥量の検討がまたれる。

3 採草地の維持管理時の施肥標準量

採草地の施肥標準量は，チモシー，オーチャードグラス，アルファルファ，ペレニアルライグラスを基幹とする各草地に対して，地帯区分，土壌区分ごとに設定されている。

①チモシー採草地

●施肥標準量の例

チモシーを基幹とする採草地のマメ科率は，１番草のマメ科牧草の生草重量割合によって，表３-Ⅱ-３のように４つに区分されている。ただし，収穫した１番草をチモシー，マメ科牧草，そのほかの草種に分け，それぞれの重さを量るのはとてもたいへんなので，実用的には５月中下旬か最終番草収穫後に草地を歩き，図３-Ⅱ-３のように見た目で区分されている（注２）。

北海道施肥標準には，北海道東部（道東），北海道北部（道北），北海道中央部および南部（道央・道南）の全地帯について，火山性土，泥炭土，低地土，台地土の土壌区分ごとに標準的な施肥量が設定されている。表３

〈注２〉
なお，見た目で草地のマメ科率区分を正しく判定するには，ある程度の訓練が必要である。

表3-Ⅱ-3　チモシー採草地の標準施肥量（道東，火山性土の場合）（北海道農政部，2015から作表）（kg/10a）

マメ科率区分	チモシー率	マメ科率	基準収量	窒素	リン	カリウム	マグネシウム
1	50%以上	30〜50%	4500〜5000	4	10	18	4
2	50%以上	15〜30%		6	10	18	4
3	50%以上	5〜15%		10	8	18	4
4	70%以上	5%未満		16	8	18	4

①チモシー率，マメ科率は1番草収穫時の生草重量割合
②マグネシウムは火山性土と泥炭土のみに標準量が設定されており，他の土壌では土壌分析値が低い圃場のみに施肥することになっている
③窒素：N，リン：P_2O_5，カリウム：K_2O，マグネシウム：MgO

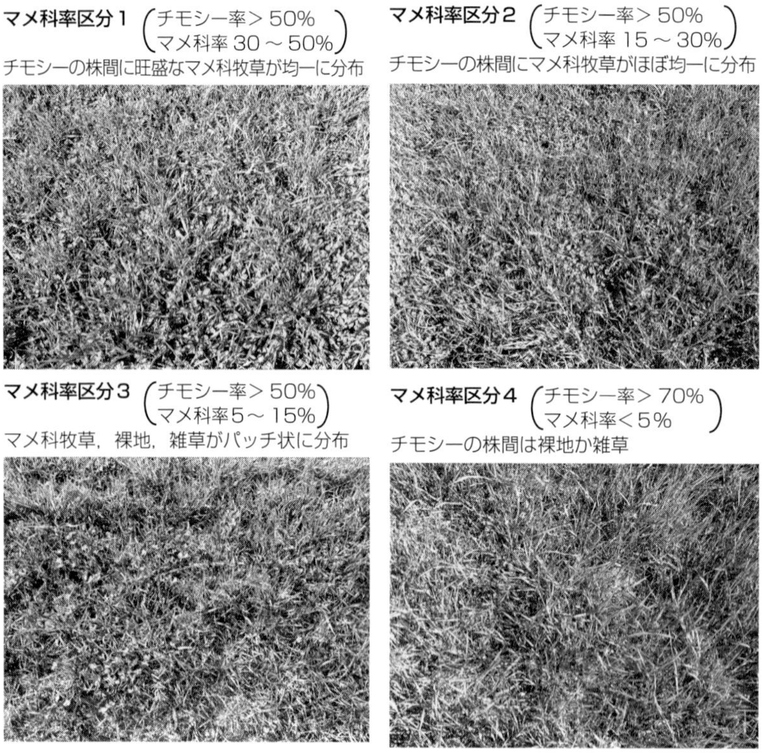
マメ科率区分1（チモシー率＞50%　マメ科率30〜50%）
チモシーの株間に旺盛なマメ科牧草が均一に分布
マメ科率区分2（チモシー率＞50%　マメ科率15〜30%）
チモシーの株間にマメ科牧草がほぼ均一に分布
マメ科率区分3（チモシー率＞50%　マメ科率5〜15%）
マメ科牧草，裸地，雑草がパッチ状に分布
マメ科率区分4（チモシー率＞70%　マメ科率＜5%）
チモシーの株間は裸地か雑草

図3-Ⅱ-3　チモシー草地のマメ科率区分（口絵iページ参照）

-Ⅱ-3は道東の火山性土の場合を抜粋したものである。

窒素の施肥標準量はマメ科牧草の有無によって4倍もちがっている。しかし，リンとカリウムはマメ科率にかかわらずほぼ一定である。なお，マグネシウムの施肥標準量は，土壌からの供給量が少ない火山性土と泥炭土のみで，低地土と台地土には設定されていない。

●リンの過剰蓄積と対策

肥料養分のなかで，リンの施肥標準量だけが牧草の年間吸収量よりも多く設定されている。これは，土壌がリンを強く吸着する性質（リン酸吸収係数であらわす）に配慮したものであり，施肥標準量による肥培管理を毎年継続すると，土壌中のリン含量は徐々に多くなる。そのため，定期的に土壌診断をおこない，土壌のリン含量が基準値をこえたら減肥することが推奨されている。

北海道では，近年，草地土壌中にリンが多量に蓄積している実態が明らかになり，草地更新時のリン施肥量を蓄積量に応じて減らす方法が提案されている（方法は3-4-②項参照）。有限な肥料資源を可能なかぎり循環利用するためにも，将来，維持管理時の採草地でも，牧草の年間吸収量に対応した必要最小限のリン施肥標準量の設定が必要である。

●施肥配分と施肥時期

チモシー採草地は年2回の刈取りを前提に，施肥配分は早春：1番草刈取り後＝2：1とする。しかし，この施肥配分は年間施肥量を各番草に配分するということで設定されており，番草ごとの乾物生産効率にもと

づく最適施肥量ではない（第２章Ⅳ-５項参照）。生産効率の向上をめざすには，ここにも検討の余地が残されている。

施肥時期は，早春はチモシーの萌芽後，融雪水がひいて，施肥作業がおこなえるようになったらできるだけ早く，また１番草刈取り後は独立再成長始期（刈取り後５～10日前後）がよい（第２章Ⅳ-５項参照）。

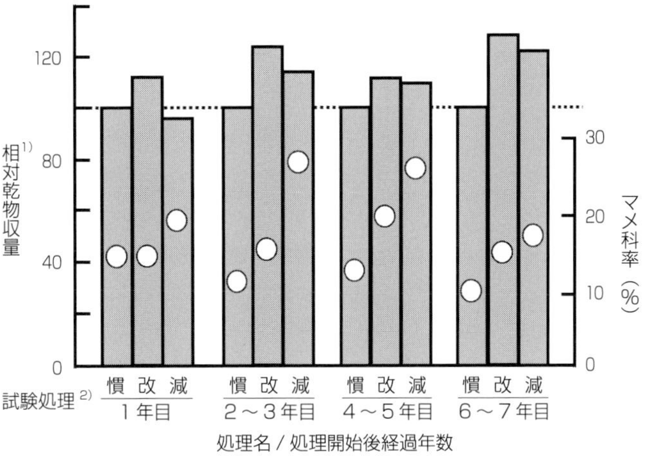

図３-Ⅱ-４　窒素施肥量の低減によるマメ科率の向上効果
（北海道立根釧農試，1995を改変）

▒：相対乾物収量，○：マメ科率（1番草収穫時の生草重量割合）
1）相対乾物収量は慣行区を100とする相対値
2）慣：年間施肥量として窒素（N）9.1kg / 10a，リン（P_2O_5）9.5 kg / 10a，カリウム（K_2O）13.1kg / 10a，マグネシウム（MgO）2.9kg / 10aを毎年施肥した区
改：前年秋のマメ科牧草混生割合と土壌分析値に応じて，土壌診断による施肥対応をおこなった区。毎年の施肥量は診断結果によってちがう
減：窒素施肥量を減らした区。毎年の年間窒素施肥量を4kg / 10aに減らし，それ以外の養分は土壌診断による施肥対応で施与

●マメ科率の回復方法

表３-Ⅱ-３のマメ科率区分３のように，マメ科率が低下した草地でマメ科率の回復をめざすには，①窒素施肥量を減らす（図３-Ⅱ-４），②１番草をチモシーの出穂期前に早刈りする，③①と②を組み合わせて処理することが有効である。

このとき，収量が一時的に基準収量より低下したり（図３-Ⅱ-４の窒素減肥処理），地下茎型イネ科草の侵入が助長されることがあるので，マメ科率回復処理は，マメ科率区分３のなかでもマメ科率が高く，地下茎型イネ科牧草の少ない草地でおこなうことが望ましい。

②オーチャードグラス採草地

●施肥標準量の例

オーチャードグラスを基幹とする採草地では，マメ科率は３つに区分されている（表３-Ⅱ-４）。オーチャードグラス採草地についても，北海道施肥標準では道東，道北，道央・道南の，火山性土，泥炭土，低地土，台地土の土壌区分ごとに施肥標準量が設定されている。表３-Ⅱ-４は，道北の台地土の場合を抜粋したものである。

チモシー採草地と同じように，窒素の施肥標準量はマメ科牧草の有無で大きくちがう。道北の基準収量は4.0～4.5t/10aとほかの地帯よりもやや少ないので，リンとカリウムの施肥標準量もやや少なめである。それでも，リンの施肥標準量は，牧草の年間吸収量よりも多く，チモシー採草地と同様の問題点が指摘できる。

表３-Ⅱ-４　オーチャードグラス採草地の標準施肥量（道北，台地土の場合）（北海道農政部，2015から作表）（kg / 10a）

マメ科率区分	オーチャードグラス率	マメ科率	基準収量	窒素	リン	カリウム
1	50%以上	15～30%	4000～4500	6	8	15
2	50%以上	5～15%		10	6	15
3	70%以上	5%未満		18	6	15

①オーチャードグラス率，マメ科率は１番草収穫時の生草重量割合
②窒素：N，リン：P_2O_5，カリウム：K_2O，マグネシウム：MgO

台地土と低地土はマグネシウムの供給力に富むので，マグネシウム（MgO）は施肥しない。火山性土と泥炭土では，チモシー採草地と同様に MgO として 4 kg /10a の施肥標準量が設定されている。

●施肥配分と施肥時期

オーチャードグラスは年間３回利用を前提に，施肥配分は早春：１番草刈取後：２番草刈取後＝１：１：１とされている。しかし，ここでもチモシー採草地と同じように，乾物生産効率を最適化する視点から，検討の余地が残されている（第２章Ⅳ-５項参照）。オーチャードグラスでは秋施肥が技術化されていて，北海道施肥標準でも秋施肥の選択肢があり，その場合の施肥配分は早春：１番草刈取後：２番草刈取後：３番草刈取後＝１：１：0.7：0.3 と設定されている。

オーチャードグラスの分げつの消長を考えると，秋施肥は越冬までの新しい分げつの発生をうながすとともに，翌年１番草の有穂茎確保にきわめて重要な役割がある。したがって，オーチャードグラスを基幹とする採草地では，現在の均等分施（１：１：１）ではなく，秋施肥を組み込んだ分施体系（１：１：0.7：0.3）を基本にするのが合理的である。

施肥時期は，早春ではチモシーと同様，萌芽後できるだけ早い時期が推奨される。しかし，１番草，２番草の収穫後は，チモシーとはちがい刈取り直後に施肥する。それは，刈取り前から存在し，刈取りによっても茎頂（成長点）が除去されなかった分げつが，ただちに再生を始めるためである（第２章Ⅳ-５項参照）。

なお，ここでもマメ科率区分２でマメ科牧草の回復をはかる場合，マメ科率区分１程度に窒素施肥量を減らすことが推奨されている。

③ペレニアルライグラス採草地

ペレニアルライグラスを基幹とする採草地では，マメ科率は２つに区分されている。表３-Ⅱ-５は道北の台地土の施肥標準からの抜粋である。ペレニアルライグラスはオーチャードグラスよりもさらに寒さに弱いので，現時点では，冬のきびしい道東では栽培が推奨されていない。このため，施肥標準量は，道北と道央・道南の２地帯に限定されている。土壌区分には制限がない。

窒素の多肥によって高収が期待できるので，マメ科率区分２での窒素の施肥標準量はチモシーやオーチャードグラス採草地よりも多い。北海道のペレニアルライグラスは，集約的に利用する放牧草地の基幹草種として，オーチャードグラスやチモシーよりもあとに導入されたので，施肥反応や栽培特性の地域性についての知見が少ない。そのため，施肥時期や施肥配

表３-Ⅱ-５　ペレニアルライグラス採草地の標準施肥量（道北，台地土の場合）（北海道農政部，2015 から作表）

(kg /10a)

マメ科率区分	ペレニアルライグラス率	マメ科率	基準収量	窒素	リン	カリウム
1	70% 以上	10% 以上	4500 ～ 5000	9	6	15
2	70% 以上	10% 未満		21	6	15

①ペレニアルライグラス率，マメ科率は１番草収穫時の生草重量割合
②窒素：N，リン：P_2O_5，カリウム：K_2O

表 3-Ⅱ-6　アルファルファ採草地の標準施肥量（道央・道南，火山性土の場合）（北海道農政部，2015から作表）（kg/10a）

随伴イネ科牧草	マメ科率区分	アルファルファ率	基準収量	窒素	リン	カリウム	マグネシウム
チモシー	1	70%以上	5000～5500	0	10	22	4
	2	40～70%		8	10	22	4
	3	20～40%		10	10	22	4
オーチャードグラス	1	70%以上	5000～5500	0	10	22	4
	2	40～70%		4	10	22	4
	3	20～40%		8	10	22	4

①アルファルファ率は1番草収穫時の生草重量割合
②窒素：N，リン：P_2O_5，カリウム：K_2O，マグネシウム：MgO

分などの指標は，オーチャードグラスに準じる設定となっている。

④アルファルファ採草地

マメ科牧草であるアルファルファを基幹とする採草地は，混播するイネ科牧草がチモシーかオーチャードグラスかによって，施肥標準量がちがう（表3-Ⅱ-6）。どちらも，マメ科率区分は，1番草のアルファルファ生草重量割合（%）によって3つに区分されている。さらに，アルファルファ率20%未満の場合は，チモシー採草地のマメ科率区分4かオーチャードグラス採草地のマメ科率区分3の施肥標準量を適用する。

表3-Ⅱ-6は道央・道南の火山性土の場合の施肥標準量である。アルファルファは湿害に弱く，泥炭土への作付けは推奨できないので，施肥標準量も設定されていない。

なお，利用回数や施肥配分は，混播するイネ科牧草の採草地に準じる。

4 放牧草地の維持管理時の施肥標準量

①施肥標準量の設定方法

放牧草地の施肥標準量は，被食量とマメ科牧草の混生割合によって設定されている（表3-Ⅱ-7）。マメ科率区分は2区分である。被食量は放牧牛の飼養体系によって農場ごとにちがうので，地帯，土壌，基幹草種のちがいによる区分はせず，施肥標準量に幅をもたせ，これを目安に各農場が各牧区の施肥標準量を設定する。

基準被食量は，放牧牛が1年間に採食する草量を，面積当たりの生草重であらわした期待値である。放牧で基準被食量の牧草が採食されるれると，摂取された養分の一部は生産物として養分循環の系から持ち出される。また，そのほかの養分はふん尿排泄によって放牧草地に還元されるが，土壌への蓄積や流亡，揮散などによる損失分は，肥料として無効になる。

こうして，1年間乳牛を放牧すると，化学肥料換算（平均値）で窒素はNとして8kg/10a，リンはP_2O_5として3kg/10a，カリウムはK_2Oとし

表 3-Ⅱ-7　放牧草地での標準施肥量（北海道農政部，2015から作表）（kg/10a）

マメ科率区分	マメ科率	基準被食量	窒素	リン	カリウム
1	15～50%	2000～3000	4±2	4±1	5±1
2	15%未満		8±2	4±1	5±1

①マメ科率は1番草収穫時の生草重量割合
②窒素：N，リン：P_2O_5，カリウム：K_2O

て5 kg /10a が，放牧草地の養分循環から外れる。これを肥料換算養分の減少量という（2章Ⅳ - 4項表2 - Ⅳ - 4参照）。

したがって，土壌の肥沃度を維持するには，この減少量と同じ量の養分を補給すればよい。表3 - Ⅱ - 7の放牧草地の施肥標準量は，上記の養分減少量に相当する量として設定されている。

②窒素とリンの標準量の決め方

マメ科牧草の多い草地では，根粒菌の窒素固定によって，マメ科牧草から4 kg /10a 程度の窒素供給が期待できるので，窒素の施肥標準量は差し引き4 kg /10a である。

リンの，放牧による肥料換算養分の減少量は，P_2O_5 として年間約3 kg /10a（土壌と排泄ふん尿中のリンのうち，速効性化学肥料とみなせるもの）で，この量が放牧草地のリン循環からはずれる。放牧草地で循環するリンの量を維持するには，同じ量のリンを化学肥料か自給肥料で補給すればよいことになる。しかし，リンの施肥標準量は，採草地と同様に，土壌がリンを強く吸着する性質を考慮して，それよりも少し多めの4 kg /10a とされている。

③実際の放牧での施肥量の決め方

はじめて放牧飼養をおこなう場合，初年目には表3 - Ⅱ - 7の代表値，すなわちマメ科牧草混播草地（マメ科率15 ～ 50％）であれば，窒素はNとして4 kg /10a，リンはP_2O_5 として4 kg /10a，カリウムはK_2O として5 kg /10a が標準量なので，この量を後述する土壌診断によって補正して年間施肥量を求め，その施肥量でまずためしてみる。

そのうえで，1年間の草量の充足度を観察するとともに，放牧終了後には再度土壌診断をおこない，草量に過不足があれば窒素の施肥標準量を，土壌養分含量に変化があればリンやカリウムの施肥標準量を，表3 - Ⅱ - 7の±の幅を目安に調整する。

④施肥回数

年間施肥量が決まれば，施肥回数を決める。施肥回数についてはすでに詳しく述べているように（第2章Ⅳ - 6項参照），年間施肥量を1回当たりの窒素施肥上限量（3 kg /10a）で除し，施肥回数を設定する。

施肥回数が1回でよい場合は，スプリングフラッシュの終わった6月下旬に施肥する。施肥回数2回の場合は，牧区を2群に分け，放牧開始の早い牧区には早春と7月下旬，遅い牧区には6月下旬と8月下旬に同じ量を分施する。施肥回数3回の場合は，早春，6月下旬，8月下旬に同じ量を分施する。

5 北海道以外の特徴的な施肥標準

北海道以外の地域での施肥標準は，混播草地とイネ科牧草の優占草地，採草地と放牧草地，更新時と維持管理時など，各地の生産現場で活用しやすい区分で設定されている。年間施肥量を設定し，利用回数に応じて分施する考え方は，北海道と共通している。

これに対し，九州の場合は特徴的で興味深い。表3 - Ⅱ - 8に示した高原地域の寒地型牧草の年間標準施肥量は，採草地と放牧草地が共通の数式で表現されている。放牧強度に応じてふん尿による養分還元量が簡単な数式で評価され，延べ放牧頭数の計画が決まれば年間施肥量が算出できる。この方法は，兼用利用を主体とする草地では便利である。

表3-Ⅱ-8　九州・高原地域での寒地型牧草の年間標準施肥量
（農林水産省生産局，2007から作表）

	施肥量　(kg /ha)		
目標収量生草 (t/ha)	窒素	リン	カリウム
50	160 − 0.17X	100 − 0.04X	160 − 0.21X

① X は放牧強度（CD），採草地の場合は X=0
② CD はカウデーと読み，体重 500kg換算の ha 当たり延べ放牧頭数．体重 500kgの牛を１頭 /ha で１日放牧できれば 1CD
③ 窒素：N，リン：P_2O_5，カリウム：K_2O

北海道でも一部の兼用草地を対象にした施肥法が提案されている。しかし，兼用利用の方法は，１番草収穫後の放牧利用，２番草，３番草収穫後の放牧利用，春から放牧した後での採草利用など，きわめて多様である。現状では，こうした多様な利用法を網羅した施肥管理の方法は確立されていない。九州の方法は，採草利用と放牧利用を柔軟に使い分ける草地の施肥管理を考えるよい参考になる。

3 土壌診断の活用

1 施肥標準量と土壌診断の関係

①土壌養分含量と施肥量

Ⅱ-１項「肥培管理と施肥設計の手順」で，施肥標準量は，土壌養分含量が土壌診断基準値の範囲内にある草地に施肥すべき年間の肥料養分量であること，土壌養分含量は圃場ごとにちがうので，土壌診断によって施肥標準量を補正し，各圃場に施肥すべき肥料養分量を判断すると述べた。

草地に化学肥料や堆肥などが施与されると，そのなかの肥料養分が土壌に溶け出し，もともとの土壌養分と土壌中に混在する。牧草にとっては，根から吸収する養分がなにに由来するものでもよいので，土壌養分含量が多ければ施肥量は少なくてよく，土壌養分含量が少なければ施肥量は多く必要になる。両者の関係は，図3-Ⅱ-5の点線で示したように連続的に変化する。

〈注3〉
交換性カリウムとは，土壌の負荷電（マイナスの荷電）に静電気的に引きつけられている交換性陽イオンの１つで，作物に吸収されやすい形態のカリウムである。交換性陽イオンについては，第２章Ⅱ-2-1の注５参照。

②土壌診断基準値と施肥量の判断

上記の連続的変化の典型的な例として，3-②項で後述する火山性土でのチモシー採草地のカリウムがある。図3-Ⅱ-5の縦軸である「基準収量を得るために牧草に必要な養分の総量」をカリウム（K_2O）22kg /10a，横軸の「土壌から供給される養分量」を草地の表層０～５cm土壌中に含まれている交換性カリウム（K_2O）量（注3）とすることによって，個々の圃場に施肥すべきカリウム量が計算できる。

たとえば，０～５cm土壌中に交換性カリウム（K_2O）が４kg /10a含まれていれば，22 − 4 =18となり，カリウム（K_2O）の年間施肥量は18kg /10a必要になる。10 kg /10a含まれていれば，年間施肥量は12kg /10aでよい。

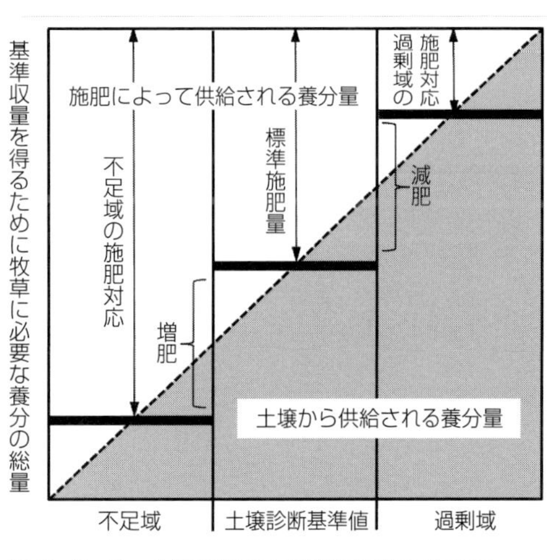

図3-Ⅱ-5　土壌診断による施肥対応の考え方

しかし，窒素やリンは，土壌中で形態を複雑にかえるため，火山性土のカリウムのように単純な計算はできない。多くの場合，図３-Ⅱ-５の太線のように階段状に施肥量が設定される。土壌診断基準値の範囲内では，中央の太線で示すように施肥標準量を施与する。左側は土壌養分含量の不足域で，施肥標準量よりも施肥量を増やし（増肥），右側は過剰域で施肥標準量よりも施肥量を減らす（減肥）。

図３-Ⅱ-５では３段階だが，肥料養分の種類や土壌条件によっては，増肥や減肥の段階を増やし，より連続的な施肥対応も設定されている。

③土壌診断基準値は肥料資源の有効利用からも重要

上記のカリウムのように，土壌養分含量から施肥量を直接計算できるのであれば，わざわざ土壌診断基準値を設定して土壌養分の過不足を判定する必要はなくなる。

しかし，土壌中に養分が多量にあると，牧草が養分を吸収しない越冬期などに，降雨や融雪によって養分が流され損失する。それをさけるため，できるだけ少ない養分損失で一定の土壌養分含量を維持できる施肥量が必ずあるはずである。

それをみつけて施肥標準量とし，そのときの土壌養分含量を土壌診断基準値とすれば，良好な生産性と最小限の養分損失を両立した持続的な肥培管理が可能になる。かぎりある肥料資源を有効に利用する観点からも，土壌診断基準値をどの水準に設定するかが重要になる。

2 土壌採取の方法

土壌診断では土壌分析が有効な手段になるが，土壌採取で守らなければならない注意点が３つある。①採取する深さ，②１圃場からの採取点数，③採取時期についてである。土壌採取をおろそかにすると，分析をどんなに正確しても無意味になる。十分注意して採取された土壌でなければ，土壌診断対象草地を代表できるサンプルとはいえないからである。

①土壌を採取する深さ

草地への肥料養分は草地表面に施与されるので，草地の表層に蓄積する。その結果，土壌養分含量は表層に近いほど急激に高まり，下層では低い（図３-Ⅱ-６）。このため，採取する土層は，草地の造成・更新時と維持管理時ではちがってくる。

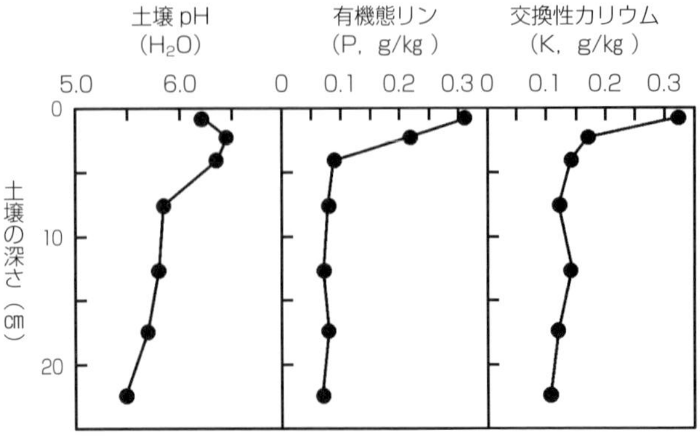

図３-Ⅱ-６　採草地土壌での土壌 pH，リン（P），カリウム（K）含量 の土層内垂直分布（平林ら，1986）

●造成・更新時の採取土層

〈完全更新の場合〉

完全更新法で，施工前に土壌を採取する場合は，草地を耕起・反転して播種床をつくったら，どのあたりの土層が新しい播種床になるのかを想定し，その土層から土壌を採取する（図３-Ⅱ-７）。

この工法では，プラウで耕起・反転したのちに砕土・整地し，鎮圧して播種床をつくる。このときの土壌の改良深は15cmが基本である。かつてトラクタの馬力が小さかったころ，プラウの耕起深は15cmに近かった。しかし，近年は作業効率の向上をめざした機械の大型化によってプラウも大型になり，いやおうなしに昔よりも深く耕起されるようになった。

そうなると，播種床をつくったのちに，表層から15cmまでの土壌を採取・分析し，石灰資材量やリン施肥量を計算するのがもっとも正確である。しかし，これでは施工に間に合わない。石灰資材は，鎮圧する前の段階で改良深15cmに混和したい。また，土壌分析値にもとづいて資材を発注し，納品されるまで播種を待つのでは，播種適期をのがし，雑草対策や越冬対策に支障が出る。

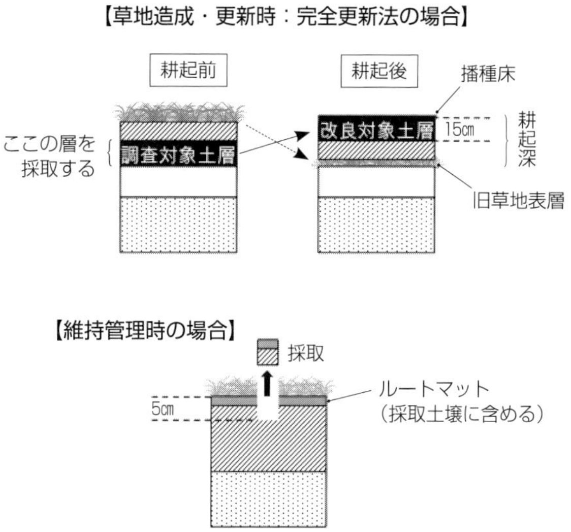

図３-Ⅱ-７　土壌を採取する位置は目的によってちがう

そこで，施工前に，土壌を採取すべき土層の予測が必要になる。たとえば，耕起深30cmで完全更新する場合，耕起前の地表下30cmの土が耕起後の表層に出てくる。この場合は，耕起前の地表下15～30cmの土層が，耕起後の表層から15cmの改良対象土層にほぼ相当する（図３-Ⅱ-７）。土壌採取の対象になる土層は，施工時の耕起深によってちがうので，造成・更新工法の確認が重要である。

〈簡易更新の場合〉

簡易更新の表層攪拌法の場合は，表層を直接ディスクハロやロータリハロで攪拌施工するので，表層からディスクやロータリの刃が届く深さまでが実質的な改良深となる。

作溝法や部分耕耘法では，土壌がほとんど混和されないので，後述する維持管理時と同じ，０～５cmが土壌採取の対象になる（図３-Ⅱ-７）。

●草地維持管理時の採取土層

維持管理草地では，表層０～５cmが土壌採取の対象である（図３-Ⅱ-７）。表層にルートマットとよばれる，地下茎と根でできたマット状のものができている場合もあるが，それも含めて表層から５cmまでを採取する。これは，牧草に含まれているリンの大半がこの部分から吸収されていること，火山性土のカリウム供給力を０～５cm土層の交換性カリウムの量で評価してさしつかえないことなどによる。

もちろん，５cm以下の土層への養分の移動がないということではない。しかし，大面積の草地での土壌採取作業の作業能率も考慮され，多少の精度を落としても，０～５cm土層を対象にすることが推奨されている。

②１圃場からの採取点数

●維持管理時の採取点数

経営面積が100haをこえる酪農場では，１圃場３～５haの草地はめずらしくない。こうした大面積の圃場で土壌養分含量の代表値を得るには，何点の土壌を採取すればよいのだろうか。

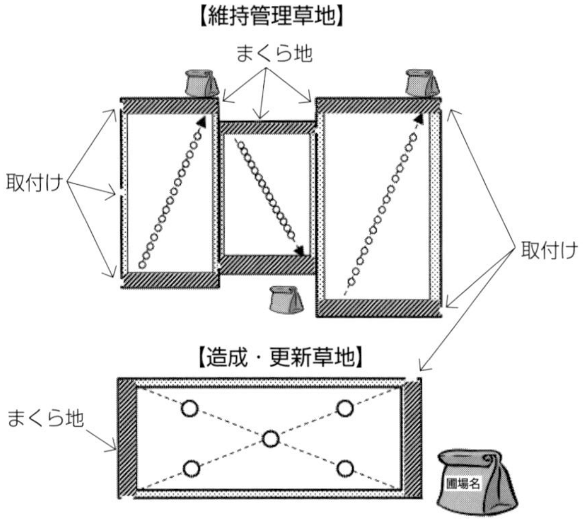

図３-Ⅱ-８　土壌採取地点の決め方
まくら地や取付け周辺は，肥料の補給作業や旋回時の速度変化などで，養分量が不均一になっていることが多いので採取しない

維持管理草地の０～５㎝土層で試算した結果，必要な点数は測定項目によってちがい，土壌 pH では１点 /ha，有効態リンや交換性カリウムでは採草地で 20 ～ 50 点 /ha，放牧草地では 20 ～ 200 点 /ha であった。これを維持管理時の施肥設計のための土壌診断に当てはめると，10ha の採草地では 200 ～ 500 点もの土壌を採取することになり，日常業務にするのはたいへんである。

北海道根釧農試で 2008 ～ 2013 年に実施した例では，0.4ha ～ 11.4ha の採草地，放牧草地など 35 圃場で，１圃場 20 点前後を目安に土壌を採取し，それをよく混合して１圃場１点にしても，施肥管理のちがいが土壌化学性に与える影響が把握できているという。現実的な対応として参考になるであろう。

●維持管理時の採取場所の選び方

極端な土壌養分含量が予想される場所では採取しない。たとえば圃場の「取付け」や「まくら地」周辺は肥料が多く落ちやすいし，水が集まる場所も土がたまったりえぐれたりして，極端な土壌養分含量になりやすい。

これらの場所をさけつつ，圃場の対角線上を歩き，圃場面積に応じて 10 ～ 50 歩に１回くらいの割合で土壌を採取すると，一筆書きを描くように複数の圃場から連続的に土壌を採取できる（図３-Ⅱ-８）。

●草地造成・更新時の採取点数

草地造成・更新時の土壌採取点数はもっと少なくてよい。調査対象として重要な分析項目は，後述するように土壌 pH と有効態リンである。

土壌 pH の必要点数は，前述のように，０～５㎝土層でも１点 /ha である。有効態リン含量のばらつきは大きいが，リンはとくに表層に蓄積するので（図３-Ⅱ-６参照），完全更新時のように下層の土壌を採取する場合は，リン含量の水準が低くばらつきも小さい。このようなときは，図３-Ⅱ-８に示した，一般的に使われている５点調査を参考に採取するとよい。

③土壌の採取時期

●維持管理時の場合

維持管理時の草地での施肥設計のための土壌診断は，翌年の牧草生産に向けた施肥管理の前におこないたい。かつては早春施肥前の土壌採取が推奨された。しかし近年は，秋に堆肥やスラリーなどの自給肥料が施与されることが多いため，草地の最終利用後から秋の肥培管理がおこなわれる前までの期間が土壌採取の適期である。化学肥料や自給肥料の施与直後は，養分が溶けて土壌に浸透する過程が均一にすすまないので，分析値のばらつきが大きく，圃場全体の代表値を判断しにくいのでさける。

●草地造成・更新時の場合

草地造成・更新予定の圃場で土壌改良の計画を目的とする場合は，いつ

表３-Ⅱ-９　維持管理時の草地でのリンの土壌診断による施肥対応
（北海道農政部，2015を改変）

【有効態リン含量*1（P_2O_5，mg/100g）によるリン肥沃度の判定】

土壌区分		リン肥沃度の判定			
		低	中 基準値	高1	高2
火山性土	未熟*2	～30	30～60	60～100	100～
	黒色*2	～20	20～50	50～100	100～
	厚層*2	～10	10～30	30～100	100～
低地土・台地土		～20	20～50	50～70	70～

＊１：ブレイNo.2法（土：液＝1：20，20℃）
＊２：未熟：未熟火山性土，黒色：黒色火山性土，厚層：厚層黒色火山性土

【判定されたリン肥沃度に対応した施肥標準に対する施肥率（%）】

土壌区分	リン肥沃度				
	低	中	高1	高2	
				採草地	放牧草地
火山性土	150	100	50	50	0
低地土・台地土	150	100	50	0	0

注）減肥の可能年限はほぼ３年である

土壌を採取してもほとんど不都合はない。とくに，完全更新では下層の土壌を採取することになるので，直近の施肥管理の影響は大きくない。採取作業の効率を重視して，草量の少ない時期におこなえばよい。

3 土壌診断による施肥対応① ―維持管理時

土壌を採取して分析に出し，分析結果を入手したら，施肥量の計算をおこなう。この作業を土壌診断による施肥対応という。頻繁におこなわれる維持管理時の施肥対応から説明する。

①リン

●土壌診断による施肥量の計算方法

土壌診断による施肥対応は，養分の種類によってちがう。リンの施肥対応がもっとも典型的なので，まず表３-Ⅱ-９に採草地の例を示した。この表には，土壌分析値の判定基準と施肥率が書かれている。これらの数字を使って，表３-Ⅱ-10のように施肥量を計算する。

たとえば，低地土のリン（P_2O_5）の土壌診断基準値は20～50mg/100g（注４）である。ある低地土の採草地から採取した土壌の有効態リン（P_2O_5）含量が60mg/100gだったとすると，リン肥沃度は「高１」と判定される。「高１」のリン肥沃度の場合，施肥標準に対する施肥率は50%である。これは，施肥標準量の50%の施肥量ということなので，この採草地の施肥標準量が８kg/10aの場合，８kg/10a × 50% = ４kg/10aとなり，施肥すべきリン（P_2O_5）の量は４kg/10aである。

〈注４〉
20mg/100g以上，50mg/100g未満と読む。

表３-Ⅱ-９の施肥率は，採草地と放牧草地で１カ所だけちがいがある。火山性土の放牧草地では，100mg/100g以上リンが含まれていると施肥率０%でリン施肥は不要としているのに対して，採草地では施肥率が50%になっている。

表３-Ⅱ-10　リンの土壌診断による施肥対応の計算例（北海道農政部，2015を改変）

【道東，低地土，マメ科率区分３の場合】

北海道施肥標準　(kg/10a)

N	P_2O_5	K_2O
10	8	18

低地土の土壌診断基準値：有効態リン (P_2O_5) 含量 20 ～ 50mg/100g

有効態リン含量　mg/100g	5	30	60	90
リン肥沃度判定*	低	中	高１	高２
施肥標準に対する施肥率*	↓ 150%	↓ 100%	↓ 50%	↓ 0%
施肥対応の計算	8 × 150% = 12kg/ha	8 × 100% = 8kg/ha	8 × 50% = 4kg/ha	8 × 0% = 0kg/ha

＊：表３-Ⅱ-9より

●リンの分析方法の課題

〈分析値が同じでも利用可能なリンの量がちがう〉

リンの土壌診断基準値は未熟火山性土で 30 ～ 60mg/100g，厚層黒色火山性土で 10 ～ 30mg/100g など，火山性土の種類によってちがう（表３-Ⅱ-９参照）。

厚層黒色火山性土は，粒径の細かい土壌で，腐植の多い黒色の厚い表層をもち，リンを強く吸着する（リン酸吸収係数が大きい）性質がある。未熟火山性土は粒径が粗くて腐植も少なく，リンを吸着する力が弱い（リン酸吸収係数が小さい）。黒色火山性土はその中間である。

一見すると，リンを強く吸着する厚層黒色火山性土の基準値が 10 ～ 30mg/100g と，未熟火山性土よりも少ないのは不思議かもしれない。しかし，厚層黒色火山性土は，有効態リンの分析値が同じでも，ブレイ No. ２法という分析法では検出できないほど強く土壌に吸着したリンが多量に含まれている。牧草は，そうしたリンの一部も，みかけ上，利用可能なことがわかっている（注５）。このため，リン酸吸収係数がちがう土壌間では，有効態リン含量の分析値が同じでも，リン肥沃度の評価がちがうのである。

〈注５〉
どのような形態のリンが牧草への給源となっているかの詳細は不明であるが，差し引き計算上，これまで牧草には無効と思われてきた形態のリンの一部も給源になっていると考えなければつじつまがあわないため，みかけ上としている。

〈土壌ごとの診断基準値の設定を検討〉

現在，土壌の有効態リン含量はブレイ No. ２法という分析法で評価されている。本来であれば，これを改め，土壌の種類にかかわらず同じ肥沃度評価が得られる新しい分析法の開発が望まれる。しかし，同じ土壌型であれば，ブレイ No. ２法は牧草によるリン吸収をきわめてよく反映する分析法である。

そこで，同じ土壌型ではリン肥沃度評価の精度に優れ，分析操作も簡便なブレイ No. ２法を引き続き採用し，土壌診断基準値をリン酸吸収係数がちがう土壌ごとに設定することが現実的であるとの結論になり，現在の土壌診断基準値とそれによる施肥対応が確立されている。

このように，維持管理時の草地のリン肥沃度評価については未解明な点が残されており，今後の研究が期待される。また，泥炭土については土壌診断基準値の上限が未設定であり，施肥対応が定められていないので，整備が待たれる。

②カリウム

●土壌診断による施肥量の計算方法

カリウムの土壌診断による施肥対応には，多くの条件で細分化されている。まず，採草地の施肥対応が２種類に分かれる。

１つは，チモシーかオーチャードグラスを基幹とする採草地で土壌が火山性土の場合である。ここでは前述（３-１-②項）のように，土壌分析値から下記の数式により直接施肥量を計算する。

カリウム（K_2O）施肥量（kg /10a）
＝22 − 1/2 ×仮比重（注６）×交換性カリウム（K_2O）含量（mg /100g）

火山性土では単年度でみるかぎり，年間 22kg /10a のカリウム（K_2O）があれば基準収量を得ることができる。そのため，上記の数式は，維持管理段階の採土深である０～５cmの土壌中に含まれている，牧草に吸収利用可能なカリウムである交換性カリウムの量がわかれば，それを必要なカリウム量 22kg /10a から差し引き，不足分を施肥するという考え方にもとづいている。数式の「１／２×仮比重×交換性カリウム含量」は，「10a の草地０～５cmの土壌中に含まれている交換性カリウム量（kg)」ということである（注７）。

なお，チモシーかオーチャードグラスを基幹とする採草地で，火山性土以外の採草地では，表３-Ⅱ-11 で施肥対応をおこなう。表の見方は，リンと同じである。

●火山性土の施肥標準量について

北海道東部（根釧農試）の実験では，火山性土のチモシー採草地では，０～５cm土壌中に交換性カリウム（K_2O）が３～４kg /10a で安定的に維持され，かつ草種構成が良好であれば十分な収量水準を確保できることが確認されている。

つまり，０～５cmの土壌に牧草が利用可能なカリウムを K_2O として３～４kg /10a を保持させ，肥料として K_2O を 18 ～ 19kg/10a 補給して，総量 22kg /10a を確保することが，もっとも損失の少ない肥培管理といえる。これが，前出の表３-Ⅱ-３で示したカリウムの施肥標準量，K_2O として 18kg /10a の理由である。

カリウムの土壌診断基準値は，未熟火山性土，黒色火山性土，厚層黒色

〈注６〉
仮比重とは，土壌の比重のあらわし方の１つで無単位である。土壌 1cm^3 の乾燥重量（g/cm^3）である乾燥密度と同じ意味である。ここでいう土壌 1cm^3 のなかには，土壌粒子間のすき間や，土壌粒子自体がもっているすき間を含んでいる。したがって，圃場の締まり方によって土壌の仮比重は変化する。なお，すき間を排除し，土壌の固体部分だけの体積当たりの乾燥重量を真比重という。

〈注７〉
土壌 100g に含まれる交換性カリウム含量を x mg /100g，10a の草地０～５cmの土壌中に含まれている交換性カリウム量を y kg /10a とすると，重量単位の分析結果 x mg /100g から，求めたい面積単位の y kg /10a は次のようにして計算される。この重量単位の分析結果から面積単位の計算値に変換するために必要な数値が仮比重である。

y (kg /10a) ＝ 土壌１g 中の交換性カリウム含量（kg /g）×面積 10a 深さ 5cmの土壌重量（g/10a）
＝ x ÷ 100 ÷ 1000,000（kg /g）
　×（仮比重（g/cm^3）×面積 10a 深さ 5cmの土壌体積（cm^3））(g/10a)
＝ x ÷ 100 ÷ 1000,000（kg /g）×（仮比重（g/cm^3）× 5cm× 10,000,000cm^2）(g/10a)
＝ x × 0.5 ×仮比重（kg /10a）
＝ 1/2 ×仮比重×交換性カリウム含量

表 3-Ⅱ-11　採草地でのカリウムの土壌診断による施肥対応（北海道農政部，2015 を改変）

【交換性カリウム（K2O，mg/100g）によるカリウム肥沃度の判定】

土壌区分		カリウム肥沃度の判定			
		低	中 基準値	高1	高2
火山性土*1	未熟	～7	7～9	9～30	30～
	黒色	～9	9～12	12～40	40～
	厚層	～10	10～13	13～45	45～
低地土・台地土		～15	15～20	20～50	50～
泥炭土		～30	30～50	50～70	70～

【カリウム肥沃度に対応した施肥標準に対する施肥率（%）*2】

土壌区分		カリウム肥沃度			
		低	中	高1	高2
火山性土		125	100	75	50
低地土・台地土		110	100	50	0
泥炭土*3	無客土	125	100	75	50
	客土	110	100	75	0

＊1：道南・道央と道東の火山性土でのチモシーとオーチャードグラス採草地では，本文に示した数式による方法を用いる

＊2：減肥の可能年限は，火山性土，泥炭土で 1 年，低地土・台地土で 3 年である

＊3：泥炭土の無客土の仮比重は 0.5 未満，客土は 0.5 以上である

表 3-Ⅱ-12　放牧草地でのカリウムの土壌診断による施肥対応（北海道農政部，2015 を改変）

【交換性カリウム（K2O，mg/100g）によるカリウム肥沃度の判定】

土壌区分		カリウム肥沃度の判定			
		低	中 基準値	高1	高2
火山性土	未熟	～20	20～25	25～54	54～
	黒色	～26	26～32	32～70	70～
	厚層	～30	30～36	36～82	82～
低地土・台地土		～27	27～34	34～64	64～
泥炭土		～54	54～78	78～98	98～

【カリウム肥沃度に対応した施肥標準に対する施肥率（%）*1】

土壌区分		カリウム肥沃度			
		低	中	高1	高2
火山性土		150	100	50	0
低地土・台地土		150	100	50	0
泥炭土*2	無客土	150	100	50	0
	客土	150	100	50	0

＊1：減肥の可能年限は，火山性土，泥炭土で 1 年，低地土・台地土で 3 年である

＊2：泥炭土の無客土の仮比重は 0.5 未満，客土は 0.5 以上である

火山性土の順に交換性カリウム（K_2O）として 7～9mg/100g，9～12mg/100g，10～13mg/100g とそれぞれちがう。しかしこれは，注 7 の計算方法に各火山性土の代表的な仮比重の値 0.9，0.7，0.6 をあてはめた場合，どの火山性土でも共通に「0～5cm土壌中に 3～4kg/10a」の交換性カリウムが維持されていることを示している。

●放牧草地と採草地では診断基準がちがう

ところで，表3-Ⅱ-12の放牧草地のカリウムの土壌診断基準値は，表3-Ⅱ-11の採草地と大きくちがう。その理由は以下の事情による。

採草地の土壌採取は，最終番草の収穫後で翌年の牧草生産に向けた施肥管理をする前の時期が推奨されている。これに対し，放牧草地では牛によるふん尿の排泄が放牧のたびにくり返されるので，秋の終牧後にはすでに1年分のふん尿の還元がすんでおり，採草地でいう「最終番草の収穫後で翌年の牧草生産に向けた施肥管理をする前の時期」がない。したがって，放牧草地の土壌診断基準値は，放牧牛によるふん尿が還元ずみであることを前提とせざるをえない（図3-Ⅱ-9）。

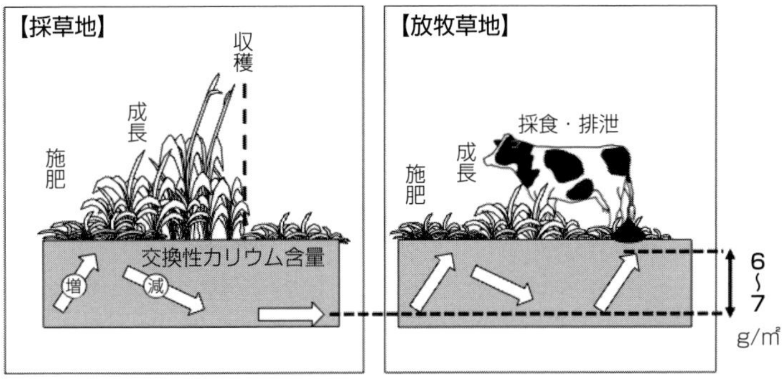

図3-Ⅱ-9　採草地と放牧草地での土壌中の交換性カリウムの増減
放牧草地では，放牧中にふん尿によってカリウムが土壌に還元される

このことは，厳密にいえばすべての肥料養分に共通する。しかし，カリウムは排泄されるふん尿に多く含まれているので，土壌診断基準値にその影響を反映させなければならない。リンは量的に少ないうえ，土壌診断基準値の幅も大きいので，採草地の基準値を準用できる。

③マグネシウム，カルシウム

●マグネシウムの診断と施肥対応

表3-Ⅱ-13はマグネシウムの土壌診断による施肥対応を示した。リンやカリウムの施肥対応の表とちがうのは，施肥率でなく施肥量が直接示されていることにある。これは，低地土と台地土のマグネシウム施肥標準量が0に設定されていることへの配慮である。

なお，土壌診断基準値は火山性土の種類によらず，交換性マグネシウムがMgOとして20～30 mg/100gであり，カリウムのように仮比重のちがいが考慮されていないところは，今後の検討課題である。

表3-Ⅱ-13　マグネシウムの土壌診断による施肥対応（北海道農政部，2015を改変）

【交換性マグネシウム（MgO，mg/100g）によるマグネシウム肥沃度の判定】

土壌区分	マグネシウム肥沃度の判定		
	低	中 基準値	高
火山性土	～20	20～30	30～
低地土・台地土	～10	10～20	20～
泥炭土	～30	30～50	50～

【判定されたマグネシウム肥沃度に対応した年間マグネシウム（MgO）施肥量（kg/10a）*】

土壌区分	マグネシウム肥沃度					
	低		中		高1	
	採草	放牧	採草	放牧	採草	放牧
火山性土	6	1.5～3	4	1～2	2	0.5～1
低地土・台地土	4	1～2	0	0	0	0
泥炭土	6	1.5～3	4	1～2	2	0.5～1

*：減肥の可能年限は3年である
注）他の要素とちがい，年間施肥量で示しているので注意する

●カルシウムの診断と施肥対応

カルシウムの土壌診断による施肥対応は，土壌pH優先で判断する。土壌pHが適正に維持されていれば，牧草のカルシ

〈注8〉
陰イオンが溶脱しやすいのは，土壌がもっている負荷電（マイナスの荷電）と静電気的に反発し，土壌に保持されにくいからである。

〈注9〉
草地更新によって土壌に混和された草地表層が分解し，それによって放出される窒素。維持管理時の草地表層には収穫や放牧利用，あるいは牧草の生育途中で脱落した根や茎葉が随時還元される。これらの有機物は，一部は分解されつつ，全体としては年を経るごとに蓄積していく。草地更新時の反転耕起によって，草地表層が破砕されて土壌に混和されると，蓄積していた有機物がすみやかに分解し，無機態の窒素を土壌中に放出する。これが更新後の牧草への窒素の給源となる。したがって，窒素の供給量は更新する草地の経過年数，草種構成，自給肥料の施与実績，気象・土壌条件などによってちがってくる。

ウム栄養が欠乏する心配はない。

維持管理草地での土壌酸性化のおもな原因は，肥料に含まれている硫酸イオンや塩化物イオンなどの陰イオンが，降雨や融雪によって作土から下層へ洗い流される（溶脱という（注8））とき，土壌中のカルシウムやマグネシウムなどの陽イオンと結合して一緒に溶脱されてしまうことにある。したがって，施肥される陰イオンを中和するだけの炭酸カルシウム（以下，炭カル）を毎年施与すれば，土壌 pH を維持することができる。その炭カルの量が，おおむね 40kg /10a である。

土壌 pH の土壌診断基準値は 5.5 〜 6.5 なので，pH6.0 以上であれば炭カルを施与する必要はない。pH6.0 を下回るようになったら，土壌 pH の現状維持をはかるため，毎年 40kg /10a の炭カルを施与する。土壌 pH の変化はゆるやかなので，３年ごとに 120kg /10a 施与するやり方でもよい。

土壌 pH が 5.5 を下回ってしまった場合には，後述する草地造成・更新時の方法で，土壌 pH を矯正する。

④窒素

●窒素は土壌分析結果を使わない

ほかの肥料養分とはちがい，草地での窒素の土壌診断は土壌分析結果を使わない。マメ科率や自給肥料の施与履歴などから施肥すべき窒素量を算定する方法をとる。

草地土壌から牧草への窒素のおもな供給源は，①マメ科牧草の根粒菌による固定窒素，②自給肥料による施与窒素，③草地更新時の耕起により土壌から供給される窒素（注9）である。このうち，①は北海道施肥標準では，マメ科率区分によって施肥標準量に反映ずみである。②は本章Ⅲ項で詳細に説明する。③は現在のところ，台地土での更新後２〜５年目のチモシーとオーチャードグラス採草地についてのみ数値が設定されており，ほかの土壌条件への拡張が望まれる。

●土壌分析結果を使わない理由

窒素診断に土壌分析結果が用いられない理由は，以下のとおりである。

作物が吸収しやすい土壌窒素の分析法には，培養法や熱水抽出法などがある。これらの分析法はいずれも分析に長時間を必要とする。しかも，草地にこれらを適用しようとすると，分析値は草地の経過年数，草種構成割合，自給肥料の施与履歴，土壌の種類などの要因に影響されてしまう。同一の草地であれば窒素施肥管理のちがいを評価できるが，どの草地にも適用できる土壌診断基準基準値を設定できる評価手法はみつかっていない。

したがって，前記した管理履歴で施肥すべき窒素量がほぼ設定できることと，土壌診断基準値の設定に使える分析方法がみつかっていないことの２点が，窒素診断に土壌分析結果を用いない理由である。

4 土壌診断による施肥対応②―草地造成・更新時

草地造成や更新時には，採取した土壌から酸性矯正に用いる石灰資材量と施肥，播種時のリン施肥量を算定する。

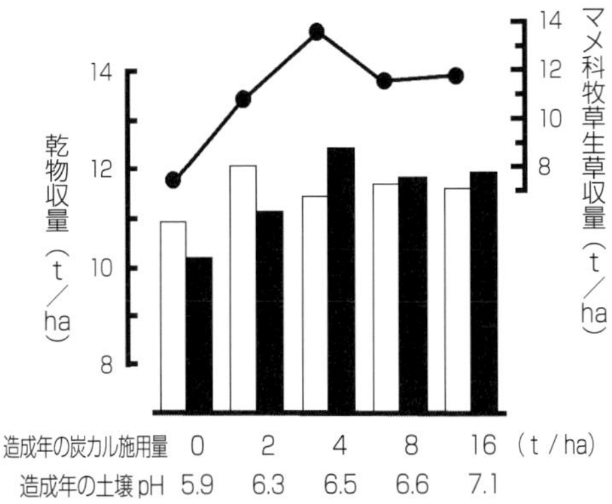

図 3-Ⅱ-10
草地造成時の炭カル施与量と土壌 pH，牧草収量
（北海道立根釧農試，1987）
□：造成2～4年目の平均乾物収量
■：造成5～8年目の平均乾物収量
●：造成2～4年目の平均マメ科生草収量

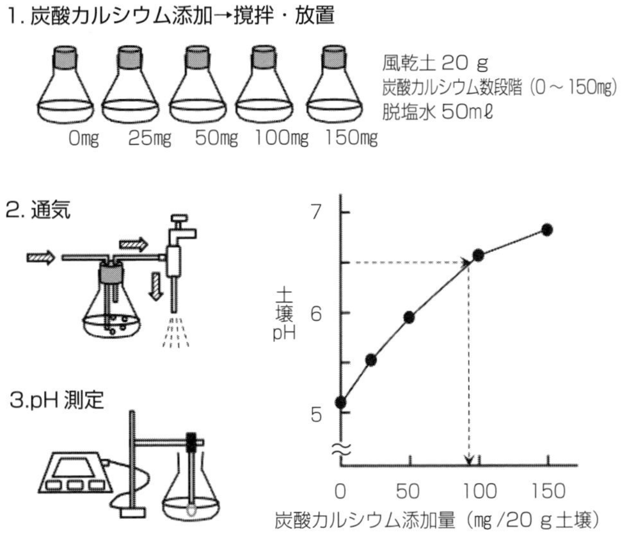

図 3-Ⅱ-11
炭酸カルシウム添加通気法の手順と土壌 pH 緩衝曲線
（道総研農業研究本部，2012 から作図）

①石灰資材の施与量

土壌 pH の改良目標は 6.0 ～ 6.5 である。ただし，具体的な石灰資材の施与量は，pH6.5 に改良するのに必要な量とする。これは，pH6.5 に矯正した草地のほうが，それ以下の草地よりも，5～8年後の収量やマメ科牧草の収量が多いからである（図 3-Ⅱ-10）。

また，下限値の pH6.0 に改良するのに必要な量に設定したのでは，6.0 を下回ってしまう可能性がある。実際の圃場では，土壌と炭酸カルシウムが実験室ほど十分には混ざらないからである。したがって，pH6.5 を目標に算定した量で土壌改良し，播種後に改良目標値である pH6.0 ～ 6.5 になっていれば，酸性矯正は成功したと考えてよい。

表 3-Ⅱ-14　アレニウス表による酸性矯正用炭酸カルシウム施与量（道総研農業研究本部，2012）
〔矯正目標 pH6.5（H_2O）に要する 10a 当たりkg〕

土性	腐植含量	pH												
		4.0	4.2	4.4	4.6	4.8	5.0	5.2	5.4	5.6	5.8	6.0	6.2	6.4
砂壌土 SL	含む	424	300	356	323	289	255	221	188	154	120	86	53	15
	富む	634	581	533	480	431	379	330	278	229	176	128	75	26
	頗る富む	986	908	829	750	671	593	514	435	356	278	199	120	41
壌土 L	含む	634	581	533	480	431	379	330	278	229	176	128	75	26
	富む	844	776	709	641	574	506	439	371	304	236	169	101	34
	頗る富む	1268	1166	1065	964	863	761	660	559	458	356	255	154	53
埴壌土 CL	含む	844	776	709	641	574	506	439	371	304	236	169	101	34
	富む	1054	971	885	803	716	634	548	465	379	296	210	128	41
	頗る富む	1549	1425	1301	1178	1054	930	803	683	559	435	315	188	64
埴土 C	含む	1054	971	885	803	716	634	548	465	379	296	210	128	41
	富む	1268	1166	1065	964	863	761	660	559	458	356	255	154	53
	頗る富む	1830	1684	1538	1391	1245	1099	953	806	660	514	368	221	75
腐植土		2063	1898	1733	1568	1403	1238	1073	908	743	570	413	248	83

注）消石灰使用の場合は 0.75 を乗じた量を施用する

表 3-Ⅱ-15　草地造成・更新時のリン施肥量（北海道農政部，2015）

リン（P_2O_5）施肥量（kg/10a）＝ 15 ＋ 0.005 ×リン酸吸収係数＋ B
ここで，B は有効態リン＊1 含量に応じて下の表のように与えられる値

	有効態リン（P_2O_5）含量（mg/100g）			
	0～5＊2	5～10	10～20	20～
B の値	5	2.5	0	－10

＊1：ブレイ No.2 法で測定する
＊2：上の表で，0～5 という表示は，0 以上 5 未満と読む

石灰質資材の必要量は，pH 緩衝曲線を図 3-Ⅱ-11 にしたがってつくり，グラフの点線矢印のようにして求める。

なお，炭カル添加・通気法は手間がかかるので，簡易にはアレニウス表（表 3-Ⅱ-14）も用いられる。ただし，この表は仮比重 1.0，改良深 10cmでつくられている。このため，改良深 15cmの場合の炭酸カルシウム施与量は 1.5 倍，同様に仮比重が 0.8 であれば，その施与量は 0.8 倍になることに注意しなければならない。

②リンの施肥量

リンの施肥量は表 3-Ⅱ-15 の計算式で算定する。播種時の施肥なので，石灰資材とはちがい，土壌とは混和せず，種子や窒素，カリウムなどの肥料とともに表面施与する。この方法は 2012 年に北海道で提案された新しい算定方法である。

計算式は従来とかわらない。ちがうのは，従来は P_2O_5 として最低 20kg/10a 施肥するという下限値が設定されていたのを，その下限値をなくし，減肥できるようにしたことである。近年，とくに草地更新対象の草地ではリンの蓄積がすすんできたため，資源を有効に利用する目的で，土壌の有効態リンが多い草地では，播種時のリン施肥量を 20kg/10a より少なくできるように改訂されたのである。

4　草地の肥培管理と牧草の品質，乳牛の健康との関係

1　牧草の品質が乳牛の健康に直結

これまで述べてきた草地の肥培管理は，牧草生産だけでなく生産された牧草の品質にも大きな影響を与える。その品質が乳牛の健康にも大きく影響している。

1970 年代以降，わが国の酪農が濃厚飼料依存型へ変質し，乳牛の個体乳量が大きく増えた時代に，粗飼料の硝酸態窒素（NO_3-N）含量やカリウム，マグネシウム，カルシウム，リンなどの無機成分（ミネラル）含量に関連しているとみられる疾病（硝酸中毒，低マグネシウム血症，起立不能症など）が急増した。個体乳量が増えることによって自給粗飼料の増産も要求され，それに対応するため，牧草や飼料用トウモロコシの収量増に直結する，窒素やカリウムの多肥などの肥培管理が乳牛の疾病の増加の一因になったと考えられる。

このときの教訓は，草地の肥培管理が牧草の品質と直結し，その品質が乳牛の病気を誘発するということである。したがって，草地の肥培管理がどのように牧草の品質に影響し，乳牛の疾病と関係しているのかを理解することは，時代を経てもなお重要なことである。

2 牧草の窒素栄養とタンパク質，炭水化物含量との関係

①タンパク質と炭水化物はトレードオフの関係

草地に窒素が多く施与されると牧草の窒素吸収量が増え，タンパク質や硝酸態窒素含量が高まり，逆に炭水化物含量が低下する（図3-Ⅱ-12）。したがって，植物体内でタンパク質含量を高めながら同時に炭水化物，たとえば糖やデンプンなどの含量も高めることは基本的にできない。水田で窒素を過剰施与しないよう細心の注意をはらうのは，タンパク質含量を低くおさえ，高デンプン含量で良食味になるコメの多収をめざすからである。

植物体内のタンパク質と炭水化物のように，どちらか一方を多くするともう一方が犠牲になって少なくなる関係をトレードオフという。植物体内でタンパク質と炭水化物のトレードオフが成立するのは，植物が吸収した窒素を体内でタンパク質に変換する（注10）機能があることによる。

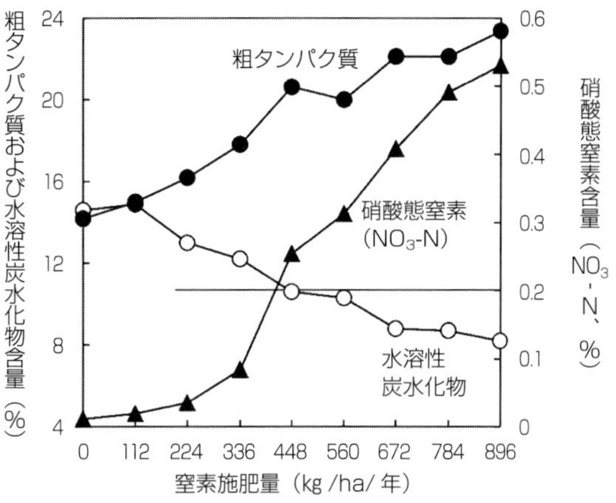

図3-Ⅱ-12
窒素施肥量とペレニアルライグラスの粗タンパク質，硝酸態窒素，水溶性炭水化物含有率（Reid，1966）
原著のデータは全窒素含量で示されていたので，その値を6.25倍し，粗タンパク質含量に変換して図示
肥料は硝酸カルシウムを，年間5回刈取りで，早春から4番草刈取り後の5回に均等配分して施与。含量は各番草の平均値。硝酸態窒素の0.2%の直線は，それ以上だと硝酸中毒発症の可能性がある危険値（Adams and Guss，1965）

②トレードオフの仕組み

● GS-GOGATシステム（グルタミン合成酵素―グルタミン酸合成酵素経路）

植物が根から吸収したアンモニア態窒素（NH_4-N）（注11）は，グルタミン合成酵素（GS）によって，根の細胞質でただちにグルタミン酸と結合しグルタミンに合成される（図3-Ⅱ-13）。メーラー（Mehrer）らが指摘するように，高濃度のアンモニウムイオンは，植物体内で毒素として働く

〈注10〉
この変換過程を窒素同化作用という。

〈注11〉
厳密にはアンモニウムイオン（NH_4^+）である。

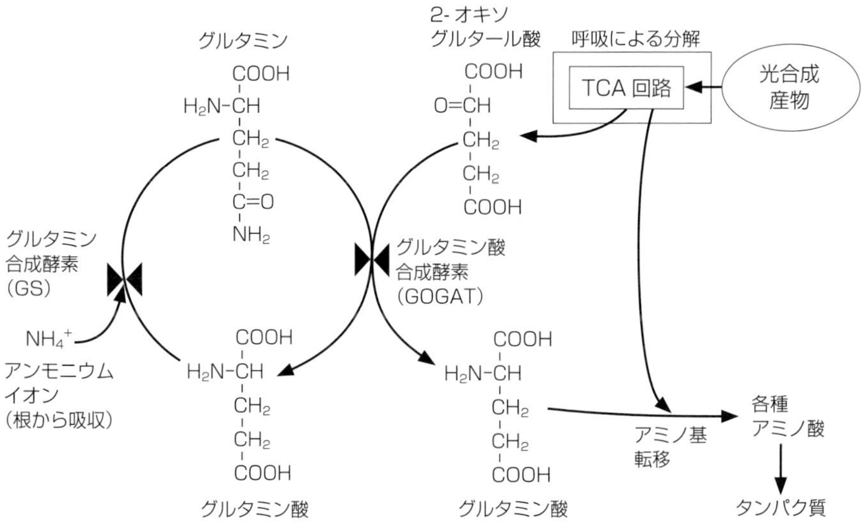

図3-Ⅱ-13 **植物に吸収されたアンモニア態窒素（アンモニウムイオン）のアミノ酸への合成経路（GS-GOGATシステム）の概要**
GS：グルタミン合成酵素（glutamine synthetase），GOGAT：グルタミン酸合成酵素（glutamine-oxoglutarate aminotranferase），C：炭素，O：酸素，H：水素，N：窒素

からである。

図3-Ⅱ-13に示したように，合成されたグルタミンは，根の色素体にあるグルタミン酸合成酵素（GOGAT）の働きで，2-オキソグルタール酸と反応してグルタミン酸を2分子つくる。その1つは，もとのアンモニウムイオンと反応してグルタミンを合成するのに利用され，もう1つはタンパク質を構成する各種アミノ酸合成の原料に利用される。

この反応で用いられる2-オキソグルタール酸はTCA回路（注12）でつくられるので，植物自身によって生産されたものである。この経路は外部からアンモニウムイオンが導入されるだけで，あとは酵素の働きで効率よく回転する。この経路をGS-GOGATシステムという。

〈注12〉
光合成によって生産されたデンプンが，植物の呼吸作用によって二酸化炭素（CO_2）と水（H_2O）に分解される反応回路。トリカルボン酸回路，クエン酸回路，クレブス回路ともいう。

●窒素量がトレードオフの原因

植物が多窒素になると，GS-GOGATシステムでアミノ酸合成とそれにともなうタンパク質合成が活発になる。このとき，GS-GOGATシステムを回転させるために，2-オキソグルタール酸が多量に必要になる。その必要量を満たすには，呼吸によって光合成産物の分解を多くしなければならない。したがって，多窒素によってタンパク質合成が多くなると，植物の呼吸作用も活発になって光合成産物の分解がすすみ，その結果，植物体内の炭水化物量は少なくなる。

逆に窒素吸収量が少なく，タンパク質合成が少なくなると，呼吸による光合成産物の分解も少なくてすみ，体内の炭水化物量が多くなる。これが，タンパク質と炭水化物にトレードオフの関係をつくる原因である。

〈注13〉
牧草やトウモロコシなどを原料にし，嫌気的条件で貯蔵して乳酸発酵させた飼料である。北海道のように寒冷な気象条件のため冬に生草を給与できない地域では，牧草をサイレージや乾草に調製して冬期間の飼料にする。

3 サイレージの品質を決める窒素栄養

前項で述べたように，牧草の炭水化物含量は，光合成による炭水化物生産量と吸収された窒素が，牧草体内でタンパク質に同化されるときに消費される炭水化物量の差として決まる。したがって，窒素多施与は牧草体内のタンパク質含量を高めると同時に，水溶性炭水化物含量（可溶性炭水化物，可溶性糖類ともいう）を低下させる（図3-Ⅱ-12）。この水溶性炭水化物含量は，乳牛の飼料として重要なサイレージ（注13）の品質に大きな影響を与える。

牧草が適期に収穫され，サイロに詰め込まれて嫌気的条件におかれると，原料草に含まれた水溶性炭水化物含量が高いほど，乳酸菌による乳酸発酵が旺盛になって乳酸の生成が増え，サイレージのpHは急速に低下して強酸性になる（図3-Ⅱ-14）。強酸性になると酪酸菌など不良発酵を誘発させる細菌の活動をおさえるため，結果的に発酵品質のよいサイレージが生産できる。つまり，発酵品質のよいサイレージが生産できるかどうかは，水溶性炭水化物含量による。

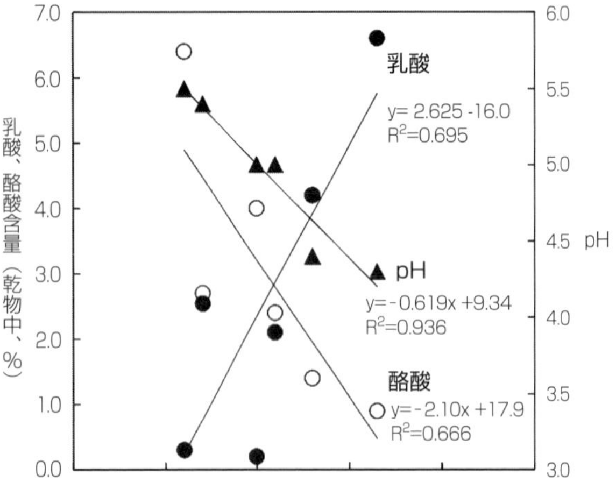

図3-Ⅱ-14
サイレージ原料草の水溶性炭水化物含量とサイレージのpH，乳酸，酪酸含量（Gordonら，1964）

草地への適量な窒素施肥は，牧草の乾物生産を十分におこなわせるだけでなく，過剰な窒素吸収によって，生産される牧草が極端な高タンパク質・低炭水化物含量になるのをさけることにつながる。牧草の飼料価値を高める意味でも，窒素の肥培管理は適正にしなければならない。

4 過剰な窒素施肥による乳牛の硝酸中毒

①乳牛の硝酸中毒

●乳牛が摂取した硝酸態窒素のゆくえ

草地やトウモロコシ畑に窒素が適切に施肥されている場合，上述したように作物生産は正常におこなわれる。ところが，過剰な窒素が施肥されると牧草に硝酸態窒素が蓄積し（図3-Ⅱ-12），乳牛に硝酸中毒を発症させる危険が高まる。

牧草やトウモロコシなどの飼料に含まれた硝酸態窒素は，乳牛に摂取されると第一胃内の微生物によって酸素が奪われ（還元という）亜硝酸態窒素（NO_2-N）やヒドロキシルアミン（NH_2OH）になり，さらに還元されて最終的にはアンモニア（NH_3）に変化する（図3-Ⅱ-15）。しかし，第一胃内の微生物による還元作用が順調にすすめば，その変化の過程でつくられる亜硝酸態窒素やヒドロキシルアミンが第一胃内にとどまる時間や量が多くならないので，血中に吸収されることも少ない。

●硝酸中毒の発症の仕組み

問題は，飼料に硝酸態窒素が過剰に含まれていて，摂取された硝酸態窒素の還元が順調にすすまなくなり，亜硝酸態窒素やヒドロキシルアミンが第一胃内に蓄積する場合である。これらが第一胃から吸収されて血液中にはいると，赤血球に含まれるヘモグロビン（血色素）をメトヘモグロビンに変化させる（図3-Ⅱ-15参照）。ヘモグロビンは体内各組織に酸素（O_2）を運搬し，二酸化炭素を受け取って肺に運び，そこで再び酸素と交換する機能をもっている。しかし，ヘモグロビンがメトヘモグロビンに変化すると，酸素輸送の能力を失う。その結果，乳牛の体内各組織が酸素欠乏におちいり，重傷の場合には牛が死亡する。これが急性の硝酸中毒である。

硝酸中毒は硝酸態窒素そのものが原因ではない。硝酸態窒素が還元されてつくられた，亜硝酸態窒素やヒドロキシルアミンが中毒症状の原因物質である。そのため，硝酸中毒といわずに亜硝酸中毒とかヒドロキシルアミン中毒という場合もある。

●発症する硝酸態窒素の摂取量の目安

硝酸態窒素をどの程度摂取すると乳牛が発症するのか，じつは，これが非常にむずかしく必ずしも明確ではない。現時点でしばしば引用されるは，飼料の乾物中に硝酸態窒素がNO_3-Nとして0.2％以上含まれていれば危険という基準である（表3

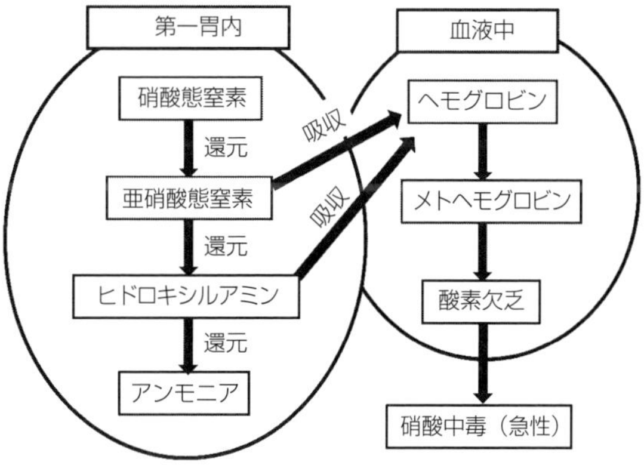

図3-Ⅱ-15
飼料に含まれた硝酸態窒素の第一胃内での変化と硝酸中毒発症の仕組み（野本，1976を改変）

表 3-Ⅱ-16　硝酸態窒素含量と家畜への危険性
(Adams and Guss, 1965)

硝酸態窒素含量（NO_3-N, 乾物中%）	危険の有無
0.0～0.10	どのような状態でも安全
0.10～0.15	非妊娠動物では安全，妊娠動物では総飼料の 50%給与まで安全
0.15～0.20	乾物量で総飼料の 50%まで安全
0.20～0.35	飼料の 35～40%に給与量を制限する。妊娠動物には給与しない
0.35～0.40	飼料の 25%以下に給与量を制限する。妊娠動物には給与しない
0.40 以上	中毒発症のおそれがあるので給与しない

-Ⅱ-16)。このほか，硝酸態窒素の1日当たりの摂取量が，牛の体重1kg当たり 0.111g をこえると危険であるという指摘もある。もちろん，乳牛の第一胃内の硝酸態窒素の還元能力には個体差があるので，これらの基準値はあくまで目安である。

②飼料に硝酸態窒素が蓄積する仕組み

●硝酸態窒素が吸収されタンパク質になる過程

ふん尿による自給肥料（堆肥，スラリー，尿液肥など）や化学肥料に含まれる，作物に有効な窒素はアンモニア態窒素が主体である。それらが草地に施与されると，土壌中で微生物の働きによって硝酸態窒素に変化する（硝酸化成作用という）。

この硝酸態窒素が牧草に吸収されてタンパク質になるためには，GS-GOGAT システムにはいらなければならない。しかし，GS-GOGAT システムはアンモニア態窒素（厳密にはアンモニウムイオン（NH_4^+））でしか取り込まれないため，吸収された硝酸態窒素（厳密には硝酸イオン（NO_3^-））は GS-GOGAT システムにはいる前にアンモニア態窒素に変換（化学的には還元）される必要がある（図 3-Ⅱ-16）。

硝酸イオンからアンモニウムイオンへの変化は，硝酸還元酵素と亜硝酸還元酵素によっておこなわれる酵素反応である。

この反応には光エネルギーを必要とすることと，硝酸イオンにはアンモニウムイオンのような植物毒素としての働きがないため，根で吸収されると，そのままの形で導管を経て光エネルギーを受け取りやすい葉の細胞質へ移動する（図 3-Ⅱ-17）。そこで酵素反応を受けてアンモニウムイオンに変換され，GS-GOGAT システムにはいってアミノ酸合成からタンパク

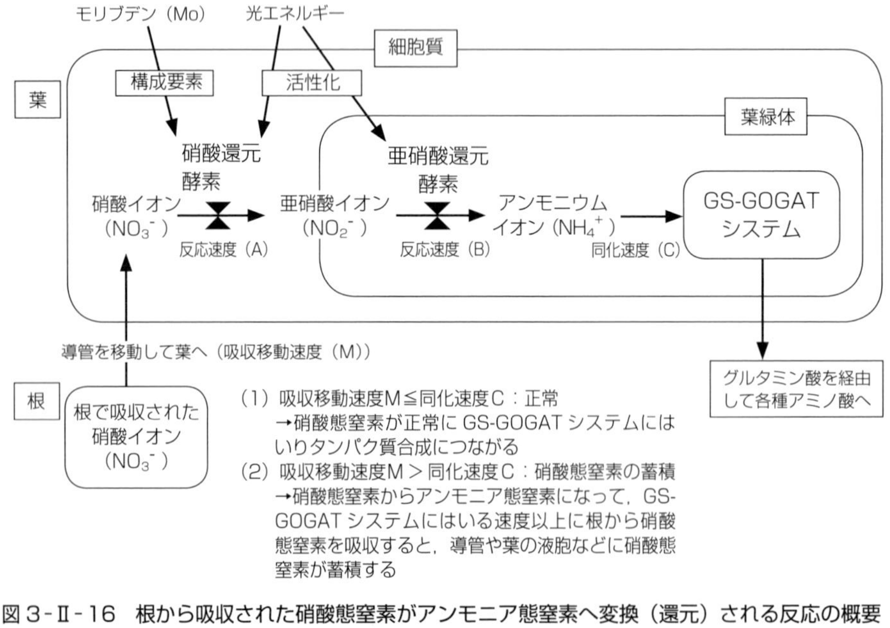

図 3-Ⅱ-16　根から吸収された硝酸態窒素がアンモニア態窒素へ変換（還元）される反応の概要

質へと変化していく。

●アンモニウムイオンが過剰蓄積しない仕組み

この反応の主体である硝酸還元酵素は硝酸イオン，亜硝酸還元酵素は亜硝酸イオンによって生成が誘導され，アンモニウムイオンによって生成が抑制される。このように，特定の物質によって合成が誘導されたり，停止される酵素のことを適応酵素という（誘導酵素ともいう）。

硝酸還元酵素と亜硝酸還元酵素が適応酵素であることは，植物の生育にとってきわめて重要な意味がある。これらの還元酵素が適応酵素でなければ，根から硝酸イオンが吸収されるかぎり，それに対応してアンモニウムイオンが次々とつくられて増えていく。そして，つくられたアンモニウムイオンがGS-GOGATシステムに取り込まれて同化される速度以上に，硝酸イオンからアンモニウムイオンへ還元が多くなると，植物体内でアンモニウムイオンが過剰に蓄積して自家中毒をおこしてしまう。

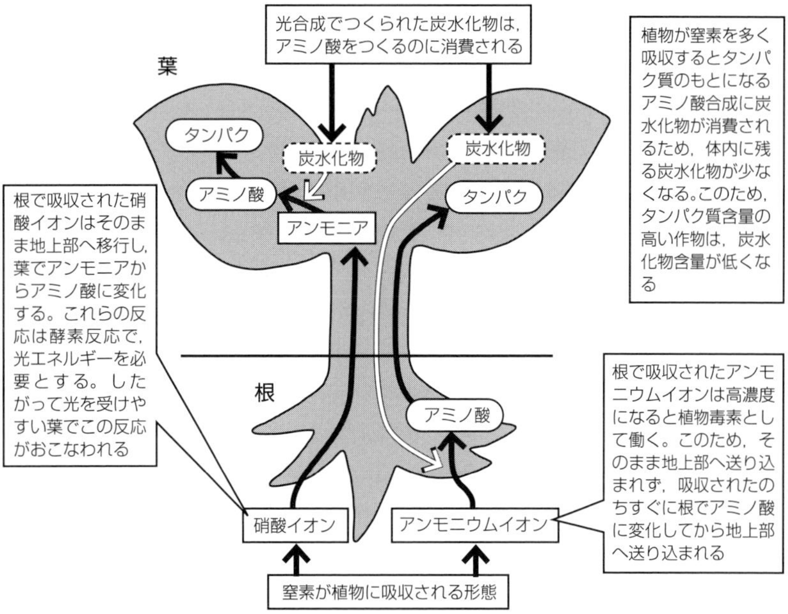

図3-Ⅱ-17　植物が窒素を吸収した後，体内でタンパク質を合成するおもな場所
（高橋，1983に加筆）

しかし，硝酸還元酵素と亜硝酸還元酵素が適応酵素なので，硝酸イオンからアンモニウムイオンがつくられると，それによって，これらの酵素の生成が停止し，アンモニウムイオンが過剰につくられるのが抑制される。つまり，硝酸イオンが吸収され，GS-GOGATシステムで同化される反応全体の速度は，硝酸イオンがアンモニウムイオンに還元されGS-GOGATシステムに取り込まれる同化速度（図3-Ⅱ-16の同化速度C）によって規制されているのである。

●硝酸中毒発症の仕組み

ところが，草地に窒素が過剰施肥されると，硝酸イオンが牧草によって図3-Ⅱ-16の同化速度C以上に吸収されてしまう。このとき，硝酸イオンが根から吸収されて葉へ移動する速度（図3-Ⅱ-16の吸収移動速度M）は同化速度C以上であるから，牧草に吸収された硝酸イオンはアンモニウムイオンに還元されず，余剰となったまま植物体内に蓄積する。

硝酸イオンはアンモニウムイオンとちがい植物への毒性がないので，硝酸イオンが植物体内に蓄積すること自体は生育に大きな影響を与えない。しかし，牧草やトウモロコシに過剰蓄積した硝酸イオンは，それを採食する家畜に硝酸中毒を発症させる。

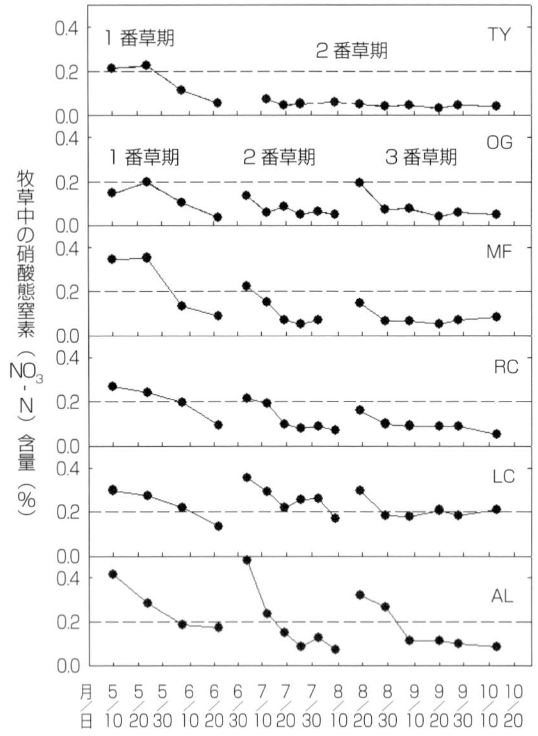

図3-Ⅱ-18
北海道での主要牧草の生育と硝酸態窒素含量の推移
（吉田，1974のデータから作図）
窒素施肥量は，番草ごとにイネ科牧草6kg/10a，マメ科牧草3kg/10a
TY：チモシー，OG：オーチャードグラス，MF：メドウフェスク，RC：アカクローバ，LC：ラジノクローバ，AL：アルファルファ

●硝酸態窒素が多いと良質サイレージが生産される？

ところが安宅によると，硝酸態窒素含量が危険値に近い，0.19%以上に蓄積した牧草を原料にサイレージを調製すると，例外なく良質のサイレージが生産されるという。これは，サイレージ発酵過程で硝酸態窒素が還元されて一酸化窒素や一酸化二窒素（亜酸化窒素）に変化し，これらの窒素酸化物がサイレージ発酵に悪影響を与える細菌の活性を抑制するためである。そうであれば，牧草の硝酸態窒素含量が危険値程度まで高まると想定されたとき，サイレージ調製が危険回避手段として活用できるかもしれない。

しかし，サイレージ発酵を良好にすることを目的に，硝酸態窒素含量を危険域の0.2%程度にまで高めるほどの過剰な窒素を施肥するということは，積極的に推奨できることではない。基本は硝酸態窒素含量が危険域にならない適正な窒素肥培管理である。

③飼料の硝酸態窒素含量に影響する要因

●作物の生育段階

牧草にかぎらず，全ての植物は，各種成分とも生育段階が若く草丈の低い時期の含量は高く，生育がすすむと低下していく。このため，適正な窒素施肥量で栽培されたとしても，イネ科牧草では，1番草生育期間の前半（草丈が30cm程度まで。北海道では5月中旬くらいまで）は，硝酸態窒素含量が0.2%近くの危険領域になることがある（図3-Ⅱ-18）。

マメ科牧草でも同様の傾向があるだけでなく，番草にかかわらず，生育段階の若い時期のアルファルファは硝酸態窒素含量が危険領域にはいることが多い。ラジノクローバは，生育段階がすすんでも年間を通して硝酸態窒素含量が0.2%程度かそれ以上の範囲になることが多い。したがって，ラジノクローバの割合が20～30%程度の適正なマメ科率にある放牧草地では，窒素施肥量が適正であっても放牧した乳牛に硝酸中毒が発症するおそれがある。

●気温，土壌水分および日光

草地に施肥されたアンモニア態窒素が硝酸態窒素に変化するのは，土壌中の微生物の働きでおこなわれる硝酸化成作用（硝化作用）による。

したがって，夏の高温時に土壌水分が硝酸化成作用に適度な状態（注14）であれば，硝化作用が盛んになり，牧草が硝酸態窒素を多く吸収できる状況がつくられる。ところが，このとき曇天で日光不足になると，光エネルギーが不足して硝酸還元酵素や亜硝酸還元酵素の活性が低下する。その結

〈注14〉
土壌の全ての孔隙（すき間）の60%程度が水を保持している状態。

果，吸収された硝酸態窒素がアンモニア態窒素へ順調に還元されず，牧草体内に硝酸態窒素が蓄積する。そのため，夏で蒸し暑く曇天のときに，放牧で若い牧草を採食させると，乳牛に硝酸中毒を発症させやすい。

●硝酸態窒素を蓄積しやすい飼料作物

牧草以外で，硝酸態窒素を蓄積しやすい飼料作物がある。エン麦，トウモロコシ，飼料用カブ，ヒマワリ，シコクビエ，ダイコン葉，さらに雑草のアオビユなどである。これらを乳牛が採食する場合は，とくに注意が必要である。

●硝酸態窒素を蓄積しやすい作物の部位

植物体内で硝酸態窒素が蓄積しやすい部位は，日当たりのよい上位葉ではなく，日光がさえぎられる下位葉である。日光がさえぎられて光エネルギーが不十分になると，硝酸還元酵素や亜硝酸還元酵素の活性が低下するからである。

同じ理由から，葉よりも茎，とくに地表面近くで日光の当たりにくい下位の茎（茎基部），カブなどでは葉身よりも葉柄（葉と茎をつないでいる部分）に硝酸態窒素が蓄積しやすい。

●土壌のモリブデン含量

硝酸還元酵素は構成成分にモリブデン（Mo）を含む。したがって，モリブデンが欠乏する土壌で栽培される作物は，硝酸還元酵素の活性が衰える。その結果，吸収された硝酸態窒素がアンモニア態窒素へ還元されにくくなり，結果的に硝酸態窒素が蓄積する。

5 乳牛の低マグネシウム血症とグラステタニー

①症状

正常な牛の血清中マグネシウム（Mg）濃度の適正領域は，1ℓ当たり18～30㎎とされている。血清中マグネシウム濃度がこの適正領域より低下し，牛が興奮などの神経症状を示すと低マグネシウム血症と診断される。

低マグネシウム血症のうち，牛の筋肉が緊張してけいれん症状が強くあらわれるのをグラステタニー（Grass tetany）という。グラス（grass）とは牧草を，テタニー（tetany）とは筋肉が緊張することで発生するけいれんを意味する英語である。重症になった牛の死亡割合は比較的高い。

②発症の要因

飼料からみた低マグネシウム血症（グラステタニーを含む。以下同様）の発症に関係する要因は多く，作用機作も複雑で発生原因の十分な解明はなされていない。しかし，放牧草中のマグネシウム含量がMgとして0.2％以下になったり，乳牛による吸収利用率が低下すると発症しやすい。

乳牛が牧草中マグネシウムの吸収利用率を低下させる要因として，牧草中のタンパク質や水溶性炭水化物，高級脂肪酸，さらにヒスタミンや有機酸であるクエン酸，トランスアコニチン酸などの含量が指摘されている。水溶性炭水化物は低含量に，そのほかの物質は高含量になると乳牛のマグネシウム吸収・利用率が低下し，低マグネシウム血症の発症につながる。

草種による影響も大きく，イネ科牧草は乳牛に低マグネシウム血症を発

表3-Ⅱ-17　主要草種の窒素と無機成分含量（『日本標準飼料成分表（2009年版）』農業・食品産業総合研究機構編）

草種（生育時期）	成分含量（乾物中，%）				
	窒素 (N)*1	リン (P)	カリウム (k)	カルシウム (Ca)	マグネシウム (Mg)
オーチャードグラス（再生草・出穂前）	2.82	0.32	3.12	0.42	0.21
チモシー（再生草・出穂前）	2.35	0.36	2.52	0.29	0.11
ペレニアルライグラス（再生草・出穂前）	2.54	0.38	2.80	0.54	0.19
アルファルファ（再生草・開花前）	4.34	0.29	2.50	2.18	0.24
アカクローバ（1番草・開花前）*2	3.41	0.30	3.60	1.20	0.30
シロクローバ（開花期）	4.29	0.37	2.78	1.45	0.35

＊1：標準飼料成分表の粗タンパク質含量を6.25で除した数値
＊2：標準飼料成分表に再生草の無機成分含量の記載がなかったため，1番草開花期の数値を示す

症させやすい。これは，イネ科牧草のほうがマメ科牧草より，カルシウムやマグネシウムの含量が低いためである（表3-Ⅱ-17）。

③肥培管理の影響

●窒素，カリウム重点の肥培管理

乳牛のマグネシウム吸収・利用率の低下に強く関係しているのは，牧草中の窒素（タンパク質）とカリウムの高い含量と，炭水化物含量の低下である。こうした牧草は，ふん尿による自給肥料（堆肥，スラリー，尿液肥など）の多量施与や，化学肥料の窒素とカリウムが重点施肥された草地で生産されやすい。

自給肥料には窒素やカリウムが多く含まれているので，多量施与すると牧草の窒素やカリウム吸収が旺盛になり，高窒素・高カリウム含量の牧草が生産される。これは，化学肥料で窒素とカリウムの重点施肥をおこなっても同じである。さらに，牧草もほかの植物と同じように，カリウムの吸収が旺盛になるとマグネシウムの吸収が阻害されるという拮抗関係があるので，高窒素，高カリウムに加えて低マグネシウム含量の牧草が生産されやすい（図3-Ⅱ-19）。

しかも，4-2項で述べたように，牧草の窒素（タンパク質）含量が高くなると炭水化物含量は低くなるというトレードオフの関係もある。

炭水化物含量の低い牧草を乳牛が採食すると，第一胃内での酸（おもに揮発性脂肪酸）の生成が少なくなり，十分な酸性にならない（pHが低下しない）。こうなると，飼料

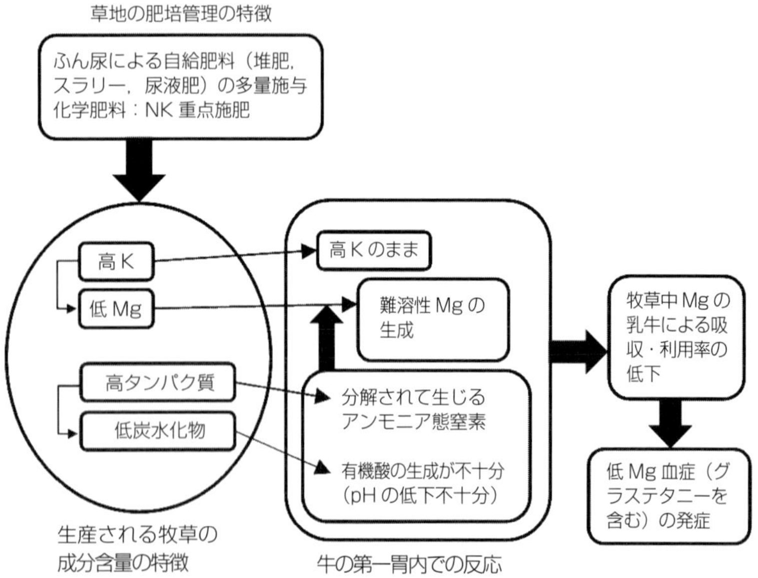

図3-Ⅱ-19
ふん尿による自給肥料や窒素，カリウムの多量施肥と低マグネシウム血症（グラステタニーを含む）発症の因果関係
難溶性Mg：リン酸アンモニウムマグネシウム（$MgNH_4PO_4$；MAP），N：窒素，K：カリウム，Mg：マグネシウム

中のタンパク質が分解されてできるアンモニア態窒素がマグネシウムやリンと結合し，マグネシウムが難溶性物質のリン酸アンモニウムマグネシウム（$MgNH_4PO_4$，MAPと略される）になって沈殿し（図3-II-19），吸収・利用されなくなる。

このように，自給肥料が多量施与されたり，窒素とカリウムが重点施肥された牧草は，カリウムとの拮抗関係からマグネシウム含量が低くなりやすいうえ，牧草中のマグネシウムが乳牛に吸収・利用されにくくなる。その結果，乳牛に低マグネシウム血症が発症しやすくなる。

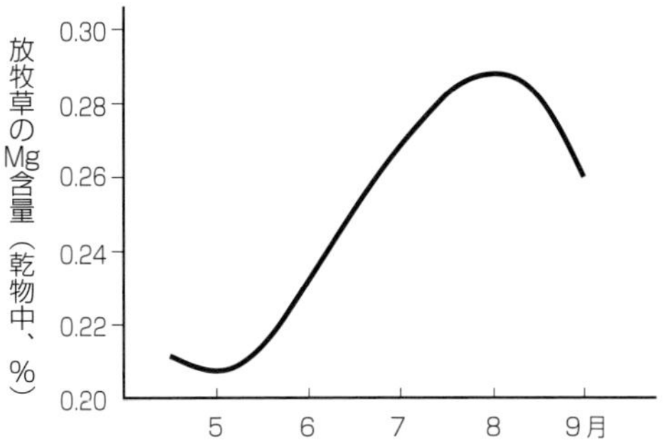

図3-II-20
イギリスのダーラムでのペレニアルライグラス主体放牧草のマグネシウム（Mg）含量の季節推移
（Thompsonのデータを引用 Voisin，1963）

●春先の若い放牧草

自給肥料の多量施与や窒素とカリウムの重点の施肥をしなくても，春先の放牧草は低マグネシウム血症が発症する危険が大きい。

春先の低温時には牧草のマグネシウム吸収が抑制されるため，年間でもこの時期のマグネシウム含有率がもっとも低い（図3-II-20）。さらに，若い牧草はタンパク質含量が高く，したがって炭水化物含量が低いというように，低マグネシウム血症の発症条件がそろっている。このため，春先の放牧には低マグネシウム血症への対策が必要になる。

オランダでは，放牧した泌乳牛の低マグネシウム血症の回避には，放牧草のマグネシウム含量が，Mgとして0.2%以上必要であるとしている。しかし，北海道や東北の寒冷地で，春先の低温時にイネ科牧草を主体とする放牧草のマグネシウム含量を0.2%以上に確保するのは非常にむずかしい。そのため，この時期に放牧する場合は，マグネシウムの経口投与や，マグネシウム含有率の高い補助飼料の給与などが必要である。

●放牧草中のカリウムとカルシウム＋マグネシウムの比率 ―古い発生要因と新しい危険性の判定法

放牧草中のカリウムとカルシウム＋マグネシウムの比率（K/(Ca+Mg)，化学当量比）が，1.8以上になるとグラステタニーの発症が増え始め，2.2以上になると発症率が5%をこえる。そのため，こうした草地に乳牛を放牧するのは危険であると指摘されていた。

しかし，この比率を提案したケンプ（Kemp）自身が，この比率は乳牛の体内でのマグネシウム吸収阻害要因としてもっとも重要なタンパク質を考慮していないことと，カリウムとカルシウムを過大評価していることなどの欠点があるとして自己批判し，この比率でグラステタニー発症の危険性を判断すべきではないと指摘している。

しかし，わが国では現在もこの比率が，放牧草だけでなく採草利用の牧草や飼料用トウモロコシなどにも拡大適用されることが多く，提案者ケンプの意に反している。

ケンプの自己批判をうけ，オランダではK/(Ca+Mg)にかわる指標が提案，利用されている。それは，放牧草の粗タンパク質含量（CP：crude protein）にカリウム含量を掛けた値と，その牧草のマグネシウム含量から放牧牛の血清中マグネシウム濃度を推定し，それによって放牧の安全性

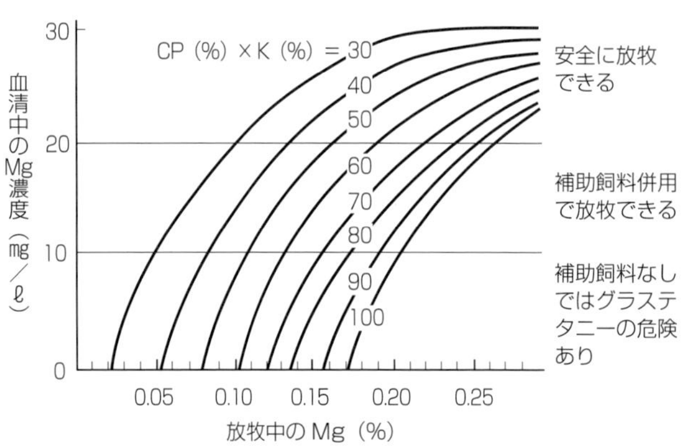

図 3 - Ⅱ - 21
放牧草のマグネシウム（Mg），粗タンパク質（CP），カリウム（K）含量（%）から放牧牛の血清中 Mg 濃度を推定
（オランダミネラル栄養委員会，1973）

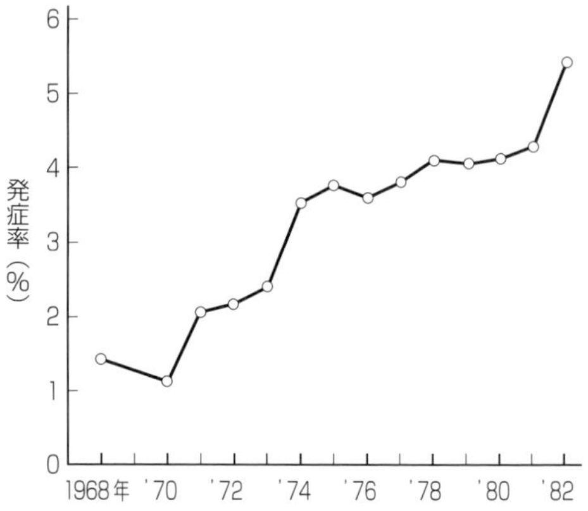

図 3 - Ⅱ - 22
北海道別海町での乳牛の起立不能症候群の発生率推移（松中，1984）
発症率（%）＝（診療件数 / 共済加入頭数）× 100

を提案している（図 3 - Ⅱ - 21）。

図 3 - Ⅱ - 21 では，たとえば放牧草の粗タンパク質含量×カリウム含量の値が 50 の場合，牧草のマグネシウム含量が 0.16%以上なら，放牧牛の血清中マグネシウム濃度が 20mg / ℓ 以上と推定できるため，安全に放牧できると判定される。しかし，0.10%では，血清中マグネシウム濃度が 10 mg / ℓ しかならないと考えられるので，補助飼料なしで放牧すると低マグネシウム血症を発症する危険がきわめて高いと判断できる。

6 乳牛の低カルシウム血症と起立不能症候群

①症状

かつて，北海道の草地酪農地帯で搾乳牛を中心に原因不明の起立不能をともなう，乳熱様疾病が多発し増加しつづけた（図 3 - Ⅱ - 22）。乳熱とは，乳牛の分娩時に発症する低カルシウム血症のことである。乳牛は分娩後に泌乳を開始する。このとき，乳中に大量のカルシウムが放出されるため，骨からのカルシウム供給が不十分だと，血液中のカルシウム濃度が低下して低カルシウム血症になり，起立不能の症状を示す。

乳熱を含め，産前や産後にけいれんをともなう起立不能症状には，乳熱様疾患，産前起立不能症，産後起立不能症などさまざまな病名が使われており，これらを一括して起立不能症候群という。

②原因と対策

この病気が多発する酪農場の牧草は，低マグネシウム血症で問題にしたカリウムとカルシウム＋マグネシウムの比率（K/(Ca ＋ Mg) 当量比）が 3 ～ 5.5 と高く，さらにカルシウムとリンの比率（Ca/P，含量比）が 1.40 ～ 2.46 とやや低くアンバランス（不均衡）になっていたり，硝酸態窒素が 0.2%以上含まれているという共通の特徴がある。

カルシウムとリンの比率では，乾乳期（注 15）の乳牛の飼料中の比率が乳熱の発症に大きく影響していることが古くから知られている。しかし，比率が低い（Ca：P ＝ 1 ：3.3，Ca/P=0.3）と乳熱の発症率が低いとする

〈注 15〉
分娩前で乳牛が泌乳しない時期。

報告がある一方で，もっと高い2.3でもっとも発症率が低いという報告もあり，どのくらいの比率が最適であるかは定まっていない。また，乳牛のカルシウム代謝は，骨のカルシウム利用にかかわるホルモンやビタミンDの作用の影響が大きいため，飼料だけが発症要因と考えにくいこともある。

草地の肥培管理との関係では，これまでくり返し述べてきたように，窒素とカリウムの重点施肥は，乳牛の飼料を高タンパク質で低カロリーにするため，こうした飼養管理が起立不能症候群の発生要因の1つになるのでさけるようにする。

表3-Ⅱ-18
動物と植物の必須無機成分（ミネラル）

成分	動物	植物
多量必須元素		
カルシウム（Ca）	○	○
リン（P）	○	○
ナトリウム（Na）	○	－
カリウム（K）	○	○
マグネシウム（Mg）	○	○
イオウ（S）	○	○
塩素（Cl）	○	○
微量必須元素		
鉄（Fe）	○	○
銅（Cu）	○	○
マンガン（Mn）	○	○
亜鉛（Zn）	○	○
モリブデン（Mo）	○	○
ヨウ素（I）	○	－
コバルト（Co）	○	－
セレン（Se）	○	－
フッ素（F）	○	－
ホウ素（B）	－	○
ニッケル（Ni）	－	○

1. ○は必須元素，－はそうでないことを示す
2. 塩素は，動物には多量必須元素であり，植物には微量必須元素である。多量か微量かは，要求量が相対的に多いか少ないかで区分しており，明確な基準で分けられていない
3. 植物には，このほか，炭素，水素，酸素，窒素が必須元素である。炭素，水素，酸素は大気中の二酸化炭素と土壌中の水から利用できるので，不足することはない。窒素は動物とはちがい，おもに無機態であるアンモニア態窒素（NH_4-N）と硝酸態窒素（NO_3-N）を吸収・利用している

7 微量要素の過剰や欠乏による家畜の疾病

①ミネラルの過剰，欠乏症と対策

動物の必須栄養素は，タンパク質，炭水化物，脂質，ミネラル（無機成分），ビタミンである。これに対して牧草を含む植物は，ミネラルは必須栄養素であるが，タンパク質や炭水化物などは植物自身が体内で合成することができる。

動物と植物の両方に必須であるミネラルは，カルシウム（Ca），リン（P），カリウム（K）など11あり（表3-Ⅱ-18），動物だけに必須なミネラルは5元素，植物だけに必須なのは2元素である。たとえば，モリブデン（Mo）は植物と動物の両方に必須である。しかし，コバルト（Co）やセレン（Se）は，植物には必須ではなく動物に必須である。これらのミネラルが牧草中に過剰になったり欠乏することによって，家畜に中毒や欠乏症が発症する。

ミネラルは牧草を通して家畜に摂取させるより，経口投与などの手段で給与するほうが疾病予防には有効である。牧草中のミネラル，とくに植物の必須元素でないものは，草地の維持管理で施与されることはない。しかも，牧草中の含量は土壌生成の元になっている岩石の影響を強く受けるため，人為的に制御しにくいからである。

②牛のモリブデン過剰中毒と銅欠乏症

●原因と症状

古くから，島根県東部のモリブデン鉱山付近を流れる河川の下流域一帯で飼養されている，黒毛和牛の被毛の白色化が発生しており，1955年にモリブデンを過剰摂取した牛の中毒症状であると報告された。モリブデンは植物の必須微量元素で，植物の生育には不可欠である。しかし，植物はモリブデンを過剰に吸収しても耐性が強く，生育への悪影響があらわれにくい。このため，上記のような地帯では，牧草のモリブデン含量が家畜の中毒限界である10ppm（注16）をこえるものが多く，とくにマメ科牧草では160～260ppmにもなるものがあった。こうした高モリブデン含量の牧草類を採食した和牛が，モリブデン過剰中毒を発症したのである。

〈注16〉
ppmは100万分の1で，ここでは試料乾物1kg中の㎎数。

兵庫県西部の赤穂でも，モリブデン精錬工場周辺で牛のモリブデン過剰中毒が発症した。発症原因は，精錬工場の排煙によるモリブデンの空中飛散によって土壌汚染がすすんだためで，そこで栽培した飼料作物中のモリ

ブデン含量は19～484ppmもの高さであった。

●銅欠乏とモリブデン過剰による銅欠乏症状のちがい

牛のモリブデン過剰中毒の研究がすすむ過程で，モリブデンの過剰摂取による中毒症状を示した牛の肝臓で銅（Cu）の貯蔵量の減少が発見され，牛の銅代謝がモリブデンの過剰摂取によって阻害され，銅とモリブデンが拮抗的に作用することが明らかになった。そして，牛のモリブデンの過剰摂取が，銅欠乏を発症させることもわかった。

家畜の銅欠乏とモリブデン過剰中毒は，被毛の白化など似ているところがある。しかし，銅欠乏は飼料中の銅含量が低い場合にだけ，肝臓中の銅含量が低下するが，モリブデン中毒は，飼料の銅含量が乾物中5～10 ppm程度と十分含まれていても肝臓中の銅含量が低下する。また，銅欠乏の牛は食欲不振が目立つが下痢は必ずしもともなわない。しかし，モリブデン中毒の牛は食欲不振が目立たず，急性で持続的な下痢をともなう。

③羊のコバルト欠乏症

●症状と発生しやすい土壌

わが国では家畜のコバルト欠乏症として，和牛のいわゆる「くわず病」が古くから知られている。くわず病は牛や羊など反芻（はんすう）家畜がコバルト欠乏によって貧血，食欲不振におちいり，最後は死亡する病気である。コバルトはビタミンB_{12}の成分であり，コバルト欠乏によってビタミンB_{12}の合成が不十分になることによって発症する。

くわず病は，中国地方の花崗岩（かこうがん）を母材とする粗粒質土壌地帯での発症が多い。花崗岩はコバルト含量が低いので，生産される牧草もコバルト含量が低くなるためである。

アメリカでの調査例でも，花崗岩質の粗粒質土壌で反芻家畜のコバルト欠乏症が認められ，マメ科牧草のコバルト（Co）含量によって適正領域地帯（0.1～0.2 ppm），やや低含量地帯（0.1ppm程度），低含量地帯（0.07ppm未満）の３つに地帯区分されている。

●北海道根釧地方の例

わが国で，家畜のミネラル問題が注目されたころ（1970～1974年），全国の主要な地域の牧草と野草を対象にミネラル含量が調査された。その結果，家畜にコバルト欠乏発症の危険があるほど，牧草のコバルト含量が低い地域の１つとして，北海道東部の根釧（こんせん）地方の輝石安山岩（きせきあんざんがん）を母材とする火山放出物による粗粒質土壌地帯が指摘された。

この地方のオーチャードグラスやチモシーのコバルト含量は0.03～0.06ppmの範囲であった。これは，家畜にコバルト欠乏が発症するおそれのある0.1ppm以下より，明らかに低い含量であった。事実，牧草で飼養された羊にコバルト欠乏症が発生し，コバルト含量が比較的多い安山岩を母材とする土壌での世界初の発症例となった。

その一方で，乳牛にコバルト欠乏の発症例が報告されていないのは，乳牛のコバルト欠乏耐性が羊より強い可能性があることと，給与された濃厚飼料やミネラルの経口給与の資材（市販鉱塩）に含まれるコバルトを摂取しているためと考えられている。かりに，牛が放牧草などとともに土壌を摂取したとしても，土壌に含まれているコバルトによって不足するコバルトが補完される可能性は低いことが報告されている。

④牛のセレン欠乏症

●症状と原因

セレン（Se）は植物の必須元素ではないので，植物の生育に不可欠ではない。しかし動物には必須元素であり，欠乏すると若い牛や羊では白筋症（注17）を発症する。アメリカではすでに植物のセレン含量の分布図が完成しており，家畜のセレン欠乏や過剰症の発症がこの分布とよく一致しており，家畜のセレン摂取は，給与される飼料のセレン含量に大きく影響される。

〈注17〉
筋繊維が破壊あるいは変性しながらしだいに萎縮し，筋力が低下する病気。運動障害，循環器や呼吸器の機能障害がある。

わが国では関東と東北地方の6カ所で，舎飼い牛と放牧末期の放牧牛で血液と被毛のセレン含量が比較され，放牧牛のほうが舎飼い牛よりも低いことが報告されている。これは牧草より濃厚飼料のセレン含量のほうが高く，給与飼料からのセレン摂取量のちがいが反映した結果である。

●北海道での調査結果

北海道でも，1981年に十勝地方で肉用牛子牛の白筋症が報告されたことをきっかけに，長期間放牧草地（原則として濃厚飼料は無給与，セレン剤を投与しない）で飼養されている肉用牛と放牧草のセレン含量の実態調査がおこなわれた。

その結果，図3-Ⅱ-23に示したように，全道的に著しいセレン欠乏の状態にあり，血清のセレン含量が20ppb（注18）以下の欠乏値の割合は，成雌牛（母牛）で18市町村（45%），子牛では31市町村（78%）にもなった。放牧草もセレン含量が0.02ppm以下ときわめて低い含量の市町村が19（48%）あった。黒ボク土地帯の放牧草中のセレン含量は，他の土壌地帯より低い傾向にある。この地帯では，子牛に白筋症発症の可能性が十分にありえる。

〈注18〉
10億分の1で，ここでは血清1,000ℓ中の㎎数。

●予防対策

セレン欠乏の予防対策は，母牛へのセレン高含有酵母（パン酵母）の給与や，分娩前の母牛に第2胃内で留置するセレンペレット（鉄との合金でセレン10%含有）を2個投与することが有効である。

同じ北海道内で乳牛にセレン欠乏が報告されていないのは，コバルトの場合と同じように，濃厚飼料やミネラルの経口給与資材（市販鉱塩）からセレンが摂取できているためであろう。

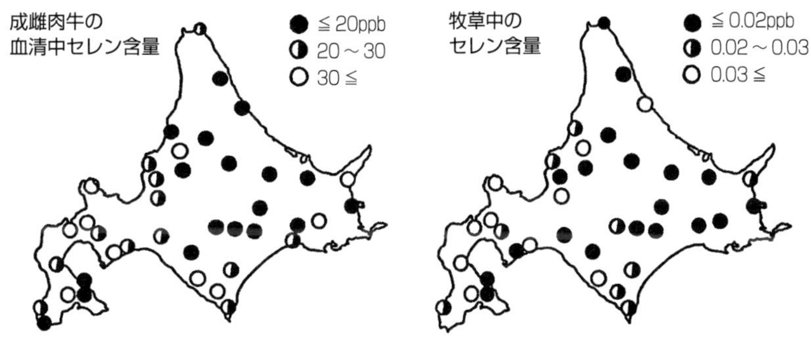

図3-Ⅱ-23
北海道での成雌肉用牛の血清セレン（Se）含量と放牧草のセレン含量分布
（北海道立新得畜試，1991）
北海道内の40市町村を対象に，市町村当たり成雌肉牛10頭の血清中セレンを測定した平均値
調査放牧草は原則としてオーチャードグラス

Ⅲ 家畜ふん尿の還元

1 家畜ふん尿の利用は計画的に

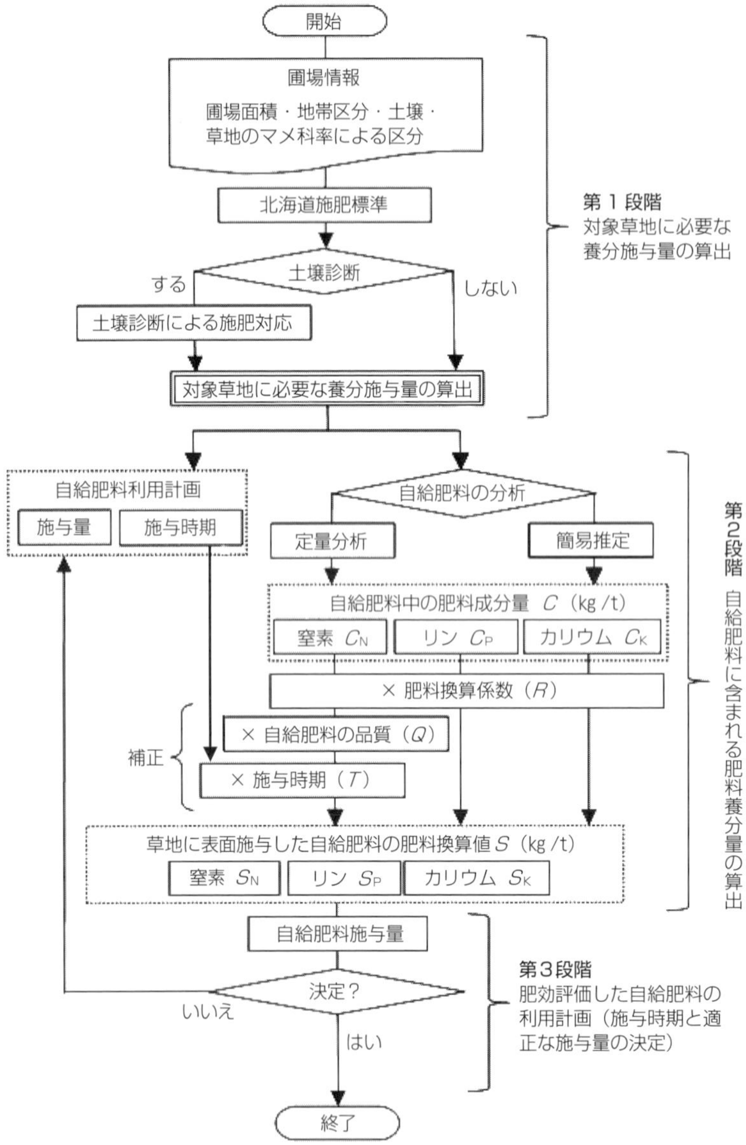

図３-Ⅲ-１　自給肥料の肥効評価とそれにもとづく草地への施与法
（松本，2008に一部加筆）

酪農場では，飼養している乳牛の排泄ふん尿から堆肥や尿液肥（牛舎の尿貯留槽に貯留されている液肥），スラリー（ふん尿混合物）などの自給肥料が自動的に生産される。これらを適切に農地に還元するのが，環境保全的な土地利用型の酪農である。

面積当たりの養分施与量が多すぎると，粗飼料品質が低下するとともに，牧草が吸収しきれなかった養分は環境汚染の原因になる。そこで，土壌診断による施肥対応によって圃場ごとに施与すべき養分量を決め，自給肥料を化学肥料に換算して，不必要な肥料養分を投入しない利用計画を立案する。

自給肥料の肥効評価と草地への施与法は，①対象草地に必要な養分施与量を求める，②自給肥料に含まれる肥料養分量を算出する，③自給肥料の施与時期と適正な施与量を決定する，という３段階からなる（図３-Ⅲ-１）。

2 自給肥料の肥効評価

1 自給肥料に含まれる肥料養分量の把握

酪農場の自給肥料である堆肥，スラリー，尿液肥は，飼養形態やふん尿処理方法などによって，養分含量が大きく変動する。このため，自給肥料の肥効を評価するには，まず肥料養分がどのくらい含まれているかを把握する必要がある。そのための分析は，関係機関への外注がもっとも正確である。しかし，それには費用と時間がかかる。

そこで，短時間に低コストで養分含量を把握するため，北海道では堆肥，スラリー，尿液肥を対象に，電気伝導度（EC）と乾物率（DM）を測定し，その結果から簡易推定式が提案されている（表3-Ⅲ-1）。スラリーの場合は，乾物率をスラリーの比重から推定できるため，比重計を浮かべるだけで簡易に推定できる（図3-Ⅲ-2）。

さらに近年では，より多様な自給肥料の養分含量を精度よく推定するため，手軽に入手できる器具や試薬を使った，簡易な分析法の検討もすすんでいる。

表3-Ⅲ-1　電気伝導度（EC）と乾物率による自給肥料中の養分含量簡易推定式
（北海道農政部，2015）

種類	測定項目	推定式
堆肥	全窒素（T-N）	0.0459 EC＋0.0124 DM＋0.1249
	アンモニア態窒素（NH_4-N）	0.0256 EC－0.0153
	リン（P_2O_5）	0.0238 EC＋0.0092 DM＋0.0918
	カリウム（K_2O）	0.1341 EC＋0.0071 DM－0.0041
スラリー	全窒素（T-N）	0.0314 EC＋0.0172 DM－0.0553
	アンモニア態窒素（NH_4-N）	0.0201 EC＋0.0037 DM－0.0412
	リン（P_2O_5）	0.0069 EC＋0.0119 DM＋0.0090
	カリウム（K_2O）	0.0338 EC＋0.0063 DM＋0.0236
尿液肥	全窒素（T-N）	0.0148 EC－0.0366
	アンモニア態窒素（NH_4-N）	0.0086 EC－0.0030
	カリウム（K_2O）	0.0235 EC－0.0268

1. 測定項目の単位は原物中重量%
2. ECは電気伝導度（mS/㎝，mSはミリジーメンスと読む）。堆肥は，堆肥：純水＝1:5で希釈して測定する。スラリーは，スラリー：純水＝1:1で希釈して測定する
3. DMは乾物率（重量%）。スラリーの乾物率は図3-Ⅲ-2のように比重を測定することによって簡易に推定できる

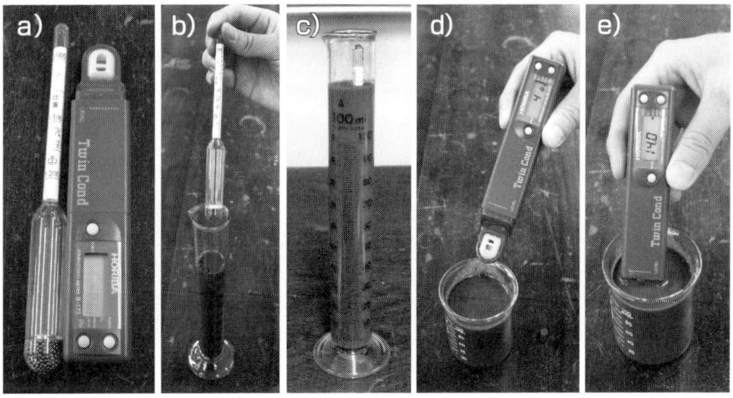

図3-Ⅲ-2　スラリーの比重と電気伝導度（EC）の測定
<比重の測定>
a)：左が比重計，右がECメータ
b)：スラリーを純水（水道水の使用は不可）で2倍に希釈してから比重計を挿入する
c)：比重計の浮かんでいる部分の読み値がこのスラリーの比重
この比重から式　DM%＝（218.96×比重－218.96）×希釈倍率　で乾物率を推定する
このときの比重の測定はECと同じで，2倍希釈した試料の測定値なので，希釈倍率の初期値は2である。比重の測定値が1.03をこえた場合はさらに希釈して再測定する
<ECの測定>
d)：携帯型のECメータを純水で2倍に希釈したスラリーに挿入する
e)：ECメータに電気伝導度が表示される

2 自給肥料の養分の肥料換算

①換算の方法

●肥料換算係数

自給肥料に含まれている肥料養分は，草地表面に施与しても全部が牧草に吸収・利用されるわけではない。牧草に利用されない養分は，雨水と一緒に地下に浸透して地下水汚濁の原因になったり，ガスとして揮散したり，土壌に蓄積したりする。自給肥料で施与された肥料養分のうち，速効性の化学肥料と同じように吸収されるとみなすことができる養分の割合を，肥料

表3-Ⅲ-2　草地に表面施与された自給肥料の肥料換算係数

（北海道農政部，2015）

種類	窒素（N）		リン（P_2O_5）		カリウム（K_2O）	
	当年	2年目	当年	2年目	当年	2年目
堆肥	0.2	0.1	0.2	0.1	0.7	0.1
尿液肥	0.8	0	0	0	0.8	0
スラリー・固液分離液・メタン発酵消化液	0.4	0	0.4	0	0.8	0

1. 自給肥料に含まれる養分含量に当係数を掛けて，化学肥料に換算する
2. 品質が大きくちがう自給肥料については表3-Ⅲ-3の補正係数（Q）で補正する
3. 施与時期による補正は表3-Ⅲ-4の補正係数（T）を用いる。なお，最終番草利用後の施与での当年とは施与翌年をさす

表3-Ⅲ-3　自給肥料の品質のちがいによる窒素の補正係数（Q）数

（北海道農政部，2015）

区分	堆肥		スラリー・分離液・メタン発酵消化液	
	水分％	補正係数	乾物当たりNH_4-N％	補正係数
肥効大	80～	1.4	3.5～	1.2
中	65～80	1.0	1.5～3.5	1.0
小	～65	0.7	～1.5	0.8

1. 施与当年のみを補正の対象とする
2. メタン発酵消化液は，全窒素にしめるアンモニア態窒素（NH_4-N）の割合が50％未満のものを対象にする。全窒素にしめるアンモニア態窒素の割合が50％以上の場合，アンモニア態窒素の全量が化学肥料と等価とみなし，本表による補正はおこなわない

表3-Ⅲ-4　採草地への自給肥料の施与時期のちがいによる窒素の補正係数（T）

（北海道農政部，2015）

施与時期	補正係数		
	堆肥		スラリー・尿液肥
	チモシー採草地	オーチャードグラス採草地	チモシー採草地
9月上旬～10月下旬	1.0	1.0	0.8
4～5月上旬	1.0	1.0	1.0
5月中旬	0.8	1.0	0.8
1番草収穫後	0.5	0.7	0.9
2番草収穫後	－	0.5	－

1. 施与当年のみを補正の対象とする
2. ペレニアルライグラス採草地の補正係数はオーチャードグラス採草地に準ずる
3. 固液分離液とメタン発酵消化液はスラリー・尿液肥に準ずる
4. オーチャードグラス採草地へのスラリー・尿液肥に対する施与時期の補正は堆肥に準ずる
5. 9～5月，1番草収穫後，2番草収穫後の補正係数は，それぞれ，年間施肥量，2番草と3番草，3番草に対する窒素肥効の補正に用いる

換算係数とよぶ。自給肥料中の肥料養分含量にこの肥料換算係数を掛けることで，自給肥料を化学肥料に換算できる（図3-Ⅲ-1の第2段階）。

●換算例

草地に表面施与した自給肥料の肥料換算係数を表3-Ⅲ-2に示した。たとえば，原物1tにカリウム（K_2O）5kgを含むスラリーの場合，このスラリー1tを化学肥料のカリウムに換算すると，5kg×0.8＝4kgとなる。

ただし，窒素の肥効は，施与する自給肥料の品質と施与時期によって大きく変化する。そこで，窒素にかぎっては，自給肥料の全窒素含量に表3-Ⅲ-2の肥料換算係数を掛けたうえで，品質の補正係数Q（表3-Ⅲ-3）と施与時期による補正係数T（表3-Ⅲ-4）をさらに掛けて，肥料換算をおこなう。

たとえば，原物当たりの全窒素（N）含量0.5％，乾物当たりのアンモニア態窒素3.8％のスラリー1tを，チモシー採草地に10月中旬に施与する場合，窒素の肥料換算は以下のようになる。

まず，原物当たりの全窒素含量0.5％なので，このスラリー1tには全窒素5kgが含まれる。この5kgの全窒素を化学肥料に換算する。このときの肥料換算係数は表3-Ⅲ-2から0.4，品質の補正係数は次項②で述べる表3-Ⅲ-3から1.2，施与時期の補正係数は③で述べる表3-Ⅲ-4から0.8である。よって，肥料換算式は，5kg×0.4×1.2×0.8＝1.92kgとなり，このスラリー1tは化学肥料の窒素（N）1.92kg分に相当する。

②品質の補正係数

表3-Ⅲ-3は自給肥料の品質（肥効の大小）の補正係数Qである。堆

肥は水分含量，スラリーは乾物当たりのアンモニア態窒素含量を品質の指標としている。

切り返しや曝気などで自給肥料の腐熟化がすすむと，堆肥では水分含量が，スラリーではアンモニア態窒素含量が低下する（注1）。アンモニア態窒素の一部はアンモニアガス（NH_3）になって揮散損失したり，排汁とともに流出するためである。

〈注 1〉
ただし腐熟化によって，堆肥やスラリーはあつかいやすくなる。

窒素の損失が多くなると肥効は低下するので，堆肥の水分含量とスラリーの乾物当たりのアンモニア態窒素含量が少ないほど，補正係数は小さく設定されている。

③採草地への施与時期による補正係数

表3-Ⅲ-4は，採草地への施与時期による補正係数Tである。採草地への自給肥料の施与は，牧草があまり伸びていない時期にかぎられる。北海道では，秋の最終番草収穫後9～10月，早春4～5月，各番草の収穫後がこれに該当する。施与時期がちがうと，牧草への窒素の肥効が変化する。これは各草種の生育特性によるもので，チモシーとオーチャードグラスでは係数がちがう。また，固形の堆肥と液状のスラリー，尿液肥の係数も別々に設定されている。

北海道のような寒冷地では，凍結した土壌や積もった雪の上に自給肥料を施与すると，肥効が大きく低下する。肥効の低下は環境への負荷につながる。したがって，自給肥料の秋施与は10月末までに終わらせ，年次による降雪，土壌凍結状況の変動の大きい11月以降の施与を極力さける。また，春施与はチモシーの減収をさけるため，5月中旬までに実施する。春の施与時期が遅れると，肥効の低下だけでなく，作業機のタイヤが牧草を傷めたり，施与した自給肥料が収穫草に混入するなど，多くの問題がでる。

④放牧草地では施与時期による肥効の補正は不要

放牧草地では，施与時期による肥効の補正は必要ない。しかし，牛の採食量が自給肥料の施与によって低下しないように，早春の放牧前，7月後半以降，秋の終牧後の3時期の施与が推奨されている。また，施与後30日目以降に放牧するよう推奨されている。

なお，自給肥料の肥料養分量が把握できなかった場合のために，北海道の平均的な自給肥料施与時の減肥可能量を表3-Ⅲ-5に示した。しかし，できるかぎり簡易分析を含めた分析による，事前の養分含量の把握に努めたい。

表3-Ⅲ-5　分析値がない場合の自給肥料施与による減肥可能量（kg / 原物 t）
（北海道農政部，2015）

種類	土壌	窒素（N）		リン（P_2O_5）		カリウム（K_2O）	
		当年	2年目	当年	2年目	当年	2年目
堆肥	火山性土	1.0	0.5	1.0	0	3.0	0
	低地土・台地土	1.0	0.5	1.0	0	5.0	1.0
尿液肥		5.0	0	0	0	11.0	0
スラリー		2.0	0	0.5	0	4.0	0

1. 最終番草利用後の施与での当年とは，施与翌年をさす
2. 尿液肥の値は，雨水，雑排水などによる希釈のない場合を想定している
3. 固液分離液とメタン発酵消化液はスラリーに準じる
4. 液状の自給肥料は養分濃度のちがいが大きいので，事前にこれを把握して利用することを原則にする

⑤更新時には化学肥料を減らしてはならない

自給肥料は草地更新時にも積極的に施与されている。施与時期は播種よりも前であ

表3-Ⅲ-6　草地更新時の自給肥料施与による施肥対応

草地造成・更新時にすき込まれた堆肥による減肥可能量（kg / 原物 t）（北海道農政部, 2015）

肥料養分	土　壌	更新年	2年目	3年目
窒素（N）	火山性土	0.5	1.0	0.5
	低地土・台地土	0.5	1.0	0.5
リン（P_2O_5）	火山性土	0	0.4	0.3
カリウム（K_2O）	火山性土	0.5	1.5	1.0
	低地土・台地土	1.0	2.5	1.0

草地更新時に施与されたスラリーの肥料換算係数（北海道農政部, 2015）

肥料養分	2年目	3年目
窒素（N）	0.25	0.15
リン（P_2O_5）	0.30	0.10
カリウム（K_2O）	0.40	0.30

1. 堆肥は養分含量によらず原物1t当たりの減肥可能量を示すが，スラリーは養分含量を把握のうえ，肥料換算係数で化学肥料に換算するので，求め方がちがうことに注意する
2. 堆肥の「更新年」は，播種した年のうちに維持管理段階へ移行する場合に適用する。春に牧草種子を播種した場合，播種したその年うちに掃除刈りをおこない，それ以降，収穫を期待することになる。このような場合に，堆肥の「更新年」の値を適用して減肥する。なお，この堆肥による減肥可能量の値は，掃除刈り後に施肥して収穫をめざすとき，その施肥量から減肥できる量である。したがって，播種時の施肥量から減肥するのではないことに注意する

る。しかし，それに応じて播種時の施肥量を減らしてはならない。播種時の施肥は牧草生産量の向上よりも，確実な発芽定着を目的としているためである。

更新時に施与された自給肥料による養分については，維持管理段階の施肥量から，表3-Ⅲ-6に応じた量を減肥する。

3 自給肥料の施与上限量の考え方

自給肥料の養分量を化学肥料に換算したら，圃場ごとに，必要な養分施与量のうちどれくらいを自給肥料でまかなうかを決定する。各圃場への自給肥料の施与量には上限量がある。施与上限量とは，窒素，リン，カリウムのいずれの肥料養分も，対象圃場に必要な養分施与量をこえないようにするための限界量である。

図3-Ⅲ-3の例では，窒素，リン，カリウムの必要量を自給肥料だけでまかなおうとすると，それぞれ3t，8t，5t必要になる。このとき，3t以上の自給肥料を施与すると，窒素が必要量以上に施与されることになり，牧草への硝酸態窒素集積や環境へ流出するリスクが高まるので，この草地への自給肥料施与量の上限は3tになる。しかし，3tではリンとカリウムが不足するので，不足分を化学肥料でおぎなってやる。

こうして求められる施与上限量の範囲内で，堆肥やスラリー，尿液肥の貯留量，草地の面積，地形条件，施与可能時期などを総合的に考慮して，各草地への自給肥料施与量を決定する。

3 年間利用計画の立案方法

1 計画立案の手順

通常，酪農場は10～20圃場，あるいはそれ以上の草地を所有していて，粗飼料生産に利用している。それぞれの圃場の基幹草種，マメ科率区分，土壌の種類から標準施肥量を調べ，土壌診断による施肥対応の計算をおこなって施肥すべき養分量を求め，自給肥料と化学肥料で施与する。

全ての草地でその作業をおこない，堆肥，スラリー，尿液肥などの施与量を合計する（計画量）。この量を例年の施与量の合計値（実績量）（注2）と比べると，ほとんどの場合，何百tかの差がでる。計画量が実績量よりも多ければ，自給肥料が不足して実行できない。少なければ，自給肥料が

〈注2〉
年間の施与可能量であり，過去の施与実績から当該酪農場で1年間に排出されるふん尿による自給肥料の生産量の推定値である。

あまるので，貯留施設に余裕がなければ自給肥料があふれ出す。

そこで，自給肥料の計画量と実績量が近い値になるように，自給肥料と化学肥料の施与量の案分作業をやりなおす。こうして，計画量と実績量が同程度の水準におさまれば，計画成立となる。

計画段階で，全圃場に施与上限量の自給肥料を施与しても，なお自給肥料に余剰がでる場合もでてくる。これは，飼養頭数に対して草地面積がたりないのである。草地面積を拡大するか，周辺酪農家の草地に自給肥料を施与させてもらうなどの対策を考え，自給肥料の施与量が上限量を超過することを回避する。

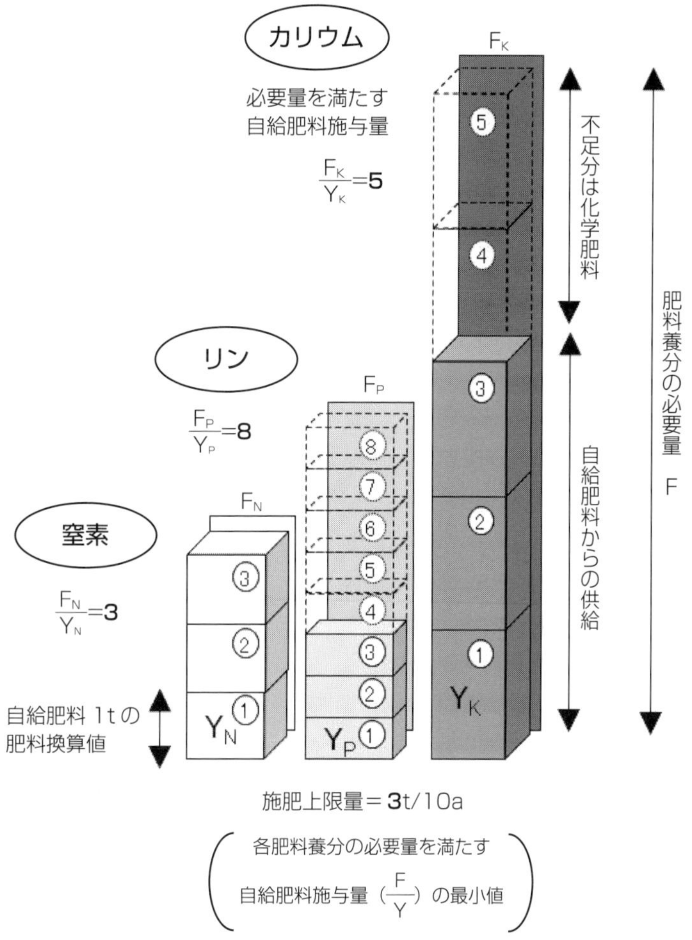

図 3-Ⅲ-3　自給肥料の施与上限量の考え方

（北海道農業・畜産試験場家畜ふん尿研究プロジェクトチーム，2004）

2 支援ソフトもある

すでに述べた土壌診断による施肥対応（本章Ⅱ-2～3項参照）からここまで，草地の施肥設計のためには，きわめて多くの表をみながら，気が遠くなるような計算をしなければならない。計算それ自体はどれも決してむずかしくはない。問題は，どの数字でどんな計算をするか，条件による使い分けが多様で，複雑なのである。とくに，最後の自給肥料と化学肥料の適正施与量を決定する作業を，試行錯誤しながらくり返すのは，実際上は不可能にちかい。

この複雑でめんどうな作業を解決するために開発されたのが，意志決定支援ソフト AMAFE（アマフェ）（注3）であり，酪農学園大学から配布されている。これにより，煩雑な表の検索や数値の計算が自動化されるため，利用者はどこの圃場にいつ，なにを施与するかという自給肥料の施与計画に専念できる。

〈注 3〉
酪農学園大学，農研機構畜産草地研究所，道立根釧農試，道立中央農試，道立天北農試（現道立上川農試天北支場）で構成する共同研究グループが開発した「環境に配慮した酪農のためのふん尿利用計画支援ソフト」で，送料を負担すれば，ソフトウエアとマニュアルが無料で配布されている。入手方法などの詳細は，http://www.rakuno.ac.jp/amafe/ 参照。

3 記録が不可欠

計画立案作業には，圃場ごとの自給肥料施与実績の記録が不可欠である。残念ながら現状では，自給肥料が廃棄物とみなされ，どこの草地に何トン施与したか意識すらされないこともある。肥培管理の数値による具体的な計画立案には，日常的に記録することを習慣化することが重要である。

4 酪農家をささえる体制づくりが必要

対象の草地に必要な養分施与量を決めるには，すべての草地の基幹草種，マメ科牧草の混生割合，土壌の種類を確認する必要がある（図3-Ⅲ-1の第1段階）。しかし，これらのすべてを個々の酪農場に求めても，対応できるのは自給飼料生産や環境問題に対する関心の高い一部の篤農家にかぎられる。とくに，地域の環境保全対策を考える場合，ある程度まとまった面積の土地で養分管理の適正化が取り組まれないと，環境改善効果は期待できない。

環境保全への関心の高さによらず草地の養分管理，とりわけ，自給肥料利用の適正化をすすめるには，上記の調査とそれにもとづく計算や計画をおこない農家に助言する，いわゆるコンサルタント業務を担う人材が，それぞれの地域に必要である。もちろんそのようなコンサルタント業務を正しく実施するには，それなりの経験や訓練が必要である。表3-Ⅲ-7は，未経験者に2～3年の訓練をおこなえば，草地の調査から施肥設計までをおこなう技術が身につくカリキュラムの一例である。

これらの人材をどこに配置するかは地域の事情によってちがう。経営規模の拡大にともない，コントラクタ（作業請負業者）やTMR（混合飼料）センター，大規模法人経営などが各地で設立され，地域の圃場管理とそれらの作業請負体制が大きく多様化しているからである。家族経営の多い地域であれば農協など，TMRセンターや大規模法人経営では圃場管理計画の担当者などに，コンサルタント機能が期待される。コントラクタの活用が多い地域ならオペレータに調査業務を分担してもらってもよいだろう。それぞれの地域の事情に応じた実現性の高い方法で，酪農場を支援する体制づくりが望まれる。

表3-Ⅲ-7　酪農地帯の施肥管理技術者育成カリキュラム　（三枝，2008）

実施項目	1年目		2年目		3年目	
	単位数	内容	単位数	内容	単位数	内容
草地区分	6	講師主体の草地区分	6	受講者主体の草地区分	6	受講者単独の草地区分
土壌採取	2	講師とともに土壌採取	←実務に移行→			
自給肥料採取	2	講師とともに自給肥料試料採取	←実務に移行→			
施肥設計 自給肥料施与計画	4～6	①計算演習 ②講師主体の計画立案と農家への説明・調整	4～6	受講者主体の計画立案と農家への説明・調整	4～6	受講者単独の計画立案と農家への説明・調整

1. 1単位は半日を目安とする
2. 草地区分は基幹草種とマメ科率を判定する

Ⅳ 環境保全への配慮

環境汚染は，発生場所により，点源汚染と面源汚染に区分される（図3-Ⅳ-1）。前者は，汚染の発生源が家畜ふん尿貯留施設など特定できるものをいう。後者は，草地など面的に広がっている場合をいう。

〈注1〉
河川周辺に分布し，樹木によってつくられる日陰や，養分吸収が水温や水質など河川環境に影響を与えるとともに，河川環境が樹木の成長や樹種の遷移に影響を与えるというように，河川との相互作用をもつ樹林のこと。上流の山地では渓畔林（けいはんりん），下流の低湿地では湿地林などともよばれる。開発，治水工事による伐採で河畔林が減少し，樹種の構成も変化しており，近年では河畔林の保全や再生をめざす取り組みもみられる。

1 水質汚濁への配慮

1 対策の考え方

採草地での点源汚染対策として推奨されていることは，河畔林（かはんりん）（注1）などの緩衝帯を設けることである。これによって，化学肥料や自給肥料が飛散して，直接河川に混入することを防ぐことができる。

放牧草地では，小河川を放牧家畜の水飲み場所として直接利用する場合がある（図3-Ⅳ-2）。飼養頭数が少なかった時代は，自然を利用した安価な給水方法として利用できた。しかし，飼養頭数が増えるとともに，近年では，小河川内での放牧家畜によるふん尿の排泄が，河川の窒素やリンなどの富栄養化や大腸菌など微生物による汚濁の原因とみなされている。放牧家畜が小河川に立ち入らないよう隔離する措置が必要で，給水施設を別途準備する必要がある。

面源汚染対策で草地管理に関連するものには，①汚濁物質の発生量を減らす，②発生した汚濁物質を捕捉・回収して周辺水路や河川に到達する量を減ら

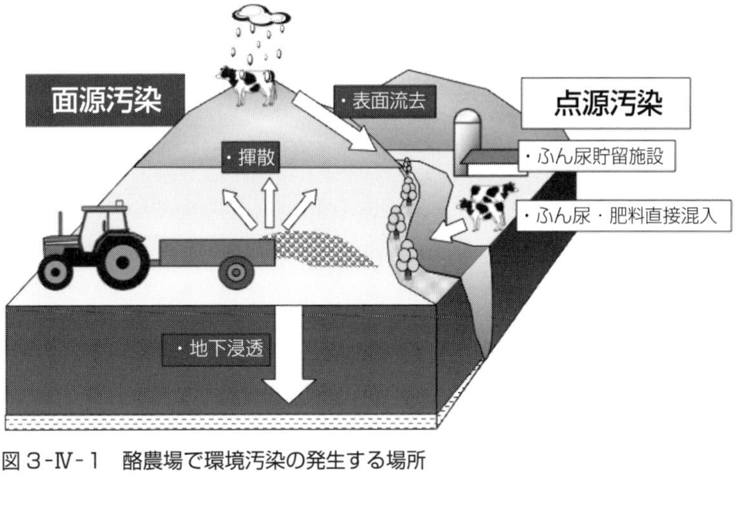

図3-Ⅳ-1　酪農場で環境汚染の発生する場所

図3-Ⅳ-2　牧草地の点源汚染　小河川の放牧家畜による飲水利用

表 3-Ⅳ-1　乳牛放牧草地での放牧頭数と環境負荷の関係（北海道立上川農試天北支場，2007 を改変）

	年間の延べ放牧頭数時間（頭・時間 /ha）（短い）→（長い）		
	6000	8000	13000
牧区面積当たりの採食量	少ない → 増加	---- 頭打ち	----→
放牧牛 1 頭当たりの採食量	一定	---- 減少	----→
土壌中の無機態窒素量		高まる	----→
土壌溶液中の硝酸態窒素濃度		低	高
窒素投入量*		160kg /ha 以上	220kg /ha 以上
日平均放牧頭数（頭 /ha）	1.9	2.5	4.0
摘要	放牧草地の採食量安定 / 併給飼料補足	環境負荷の発生	

＊：放牧草地への施肥量はマメ科率 5 〜 15% の区分に対応する窒素 (N)：リン (P_2O_5)：カリウム (K_2O) = 6：8：8kg /10a

す，の２つの対策がある。なお，汚濁物質の流出経路には地下浸透と表面流去がある（図３-Ⅳ-１）。

2 汚濁物質の発生量を減らす対策

汚濁物質の発生量（汚濁負荷量）を減らすもっとも基本的な対策は，牧草が吸収しきれない養分量を草地に施与しないことである。同時に，土壌凍結や積雪期間中に排泄される家畜ふん尿を貯留できる，十分な容量の貯留槽が必要である。

スラリー貯留槽の容量が，越冬期間中に排出される飼養乳牛のふん尿の量よりも小さいと，春先に貯留槽からあふれる心配から，凍結した土壌や雪の上にスラリーを施与する場合がある。面積当たりの施与量が適切にみえても，多くの養分は牧草に吸収されず土壌にも捕捉されないので，融雪水とともに表面流去し，環境汚染の原因になる。

放牧草地での過放牧は，草量不足による家畜生産性の低下だけでなく，環境負荷の原因にもなる。北海道北部での調査結果によれば，年間の延べ放牧頭数時間 8,000 頭・時間 /ha（注２）（ha 当たり日平均放牧頭数（注３）でいうと約 2.5 頭 /ha）以上では，硝酸態窒素による環境負荷のリスクが高まる（表３-Ⅳ-１）。

〈注 2〉
（牧区内の ha 当たり放牧頭数×１日の放牧時間）をその牧区に放牧するたびに１年間積算した値。

〈注 3〉
年間の延べ放牧頭数時間÷（1 日の平均放牧時間×年間の放牧日数）。

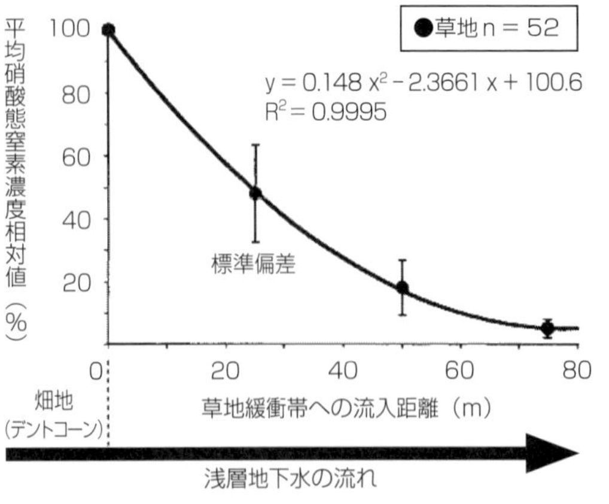

図 3-Ⅳ-3
草地緩衝帯への流入距離と浅層地下水の硝酸態窒素濃度
（早川ら，2002 を改変）

3 発生した汚濁物資を捕捉・回収する対策

どんなに対策をしても，開放系である草地から肥料養分や土砂の流出を全くなくすことは困難である。そこで，草地から流出した窒素，リンなどの栄養塩や土砂が周辺水路や，周辺水路から河川に到達する前に捕捉･回収することができれば，水質汚濁を抑制できる。

対策には，点源汚染で推奨されている河畔林などの緩衝帯がある。緩衝帯は面源汚染対策としても，①土砂・養水分の表面流出緩和，②地下水が浅いところにある場合は，緩衝帯による浄化などの効果が期待されている。緩衝帯の必要幅は，点源汚染対策で数〜十数

m，面源汚染で数十mといわれている（図３-Ⅳ-３）。しかし，効果は土地条件によって大きくかわるので，具体的な設計基準は提示されていない。この基準を明確にするための研究がまたれる。

2 大気汚染への配慮

草地管理に関係する大気汚染の原因物質は，悪臭物質，アンモニア，温室効果ガスがあり，いずれも肥培管理と深く関連している。

1 悪臭物質

悪臭は，未熟な堆肥やスラリーなどを草地に表面施与するときに発生する。とくに，スラリー施与時の悪臭発生は，市街地周辺で問題になりやすい。曝気やメタン発酵などのふん尿処理によって悪臭問題は大きく改善されるが，草地への施与法の変更も有効である（図３-Ⅳ-４）。

現在，慣行的におこなわれている施与方法は衝突板方式とよばれ，スラリーを高圧で金属板に噴射し，霧状に拡散させるため，施与幅が広く作業能率が高い反面，悪臭の発生が著しい。悪臭の発生は，自給肥料と空気との接触面積が大きいほど促進されるからである。

これに対して，草地表面に浅い溝を切り，そのなかにスラリーを注入する浅層注入方式は，悪臭防止にもっとも効果的である。この方法の施与機はインジェクタとよばれ，重いタンクを牽引するだけでなく，溝を切るので大馬力のトラクタが必要である。作業幅が狭いので，衝突板方式よりも作業能率が劣る。そのほか，草地の表層を切断せず，地表近くに垂らされた多くのホースの先からスラリーを落とす帯状施与方式もある。衝突板方式に比較すると悪臭防止に大きな効果がある（図３-Ⅳ-５）。

しかし，浅層注入法や帯状施与法の作業機はきわめて高価で，現時点でただちに普及できるものではないので，市街地に近い地区から優先的に導入をすすめたい。また，スラリーなど自給肥料の施与日を事前に周辺市街地へ周知徹底したり，市街地で実施される各種行事日程などと重ならないように調整するなど，地域的な取り組みで悪臭問題を回避する方法も検討されている。

衝突板方式（慣行法）

浅層注入方式（インジェクタ）

帯状施与方式（バンドスプレッダ）

図３-Ⅳ-４
悪臭とアンモニア揮散を抑制するスラリーの施与方式

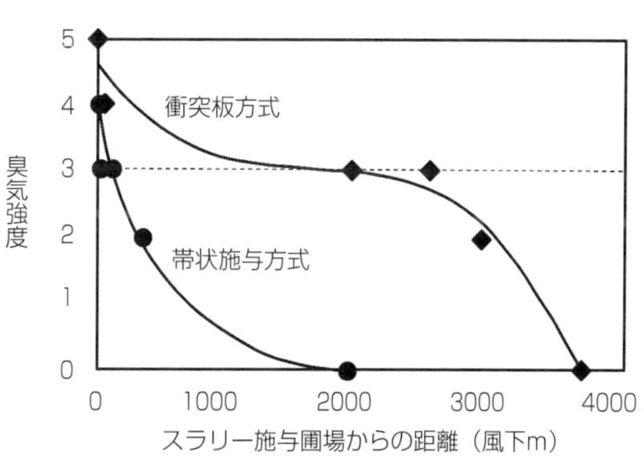

図３-Ⅳ-５　帯状施与による悪臭改善効果（関口，2010）
臭気強度　０：無臭，１：やっと感知できるにおい
２：何のにおいであるかわかる弱いにおい
３：らくに感知できるにおい，４：強いにおい
５：強烈なにおい

2 アンモニア

自給肥料を草地表面に施与したときに発生するアンモニアガス（NH_3）の大気への揮散は，前述した悪臭の原因になるとともに，土壌の酸性化を促進することでも問題にされている。とくにスラリー施与時には，アンモニアが強烈な刺激臭をともなって揮散し，大気に拡散する。

アンモニアガス自体はアルカリ性である。しかし，雨に溶け込みアンモニア態窒素（NH_4-N）とし

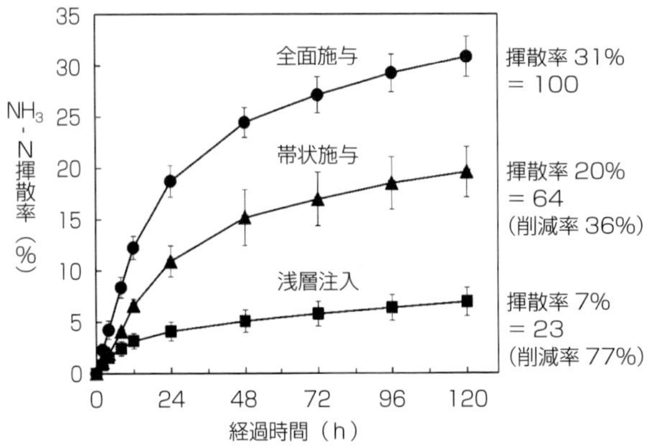

図 3-Ⅳ-6　草地へのスラリー施与法とアンモニア（NH_3）揮散量（北海道立根釧農試ら，2010）

全面施与は，スラリーを草地表面に衝突板方式で施与する慣行法。揮散率（%）＝（（揮散したアンモニアガス態窒素量）/（施与したアンモニア態窒素量））× 100

て降下して土壌にもどると，硝酸化成菌によって硝酸態窒素（NO_3-N）に変化し，土壌の酸性化が促進される。スラリー施与時のアンモニア揮散量は，施与されたアンモニア態窒素の 23 ～ 55% にもなるので，窒素資源の有効利用の面からも，揮散防止は重要である。

揮散防止対策は，スラリーの施与方法を衝突板方式から帯状施与法や浅層注入法へ変更することが有効で，アンモニア揮散抑制効果は明らかである（図 3-Ⅳ-6）。

3 温室効果ガス

①一酸化二窒素とメタンも無視できない

農業に関連する温室効果ガスには，二酸化炭素（CO_2），一酸化二窒素（N_2O），メタン（CH_4）がある。草地からの発生量，吸収量は二酸化炭素がもっとも多く，一酸化二窒素とメタンはごくわずかである。

しかし，温室効果を引き起こす力である地球温暖化指数（GWP；Global warming potential）（注 4）は，100 年間で見積もると一酸化二窒素が二酸化炭素の 298 倍，メタンは 25 倍にもなるので無視できない。

〈注 4〉
二酸化炭素に比べて，ほかの温室効果ガスがどれだけ温暖化する力があるのかをあらわした指数で，20 年とか，100 年，500 年の期間で示されている。ただし，実際の温室効果は，地球温暖化指数に大気中の人為的に増加させた濃度を掛けた値で，長寿命温室効果ガス全体の 63%が二酸化炭素で，メタン 18%，一酸化二窒素 6%と，二酸化炭素が圧倒的に大きい。

②評価が分かれる硝化抑制剤の効果

一酸化二窒素は，土壌中の微生物によってアンモニア態窒素が硝酸態窒素に変化する硝酸化成作用（硝化）や，硝酸態窒素が窒素ガスに変化するときに発生する（脱窒）。したがって，土壌中に無機態窒素が多く含まれていて，気温が高く，土壌水分が多いときにでやすい。このため，気温の低い早春に施肥配分を重点化したり，土壌中の硝酸化成作用を抑制する硝化抑制剤入りの肥料を用いて発生を抑制する可能性も示されている。

ニュージーランドでは，硝化抑制剤を放牧草地に用いて一酸化二窒素の排出を 80% 程度抑制することに成功し，硝化抑制剤入りの肥料が市販されている。これを利用することによって，放牧草地から硝酸態窒素だけでなく，カリウム，カルシウム，マグネシウムなどの地下水への流亡（溶脱）も防いでいる。

ただし，実際の草地では硝化抑制剤による一酸化二窒素の排出抑制効果が，認められた例と認められなかった例があり，安定した評価になっていない。

③農場全体の総合的な対策が必要

表 3-Ⅳ-2 は，わが国の採草地での温室効果ガスの収支を観測した結果である。一酸化二窒素とメタンは地球温暖化指数で二酸化炭素相当量に換算され，炭素収支としてあらわされている（注 5）。

〈注 5〉
炭素収支がマイナスの場合は，温室効果ガス（一酸化二窒素とメタン）が大気中へ放出され，プラスの場合は草地に蓄積されて大気中に放出されないことをあらわす。

採草地では，光合成によって多くの炭素が二酸化炭素の形で牧草に取り込まれ，それが乾物生産になる。しかし，そのほとんどは収穫によって採草地の外に出されるので，化学肥料だけで施肥管理された場合は，わずか

表３-Ⅳ-２　施肥管理のちがいと採草地での温室効果ガスの収支
（Hirata ら，2013 より各地の観測値（2005 ～ 2007 年）を平均）（t CO_2-C 換算 /ha/ 年）

観測地	施肥管理	二酸化炭素由来 (A)	メタン由来 (B)	一酸化二窒素由来 (C)	炭素収支 (A+B+C)
中標津（北海道）	化学肥料管理	－1.80	0.002	－0.09	－1.88
	堆肥＋化学肥料管理	2.34	0.002	－0.51	1.84
静内（北海道）	化学肥料管理	－1.57	－0.006	－0.31	－1.89
	堆肥＋化学肥料管理	4.09	－0.001	－0.46	3.62
那須塩原（栃木）	化学肥料管理	－2.10	0.005	－1.02	－3.12
	堆肥＋化学肥料管理	－0.02	0.004	－1.24	－1.26
小林（宮崎）	化学肥料管理	－1.99	0.003	－0.42	－2.41
	堆肥＋化学肥料管理	0.89	0.003	－0.96	－0.06
全体	化学肥料管理	－1.87	0.001	－0.46	－2.32
	堆肥＋化学肥料管理	1.82	0.002	－0.79	1.03

各観測地とも渦相関法による 2005 ～ 2007 年の平均値
二酸化炭素由来は，光合成－呼吸（植物と土壌）－収穫＋堆肥の炭素量，メタン由来と一酸化二窒素由来は，草地からの発生量にそれぞれ 25 と 289 を掛けて温暖化への寄与を二酸化炭素なみに換算した値
炭素収支が正であれば蓄積，負であれば放出をあらわす

に呼吸がまさって炭素の放出側に傾く。その傾向は暖かい地方でより明瞭である。

堆肥と化学肥料を組み合わせた施肥管理では，一酸化二窒素の放出がわずかに増える。しかし，堆肥によって採草地に持ち込まれる炭素量が多いので，全体としては蓄積側に傾く。

このように，草地だけを考えれば，堆肥の施与は土壌への炭素蓄積によって，温室効果ガスを抑制する。しかし，堆肥の調製段階で大量の温室効果ガスが発生するので，畜産農場全体では草地での抑制効果が相殺されるという試算もある。

同じように，土壌の硝酸化成菌はメタンを利用するので，草地だけでみればメタンを吸収する方向に働く（表３-Ⅳ-２）。ところが，畜産農場全体では牛の曖気（あいき）（げっぷ）によって，それをしのぐ大量のメタンが放出されていることはよく知られている。

実効性のある温室効果ガス抑制対策には，畜産農場全体を視野にいれた総合的な検討が必要である。

3　行政による政策的支援も重要

現状では，わが国の酪農場がここで記述した環境保全に配慮した酪農を実践したとしても，乳生産量が増えるわけではない。したがって，収益増加につながりにくい。つまり，環境保全的な草地管理をすることの経営的メリットはほとんどない。わが国で環境保全的な酪農を推進するには，それに向けた行政による政策誘導が必要である。すでに，環境負荷軽減に取り組む酪農経営を奨励する事業も始まっており，このような施策をさらに充実，発展させることが重要である。

第4章 草地の安定多収と草地酪農

1 草地酪農は迂回(うかい)生産である

1 牧草の増収が乳生産の増加を保証するわけではない

稲作や畑作であれば，圃場で生産するイネやムギなどの作物の増産が収益増に直結する。これに対し，酪農場での最終的な生産物は生乳である。牧草を含む飼料作物は，生乳を生産する乳牛の飼料であり，イネやムギのように収益につながる最終生産物ではない。したがって，酪農場では牧草の増収に成功しても，最終的な生産物である生乳の増産と，それによる収益の増加を保証するものではない。

牧草の増収を乳生産の増加につなぐには，いくつもの技術が必要である。採草地では基幹草種にみあった肥培管理，収穫した牧草をサイレージや乾草にするための調製技術，さらに調製されたサイレージや乾草を乳牛に採食させる技術，採食したサイレージを効率よく乳生産にかえるための乳牛改良などがある。もちろん，乳牛の繁殖管理も必要である。

また，放牧草地では，たんに牧草収量が多ければよいというのではなく，放牧草の季節生産性の平準化や，放牧草の採食利用率を高める放牧技術が重要になる。

2 牧草の増産は乳生産の入り口

このように，牧草の増産は乳生産の入り口にすぎない。酪農が迂回生産であるといわれるのはこのためである。

したがって，牧草生産だけ，あるいは乳牛の飼養管理だけに突出して技術が向上したとしても，それが酪農場としての乳生産の増加には反映しにくい。乳生産にかかわる多様な技術のいずれかの技術だけを改善しても，ほかの改善されない技術が乳生産を規制するからである。

乳生産にかかわる多様な技術を全体として向上させなければ，乳生産の増加は望めない。

3 高い飼料自給率で乳牛を飼養する意味

しかし，それでもなお，酪農場が自給飼料を中心に，高い飼料自給率で乳牛を飼養することには，イネやムギづくりと同じように，土地に根ざした安定した酪農経営をつくりだすという大きな意味がある。自給飼料で乳牛を飼養するのであれば，自給飼料の生産量にみあった乳牛頭数しか飼養できない。同時に，飼料の栄養品質と量が乳生産量を決めるだろう。つまり，自給飼料に依存した酪農場は，そうではない酪農場よりも，牧草の増産が乳生産の向上により強く結びついている。

2 土地から離れていく酪農

1 個体乳量の追及で購入濃厚飼料中心の酪農に

残念なことに，現在のわが国の酪農経営は，乳牛の個体乳量に飼養乳牛頭数を掛けた生乳生産量を目標にしているため，牧草生産すなわち粗飼料の自給に対する関心が低い（第２章Ⅵ項参照）。乳牛個体の飽食量，いいかえると乾物摂取量には上限がある。同じ乾物摂取量であれば，可消化養分総量（TDN）含有率の高い濃厚飼料のほうが，TDN 含有率の低い牧草より多くの栄養分を供給できる。そのため，濃厚飼料のほうが乳生産にまわせる栄養分を多くすることができ，乳量の増加に直結するからである。

しかも，濃厚飼料は購入できるため，牧草生産のように労力をかける必要がない。その結果が，購入濃厚飼料に依存する個体乳量の増加と，飼料自給率の低下である（第２章Ⅵ項図２-Ⅵ-３参照）。そうなれば，当然，生乳生産費にしめる購入飼料費の割合が高まる。事実，生乳生産費のうち，流通飼料費（大部分は濃厚飼料費で，購入する粗飼料も含む）はじつに49%にもなり（図４-１），これがわが国の生乳のコスト高の原因になっている。

2 高泌乳牛をめざす乳牛改良も大きな問題

わが国の酪農が濃厚飼料依存体質から脱却できない別の大きな要因として，乳牛改良が高泌乳牛をめざしていることがある。個体乳量が10,000kgをこえるような高泌乳牛が高い評価を受けている。しかし，こうした高泌乳牛を飼養しながら，なおかつ飼料自給率を高く維持することは不可能にちかい。自給飼料のほとんどは，濃厚飼料よりTDN 含量が低い粗飼料であるため，高泌乳牛を自給粗飼料中心で飼養すると，泌乳のための栄養分摂取不足となり，乳牛にかかる負担が大きすぎて健康に悪影響があるからである。

飼料自給率を上げ，自給粗飼料で乳生産をめざすとすれば，乳牛改良は粗飼料による乳生産効率を高める方向に転換し，個体乳量水準を下方修正する必要がある。

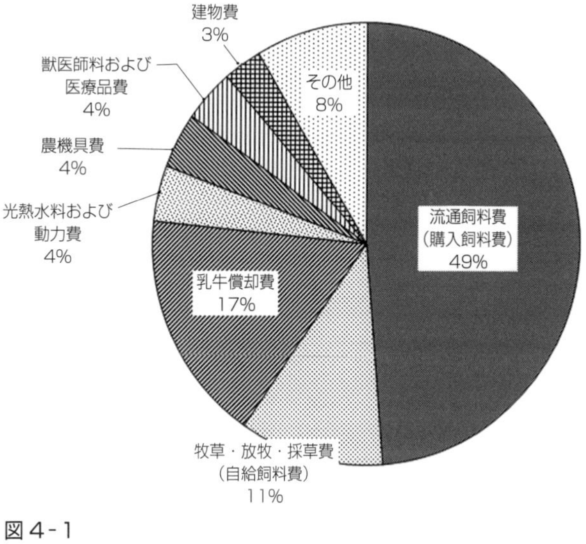

図４-１
生乳 100kg当たり（実搾乳量）の物財費に含まれる個別費目の割合（農林水産省，2014）
物財費合計＝7749円/100kg。2013年調査

近年，可能性が検討されている泌乳持続性の改良は，泌乳ピーク時の乳量を下げ，泌乳後期の乳量低下を緩和することによって，乳期を通じた乳量の平準化をはかり，栄養設計の変化が小さい管理しやすい牛群をつくる

図 4-2
カナダ サスカチュワンでの輸出用アルファルファペレットの製造機（上）と製造されるペレット（下）
生産されたアルファルファペレットの多くは日本に向けて輸出される。わが国の輸入粗飼料は，2000 年以降，年間 230 万～ 270 万 t 程度で，ペレット（キューブ）より乾草で輸入されるものが多く，全体の 80%程度をしめる（農林水産省，2015）

ことを目的にしている。泌乳ピーク時の濃厚飼料を減らすことができるので，結果として粗飼料利用の向上が期待される。

3 酪農は「搾乳業」でよいのか

濃厚飼料だけでなく，粗飼料でさえ輸入品を購入するようになれば（図 4 - 2），酪農場が自前の土地でつくる自給飼料の依存度はさらに低下する。そうなると，自前の土地とは無関係に乳牛の多頭化もできる。不足する飼料は購入すればよいからである。

このようにわが国の酪農，とくに都府県の酪農は自給飼料生産の基盤である土地から切り離されていった。内橋は，土地から切り離された酪農場を「搾乳業として存在しているだけにすぎない。（中略）まるで都市における下請企業のようになってしまった」と指摘する。

しかし，「搾乳業」としての酪農は，濃厚飼料が今後も安価で持続的に輸入できるという条件が担保されないかぎり成立できない。しかも，かりにそれが担保され，酪農場としての経営が黒字であったとしても，重大な問題が残る。それは，酪農場から排出される乳牛のふん尿による環境汚染である（第 2 章Ⅵ項参照）。めざすべきは，やはり飼料自給率の高い酪農で，それをささえるのが，草地の牧草生産の安定多収である。

3 土地に根ざした草地酪農をめざす

1 「土づくり，草づくり，牛づくり」の意味

わが国の酪農での生産物の評価は，もっぱら乳牛の泌乳能力だけになっており，一般の農作物が単位土地面積当たりの収穫量で評価され，土地とのつながりを保っていることと大きくちがう。この事実に違和感がないということが，むしろわが国の酪農が「農業」という生業（なりわい）からはずれていることを端的に示している。

酪農の神様と慕われた町村敬貴（まちむらひろたか）（1882 ～ 1969）が北海道で酪農場を拓いた土地は，湿地に植物遺体が累積した土地，すなわち泥炭地であった（図 4 - 3）。それゆえに，彼は「本物の土」を求めつづけた。土地改良に取り組み，排水と土壌の酸性改良を継続した。その努力がみのって，栽培不可能とされていた牧草の女王アルファルファを育てた。そして，この高栄養牧草から高い泌乳量を実現できる牛づくり（乳牛改良）に心がけた。彼が語った「土づくり，草づくり，牛づくり」には，彼がめざした土地に根ざす酪農のあるべき道筋が明確に表現されている。

2 土地面積当たりで乳生産を考える

①「土地面積当たりの乳生産」という発想

土地に根ざした乳生産でもっとも重要なことは，酪農場全体か

図 4-3　泥炭土の土壌断面
（写真提供：橋本均氏）
低湿地なので植物の枯死遺体はほとんど分解されず堆積する

らみた自給飼料生産とその利用計画を明確にすることである。それには，①自前の土地から最大限の自給飼料生産を可能にするため，放牧草地や採草地，栽培可能な地域では飼料用トウモロコシ畑などをどのように配置するのがよいか，②そこで生産された自給飼料でどのくらいの乳牛が飼養でき，③乳生産の限界はどのくらいか，について理解したうえで，④飼料自給率をどのくらいに設定して産乳量を確保するのか，すなわち，購入濃厚飼料に乳量のどこまでを依存するのかを問うのである。

このように考えることで，自前の土地からどのくらいの乳生産が可能かが判断できる。これが「土地面積当たりの乳生産」という発想である。これまでの「個体乳量の増加」という固定概念とは全く別の考え方であり，この固定概念から解放されなければ「土地面積当たりの乳生産」は理解しにくい。もちろん，このような乳生産をめざしていくには，個別の酪農場だけの問題でなく，酪農業界全体として意識転換が求められる。

②自給飼料が実現するコスト安で永続的な酪農

徹底した土地利用型酪農を実践するニュージーランドでは，土地面積当たりの乳生産という発想が生かされている（注1）。ニュージーランドの農家所得の40％をしめる政府補助金が，1984年にほぼすべてカットされた。しかし，これによって職を失った農家は全体の1％以下であった。酪農場が生き残りをかけて，徹底したコスト削減，すなわち，飼料費でコスト高になる個体乳量の増加をめざすのではなく，自前の土地からいかにして乳生産につなげるかを求めたのである。いきついたのが放牧だった。これをそのままわが国に当てはめることはできない。しかし，自給飼料に基盤をおいた酪農はコスト安で永く生き残っていくだろう。

もしこのような酪農が実現できれば，飼養されている乳牛が排出するふん尿中の肥料養分は，自前の土地に由来することになる。したがって，そのふん尿による自給肥料（堆肥，尿液肥，スラリーなど）を自前の土地にもどすことに大きな問題はない。すなわち，土－草（飼料）－牛の養分循環が完成する循環型酪農が実現できる。

③循環型草地酪農をささえる草地の長期安定多収技術

大久保は，乳牛や肉牛などの草食家畜生産では，穀類生産に適さない草地という土地が生産基盤となることを指摘したうえで，人類の食料生産と競合しない草地酪農は，土地に根ざした自給飼料に依存する体質であるべきことを強調している。

今後のわが国で，環境に悪影響を与えず，持続的に営農できる酪農をめざすなら，土地面積当たりで乳生産を考える循環型草地酪農をその重要な目標としたい。そして，循環型草地酪農を基礎からささえるもの，それが，本書で考えてきた草地の長期安定多収技術である。それは，飼料自給率を高め，酪農場の基盤を確固たるものとするだけでなく，土－草（飼料）－牛とめぐる養分循環にもとづいた酪農場にするためにもっとも重要な技術である。

〈注1〉
ニュージーランドでの乳生産は，個体乳量で評価することはほとんどない。多くの場合，土地面積（ha）当たりの乳タンパク質と乳脂肪の合計（現地ではmilksolidsとかmilk solids＝ミルクソリッズという。わが国の乳固形分は生乳から水分を除いた全ての成分を意味するので，ミルクソリッズとは内容がちがう）生産量で評価される。2012年度の実績でいえば，年間988kg/haである。
この乳生産を，個体乳量に換算してみる。ニュージーランドの1頭当たり平均年間ミルクソリッズ生産量は358kg（2012年度の実績）であり，これをわが国の生乳の乳タンパク質と乳脂肪を合計したミルクソリッズとしての平均含有率7.33％で割返すと，ニュージーランドの個体乳量は4884kgとなる（＝358kg/頭÷0.0733）。わが国の経産牛1頭当たりの乳量が8,000kgなので，いかに多いかが理解できる。

参考・引用文献

本書には数多くの文献を引用させていただいた。しかし，全体をとおして参考にしたり，読者にぜひとも読んでいただきたい文献のみ，以下に記載した。記載できなかった多くの文献著者には，引用させていただいたことに心から感謝の意を表したい。

〈全体共通〉

Brady, N. C. and Weil, R. R.（2007）The nature and properties of soils, 14th ed., Prentice Hall
江原　薫監修（1971）飼料作物・草地の研究，養賢堂
平島利昭編監修（1982）北海道の牧草栽培技術－基礎編－，農業技術普及協会
北海道農政部（2015）北海道施肥ガイド 2015，北海道農政部
北海道農政部（1980 ～ 2015）昭和 55 ～平成 27 年普及奨励並びに指導参考事項，北海道農政部
Marschner, H.（2011）Marschner' s mineral nutrition of higher plants, 3rd ed., Academic press.
松中照夫（2003）土壌学の基礎，農山漁村文化協会
松中照夫（2013）土は土である，農山漁村文化協会
農業技術体系（2000）CD-ROM 版，農山漁村文化協会
世界大百科事典（1998）CD-ROM 版，第 2 版，日立デジタル平凡社
吉田重治（1976）草地の生態と生産技術，養賢堂

〈第１章　草地とはどのような土地か〉

岩波悠紀（1980）草地農学，p16，朝倉書店
岩城英夫（1974）草原の生態，p5，共立出版
Bennett, H. H.（1939）Soil Conservation，p125-168, McGraw-Hill

〈第２章Ⅰ　イネ科牧草の維持と収量〉

Davidson, J.A. and Milthorpe, F.V.（1965）Journal of the British Grassland Society，20，15-18
Emoto, T. and Ikeda, H.（1999）Grassland Science，45, 210-216
藤井弘毅（2013）道総研農業試験場報告，138，1-114
伊東睦康ら（1989）日本草地学会誌，34，247-256
Ito, M. ら（1997）Grassland Science，43，7-13
熊井清雄・真田　雅（1973）草地試験場研究報告，3，25-30
前野休明，江原　薫（1970）日本草地学会誌，16，149-155
松本武彦ら（1997）日本土壌肥料学雑誌，68，448-452
Matsunaka, T. ら（1997）Proceedings of XVIII international grassland congress，Vol.1，Session10，9 10
名田陽一・江原　薫（1970）日本草地学会誌，16，254-262
坂本宣崇（1984）北海道立農業試験場報告，48，6-26
佐藤　庚（1979）飼料作物栽培の基礎，p58-69，p86-98，農山漁村文化協会

〈第２章Ⅱ　草種構成と牧草収量〉

池田哲也ら（1999）日本草地学会誌，44，342-346
木曽誠二・菊地晃二（1988）日本草地学会誌，34，169-177
大村邦男, 赤城仰哉（1985）北海道立農業試験場集報 53, 33-42
松中照夫ら（1983）日本草地学会誌，29，212-218
松中照夫ら（1984）日本草地学会誌，30，59-64
松本武彦ら（1997）日本土壌肥料学雑誌，68，448-452
三井計夫（1970）飼料作物・草地ハンドブック，p243-245，養賢堂
西道由紀子ら（2001）日本草地学会誌，47，269-273
龍前直紀ら（2010）北海道草地研究会報，44，6-11
須藤賢司（2004）北海道農業研究センター研究報告, 181, 43-87
吉田重治（1976）草地の生態と生産技術，p125-130，養賢堂

〈第２章Ⅲ　草地の利用と管理〉

原悟志（2003）放牧で牛乳生産を－北海道での放牧成功の条件－，p53-70，酪農総合研究所
石田亨（2003）放牧で牛乳生産を－北海道での放牧成功の条件－，p71-86，酪農総合研究所
木曽誠二・能代昌雄（1997）日本草地学会誌，43，258-265
木曽誠二ら（1993）日本草地学会誌，39（別），187-188
西道由紀子ら（2013）日本草地学会誌，59，8-13
能代昌雄・平島利昭（1979）日本草地学会誌，24，277-284
農林水産省生産局（2003）草地管理指標－草地の管理作業編－，－草地の採草利用編－，p49，日本草地畜産種子協会
大塚省吾（2010）北海道農業と土壌肥料 2010，p122-123，北農会
坂本宣崇（1984）北海道立農業試験場報告，48，6-26
須藤賢司（2003）放牧で牛乳生産を－北海道での放牧成功の条件－，p 39-52，酪農総合研究所
須藤賢司ら（2004）日本草地学会誌，50，391-398
山根一郎ら（1989）新草地農学，p59-78，朝倉書店

〈第２章Ⅳ　草地の肥培管理〉

Crawley M.J. ら（2005）The American Naturalist, 165, No. 2, 179-192
寳示戸雅之（1994）北海道立農業試験場報告，83，1-11
川田純充（1999）酪農学園大学大学院博士論文
木村　武，倉島健次（1993）日本草地学会誌，39，381-386
北岸確三（1962）東北農業試験場研究報告，23，1-67
木曽誠二，菊地晃二（1988）日本草地学会誌，34，169-177
松中照夫，小関純一（1985）日本土壌肥料学雑誌，56，367-372
松中照夫，小関純一（1987）日本土壌肥料学雑誌，58，62-69
西田智子ら（1993）草地飼料作研究成果最新情報，8，85-86
大村邦男ら（1985）北海道立農業試験場集報，52，65-76
Rothamsted Research（2006）Guide to classical and other long-term experiments, p20-31, Rothamsted Research
三枝俊哉ら（2010）日本草地学会誌，55，318-325
三枝俊哉ら（2013）日本草地学会誌，58，241-248
三枝俊哉ら（2014）日本草地学会誌，60，10-19
酒井 治ら（2004）日本土壌肥料学雑誌，75，711-714
Silvertown, J. ら（2006）Journal of Ecology, 94, 801-814
Simpson, J.R. (1965) Australian Journal of Agricultural Research，16, 915–926
Simpson, J.R. (1976). Australian Journal of Experimental Agriculture and Animal Husbandry, 16, 863-870
坂本宣崇，奥村純一（1978）北海道立農業試験場集報，40，40-50

〈第２章Ⅴ　草地更新〉
本江昭夫，岩橋信也（1982）雑草研究，27，98-102
石渡輝夫（2006）土壌の物理性，104，109-117
井内浩幸（2008）北農，75，14-19
川鍋祐夫ら（1997）日本草地学会誌，43，237-242
三木直倫（1993）北海道立農業試験場報告，79，62-72
農用地開発事業推進協議会・根釧農試（1982）根室地方の採草地における牧草生産力の実態とその規制要因の解明ならびにそれに基づく技術的改善指針，p1-84，農用地開発事業推進協議会
清水矩宏，田島公一（1974）日本草地学会誌，20，138-143
草地生産技術の確立・向上プロジェクト（2005）草地の簡易更新マニュアル，p14-15，北海道農政部
竹田芳彦（1988）北農，55，18-28

〈第２章Ⅵ　草地管理と環境汚染〉
別海町（2014）別海町畜産環境に関する条例，
http://betsukai.jp/blog/0001/index.php?ID=3533（2015年1月閲覧）
寳示戸雅之ら（2003）日本土壌肥料学雑誌，74，467-474
寳示戸雅之（2010）循環型酪農へのアプローチ，酪農ジャーナル臨時増刊号，p154-156，酪農学園大学エクステンションセンター
リロンデル，J・リロンデル，J-L・越野正義訳（2006）硝酸塩は本当に危険か，p65-125，農山漁村文化協会
Matsunaka, T. ら（2006）Elsevier International Congress Series，1293，242-253
Matsunaka, T. ら（2008）Soil science and plant nutrition，54，627-637
松中照夫（2007）畜産の研究，61，659-668
中辻浩喜（2010）循環型酪農へのアプローチ，酪農ジャーナル臨時増刊号，p96-103，酪農学園大学エクステンションセンター
Sugimoto, Y. and Hirata, M.（2006）Grassland Science，52，29-36

〈第３章Ⅰ　栽培・利用法〉
早川嘉彦・近藤熙（1987）日本草地学会誌，33，271-275
牧野司ら（2007）日本草地学会誌，53（別），88-89
農林水産省生産局（2006）草地管理指標－草地の維持管理編－，p37-55，日本草地畜産種子協会
農林水産省生産局（2014）草地開発整備事業計画設計基準，p118-123，日本草地畜産種子協会
三枝俊哉ら（1993）北農，60，54-56
三枝俊哉ら（2006）日本草地学会誌，51，362-368
八木隆徳，高橋俊（2010）日本草地学会誌，56，1-7
佐藤尚親ら（2007），日本草地学会誌，53（別），42-43
佐藤尚親ら（2008）日本草地学会誌，54（別），44-45
鈴木住夫ら（1984）雑草研究，29，51-54
集約放牧マニュアル策定委員会（1995）集約放牧マニュアル，p25-41，北海道農業試験研究推進会議
高橋俊ら（1997）日本草地学会誌，43（別），188-189
竹田芳彦ら（1991）日本草地学会誌，36，473-482
手島茂樹ら（1999），日本草地学会誌，45（別），84-85

〈第３章Ⅱ　肥培管理〉
Adams, R.S. and Guss, S.B.（1965）Feedstuffs, 37, 32-44
安宅一夫（1982）酪農学園大学紀要，9，209-319
道総研農業研究本部（2012）土壌・作物栄養診断のための分析法 2012，p104-105，北海道立総合研究機構
http://www.agri.hro.or.jp/center/bunseki2012/index.html（2015年3月閲覧）
平林清美ら（1986）北海道草地研究会報，20，163-166
Kemp, A.（1971）Proceedings of 1st Colloquium of Potassium Institute，p79-92
木曽誠二・菊地晃二（1990）日本草地学会誌，35，293-301
木曽誠二・菊地晃二（1991）日本草地学会誌，36，338-346
松中照夫ら（1991）日本土壌肥料学雑誌，62，115-121
Mehrer, I. and Mohr, H.（1989）Physiologia Plantarum，77，545-554
農林水産省生産局（2007）草地管理指標－草地の土壌管理および施肥編－，p82-122，日本草地畜産種子協会
オランダミネラル委員会（Committee of mineral nutrition）（1973）Tracing and treating mineral disorders in dairy cattle，p12-19，Centre for Agricultural Publishing and Documentation，The Netherlands
Reid, D. (1966) Proceedings of the 10th International Grassland Congress，Helsinki，p209-211
三枝俊哉（1996）北海道立農業試験場報告，89，41-68
三枝俊哉・能代昌雄（1996）日本土壌肥料学雑誌，67，265-272
三枝俊哉（2013）日本草地学会誌，59，105-113
三枝俊哉ら（2014）日本草地学会誌，60，10-19
高橋英一（1983）作物栄養の基礎知識，p148，農山漁村文化協会
吉田則人 (1974) 北海道草地研究会報，8，94-103

〈第３章Ⅲ　家畜ふん尿の還元〉
松中照夫ら（1988），日本土壌肥料学雑誌，59，419-422
松本武彦（2008）北海道立農業試験場報告，121，1-61
三枝俊哉ら（2005）北濃，72，3-10
三枝俊哉ら（2005）北濃，72，214-223
三枝俊哉ら（2005）北濃，72，341-350
三枝俊哉ら（2005）北濃，73，35-41
三枝俊哉（2008）酪農ジャーナル，61，58-60

〈第３章Ⅳ　環境保全への配慮〉
Chadwick, D. ら（2011）Animal feed science and technology，Vol.166 and 167，514-531
早川嘉彦ら（2002）環境負荷を予測する－モニタリングからモデリングへ－，p95-109，博友社
Hirata, R ら（2013）Agricultural and Forest Meteorology，177，57– 68
関口健二（2010）デーリィマン8月号，p40，デーリィマン社

〈第４章　草地の安定多収と草地酪農〉
松中照夫・近藤誠司（2006）畜産の研究，60，641-648
大久保正彦（2003）グラース，47，3-8
内橋克人（2006）もう一つの日本は可能だ，p206-207，文春文庫

索引

索引の参照ページの太字は，対象とする用語の定義や概念が記されたページ，または他の参照ページより詳しい情報が得られるページであることを示す。

著者一覧

松中 照夫　酪農学園大学名誉教授
三枝 俊哉　酪農学園大学教授

農学基礎シリーズ **草地学の基礎** 維持管理の理論と実際

2016年3月15日　第1刷発行

著　者　松中 照夫
　　　　三枝 俊哉

発行所　一般社団法人 農山漁村文化協会
郵便番号　107－8668　東京都港区赤坂7丁目6－1
電話　03（3585）1141（営業）　03（3585）1147（編集）
FAX　03（3585）3668　振替 00120－3－144478

ISBN 978-4-540-14118-8　DTP制作／條 克己
〈検印廃止〉　印刷・製本／凸版印刷㈱

定価はカバーに表示

乱丁・落丁本はお取り替えいたします